AF501354

EXPOSITION PERMANENTE BIBLIOTHÈQUE DES COLONIES

EXPOSITION UNIVERSELLE DE 1851.

TRAVAUX

DE

LA COMMISSION FRANÇAISE

SUR L'INDUSTRIE DES NATIONS.

EXPOSITION UNIVERSELLE DE 1851.

TRAVAUX

DE

LA COMMISSION FRANÇAISE

SUR L'INDUSTRIE DES NATIONS,

PUBLIÉS

PAR ORDRE DE L'EMPEREUR.

TOME I.

SEPTIÈME PARTIE.

B°78

PARIS.

IMPRIMERIE IMPÉRIALE.

M DCCC LXVII.

EXPOSITION UNIVERSELLE DE 1851.

TRAVAUX DE LA COMMISSION FRANÇAISE.

INTRODUCTION

PAR

M. LE BARON CHARLES DUPIN,

PRÉSIDENT DE LA COMMISSION,

SÉNATEUR ET MEMBRE DE L'INSTITUT.

FORCE PRODUCTIVE

DES NATIONS CONCURRENTES,

DEPUIS 1800 JUSQU'A 1851.

VIIe PARTIE.

SUITE DE L'INDE.

PRÉFACE

DE LA SEPTIÈME PARTIE.

J'espérais pouvoir renfermer dans un seul volume le tableau des deux Présidences de Bombay et de Madras. Mais, comme il était nécessaire d'y joindre le nouveau gouvernement des Provinces-Centrales, les deux royaumes de Mysore et d'Hyderabad, les établissements des Portugais à l'ouest, et surtout au midi ceux des Français; enfin, comme il fallait ajouter à l'Inde la grande île de Ceylan, qui la prolonge vers le sud, et pour ainsi dire la complète, la richesse du sujet et l'abondance des matières m'ont obligé de rejeter dans un tome particulier tout ce qui concerne la Présidence méridionale et les États indépendants ou vassaux qui s'y rattachent. Sans cela, le lecteur aurait eu l'embarras de manier un volume de 900 pages et plus : chose incommode et fatigante.

Après l'époque où finissait l'impression de la partie qui renferme Bombay, j'ai reçu tous les résultats du recensement de cette capitale, qui tient en Asie le premier rang par son opulence et l'étendue de son commerce. Les résultats sont d'une telle importance, que je crois devoir publier dans cette préface les faits nouveaux qu'il établit, en essayant de montrer quelle lumière il répand sur l'état des diverses nations dont l'Inde est aujourd'hui peuplée.

Si l'intérêt qu'excitera, je l'espère, un très-simple exposé pouvait induire l'Administration des deux Présidences de Calcutta et de Madras à prescrire aussi le dénombrement de ces deux grandes cités, je croirais avoir rendu service à l'autorité britannique ainsi qu'aux habitants de son Empire asiatique.

Difficultés qui s'opposaient à tout recensement de l'Inde.

Le premier besoin d'un gouvernement éclairé devrait être d'acquérir, au sujet de toutes ses provinces, une connaissance précise du nombre des habitants attachés à chaque croyance religieuse, à chaque profession civile.

Mais des préjugés nombreux et redoutés, même alors qu'ils avaient cessé d'être redoutables, ces préjugés ont jusqu'à présent empêché d'entreprendre un recensement général pour l'exécuter d'après un plan qui fût le même en tous lieux. Pendant des siècles d'administration arbitraire et tyrannique, les puissances indigènes n'avaient jamais cherché de renseignements sur le nombre et sur la condition des habitants, si ce n'était pour leur imposer des charges nouvelles; toujours le grand but avait été de découvrir ce qu'on pouvait extorquer, et dans quels lieux on pouvait avec le plus de succès accroître les extorsions.

Certaines croyances d'ailleurs, et l'islamisme en particulier, attachaient un préjugé contraire à toute espèce de dénombrement; une pareille opération, suivant cette idée superstitieuse, ne manquerait pas d'attirer sur les populations quelque châtiment céleste.

Initiative de Bombay. — Le plus avancé de tous les gouvernements provinciaux, celui de Bombay, devait naturellement être le premier à braver un si stupide et si vain préjugé. Il n'avait vu que de loin la grande rébellion des bords du Gange, et dans toute l'étendue de la Présidence occidentale, depuis les bouches de l'Indus jusqu'à l'extrémité du Malabar, les peuples n'avaient pas cessé d'être soumis et fidèles. Quatre ans après l'apaisement des troubles, qui n'avaient pas dépassé les régions orientales, un gouverneur de Bombay, remarquable parmi les plus éclairés, sir Bartle Frere, prenait l'initiative.

Il proposait à son Conseil législatif de voter un bill ayant pour objet d'ordonner et de régler un recensement général de la Présidence. Ce projet était accepté non-seulement par les membres européens, mais par les notables indigènes qu'un sage esprit de progrès n'a pas craint d'élever au rang de législateurs.

Avant de proposer aucune démarche, le gouverneur avait pris l'avis d'une Association formée *pour défendre les intérêts des natifs*, Association représentée dans Bombay par une affiliation à la Société mère, instituée librement à Londres. Faisons remarquer ici que jamais les Romains, ni les Espagnols, n'auraient souffert qu'au sein de leurs conquêtes récentes des associations indépendantes se fussent constituées dans un pareil but; mais elles sont conformes à ce noble sentiment de liberté qui caractérise l'Angleterre et qu'elle porte en tous lieux, comme un principe de lumière et de grandeur.

Avant que le bill comprenant tous les peuples présidés par Bombay pût devenir exécutoire à titre de loi, il fallait le soumettre à la sanction du vice-roi. En répondant à l'envoi d'une résolution si considérable, ce juge supérieur rappelle dans sa réponse, datée du mois d'août 1863, une correspondance ouverte dès 1859 avec le secrétaire d'État, sir Charles Wood; la correspondance était relative au dénombrement général de l'Inde. Le ministre pensait qu'à cette époque, où les derniers soulèvements de la rébellion étaient à peine comprimés, il serait imprudent de s'aventurer dans une si grave entreprise. « Les préliminaires qu'exige un recensement général, disait-il, tendraient à réveiller les méfiances que fait naître toute innovation du gouvernement. Il serait impossible ou du moins difficile de persuader au commun peuple, et même aux classes éclairées, qu'une pareille opération ne se rattache pas à quelque mauvais dessein, soit d'augmenter les charges publiques, soit de tenter certaines recherches en vue d'atteindre et de punir des individus compromis dans une rébellion si récemment apaisée. Ces appréhensions, ajoutait-il, s'appliquent plus particulièrement aux contrées où la guerre civile a produit ses ravages; *à l'égard des autres régions, un recensement* partiel *n'aurait qu'une faible valeur.* »

En conséquence, le secrétaire d'État s'était prononcé pour que l'opération fût ajournée, et plus tard il écrivait au gouverneur général : « Probablement quelques années doivent encore s'écouler avant qu'il soit prudent et sage d'entreprendre un recensement général. »

Lorsque le vice-roi de l'Inde eut transmis à Londres le bill voté par le Conseil de Bombay pour le recensement complet de cette Présidence, le même ministre répondit : « Cette mesure en elle-même *est désapprouvée* (*is disallowed*) par le Gouvernement de Sa Majesté. Plus tard, un semblable dénombrement, pour avoir lieu, ne devra s'opérer qu'avec la sanction du gouverneur général délibérant en conseil, et d'après un Acte de la législature centrale. »

Sans contester cette décision souveraine, le vice-roi, sir John Lawrence, examine avec son conseil s'il conviendrait qu'on désirât d'opérer *un recensement universel.* Il décide : 1° que les objections présentées en 1859 n'ont pas encore perdu la force qu'elles avaient à cette époque; 2° qu'une semblable mesure serait très-impolitique, *et n'est désirable sous aucun rapport.*

Mais à ses yeux il ne semblait pas en être ainsi *d'un recensement municipal,* applicable seulement au chef-lieu d'une Présidence : cas particulier prévu dans l'Acte local du Bengale, acte VI, année 1863. En conséquence, le gouverneur général autorise l'opération proposée pour la ville de Bombay et pour sa banlieue, ce qui comprend l'île entière.

Premier recensement dans l'Inde, autorisé pour la ville et l'île de Bombay.

Rien n'est plus digne d'attention et d'une étude approfondie que le dénombrement accompli, d'après l'autorisation, sous la date du 2 février 1864, avec les soins, l'exactitude et le développement que l'on apporte aux opérations de ce genre, soit à Paris, soit à Londres.

On peut tirer de ce recensement les lumières les plus précieuses pour l'histoire, pour les sciences sociales et pour le gouvernement de l'Inde; ce qui réfute la pensée, bien légère à notre avis, du Ministre de Londres sur l'inutilité prétendue ou du moins le peu d'importance des dénombrements qui n'embrasseraient pas la population tout entière de l'Hindoustan.

Un premier résultat fort remarquable est sorti du recensement de Bombay : c'est que le quart seulement de la population est né dans le sein de cette ville. Les trois autres quarts sont arrivés, par degrés, des diverses parties de l'Inde, à mesure que la navigation, l'industrie et le commerce de ce port ont acquis plus d'étendue, plus de richesse, et conquis une renommée faite pour attirer de nombreux colons, soit étrangers, soit indigènes.

Suivant leur usage, les musulmans sont accourus en proportion beaucoup plus considérable que leur nombre total, mis en parallèle avec celui des Hindous dans l'ensemble du territoire; ils sont venus avec une telle affluence, parce qu'ils répugnent aux travaux agricoles, tandis qu'ils chérissent les arts, le faste et le séjour des cités.

Une autre race est accourue avec non moins d'empressement : c'est la population active, énergique et paisible des Parsis; elle qui s'est exilée de la Perse pour se dérober aux persécutions de l'islamisme, conserver intact le culte qui nous fut connu par ses Mages, fuir les emplois, l'ambition, et ne demander qu'à l'amour du travail une fortune dont ses membres les plus éminents ont su faire un illustre et bienfaisant usage.

Les Juifs, venus par la mer Rouge pour continuer un commerce qui florissait dès le règne de Salomon, l'ont propagé des champs de la Palestine à la mer Rouge, aux côtes du Malabar et du Concan; ils conservent à Bombay leur génie pour le négoce et leur indestructible nationalité.

En définitive, presque toutes les croyances et toutes les races que renferme l'Asie sont représentées dans la cité qui devient le sujet de notre étude.

On a fait un dénombrement qui distingue les habitants : 1° par cultes; 2° pour chaque culte, par genre de professions.

Importance attachée au dénombrement par cultes. — Aujourd'hui chacune des religions professées dans l'Inde est pleine de sécurité pour le présent et pour l'avenir, sans nulle crainte d'éprouver des persécutions, des affronts, ni des injustices. Chacune d'elles reconnaît cette vérité, la plus propre de toutes à développer l'émulation : sa destinée ne dépend plus que d'elle seule.

Même avec le généreux système introduit par la proclamation fondamentale de 1858, en maintenant l'indépendance et la liberté de tous les cultes, il est plus que jamais intéressant, pour une administration sage et prévoyante, de connaître le nombre des habitants qui restent distingués, et très-profondément, par la diversité des religions; il importe au plus haut degré d'étudier les conséquences physiques résultant soit des usages, soit des mœurs, soit de l'état des familles qui professent des cultes distincts.

Il n'est pas moins essentiel de mesurer la faculté d'accroissement des castes et des corporations. Cet ordre de renseignements conduit à faire apprécier la situation plus ou moins prospère des diverses classes d'un peuple, et par suite, mais plus tard, l'effet des charges publiques, celui des travaux productifs, et l'influence des moyens plus ou moins étendus des communications indispensables à l'agriculture, aux arts industriels et surtout au commerce.

I. *Dénombrement de Bombay, par cultes : 2 février 1864.*

CULTES NON CHRÉTIENS.			CULTES CHRÉTIENS.	
Bouddhistes (les Jains)...		8,021	Chrétiens européens.....	8,415
Brahmanes............		30,604	Indo-Européens (Eurasiens).............	1,891
Hindous	des autres castes.	514,909	Indigènes.............	19,903
	hors castes (out-castes).....	32,434	Total des chrétiens....	30,209
Musulmans	asiatiques...	145,880	— des non-chrétiens.	786,353
	noirs africains	2,074	Population complète...	816,562
Parsis...............		49,201		
Juifs................		2,872		
Chinois..............		358		
Total......		786,353		

Après la classification générale opérée par cultes, vient celle qui subdivise au point de vue matériel les divers éléments de la population. Pour ne pas égarer le lecteur dans le labyrinthe d'une multitude d'occupations différentes, je les ai groupées en cinq catégories, d'où j'ai déduit le tableau qui suit :

II. *Classification économique des habitants de Bombay.*

Rentiers sans travail.......................		15,632	19 $\frac{14}{100}$
Occupations	intellectuelles et monétaires....	186,184	228 $\frac{1}{100}$
	industrielles................	387,084	475 $\frac{13}{100}$
Manouvriers sans industrie................		191,092	234 $\frac{2}{100}$
Le fainéant, le mendiant, le vagabond et les individus adonnés à la prostitution...........		36,570	44 $\frac{79}{100}$
Total.........		816,562	1,000

Nous avons apporté le soin le plus patient à calculer, pour chacun des cultes énumérés dans le tableau n° I, donné plus haut, les nombres proportionnels qui font voir comment la population se répartit entre les principales classes de l'ordre civil, telles que le tableau n° II les résume. Suivons cette division.

Les Bouddhistes ou Jains.

A Bombay, les bouddhistes, appelés *Jains*, sont presque aussi nombreux que les chrétiens d'origine européenne indiqués, nous le regrettons, sans distinction de croyances; et pourtant les *Jains* représentent la moins nombreuse de toutes les sectes indigènes. Ils sont en tout 8,021.

Occupations de mille Bouddhistes.

	Totaux.	Par mille.
1° Vie indépendante, capitalistes ou rentiers...	113	14
2° Occupations intellectuelles, monétaires et commerciales.	2,064	256 $\frac{97}{100}$
3° Industrie des arts et métiers.	5,704	711 $\frac{60}{100}$
4° Travailleurs sans industrie.	140	17 $\frac{45}{100}$
5° Pauvres, mendiants et vagabonds.	0	0
	8,021	1,000

Les bouddhistes n'ont qu'un nombre assez médiocre de fortunes indépendantes qui leur permettent d'exister sans professions spéciales; un peu plus du quart s'adonne à la banque, au change, au commerce; ils prennent une part médiocre au travail subalterne des commis, des écrivains, des copistes, et ne s'adonnent nullement à la librairie, à l'imprimerie; ils ne sont ni marins ni soldats; un cinquante-septième seulement se livre au labeur sans industrie réservé pour les manouvriers. Heureusement près des trois quarts vivent comme l'artisan plus ou moins ingénieux qui s'adonne aux arts et métiers.

Faisons remarquer à leur honneur qu'ils n'ont pas de pauvres abandonnés à la compassion publique; ils se chargent eux-mêmes de secourir les malheureux de leur croyance. Cette charité resserre les liens volontaires de leur secte; elle les empêche de se perdre par degrés dans les autres religions, dont l'ensemble forme l'immense majorité des habitants.

Le brahmanisme; les brahmanes.

Notre attention principale doit se porter sur les Hindous, les véritables autochthones. Dans Bombay, l'ensemble de leurs castes ne compte pas moins de 577,947 individus : *un peu plus des deux tiers de la population.*

On a présenté séparément les brahmanes, composant la caste sacrée. Cette distinction est justifiée par le rôle prééminent qu'ils jouent depuis quarante siècles, et par leur influence encore si grande aujourd'hui, quoique affaiblie profondément aux yeux des observateurs attentifs et perspicaces.

Les diverses classes des Hindous, les brahmanes exceptés, celles des militaires, des laboureurs et même aussi des artisans et des commerçants, se sont croisées et confondues ; elles se sont multipliées et subdivisées, pour obéir à des circonstances très-diverses et pour correspondre à l'accroissement du nombre des professions. Le recensement n'a pas suivi l'antique division des castes, parce qu'aujourd'hui, surtout dans les cités, il s'est produit entre elles un incroyable mélange.

Les tableaux du dénombrement de Bombay ne présentent pas moins de soixante-seize occupations ou professions différentes. Je les ai resserrées et groupées dans les cinq subdivisions qui résument les tableaux des professions civiles.

Voici maintenant la grande catégorie des Hindous, considérée dans ses trois principales divisions et dans ses diverses positions sociales :

	Les brahmanes.	Hindous des autres castes.	Hindous hors caste, *Parias*.
Rentiers sans travail.........	13 $\frac{4}{100}$	13 $\frac{39}{100}$	0 $\frac{5}{100}$
Occupations intellectuelles et monétaires..............	423 $\frac{2}{100}$	407 $\frac{75}{100}$	58 $\frac{57}{100}$
Occupations industrielles.....	198 $\frac{70}{100}$	264 $\frac{64}{100}$	517 $\frac{74}{100}$
Les manouvriers sans industrie.	32 $\frac{25}{100}$	300 $\frac{35}{100}$	382 $\frac{62}{100}$
Fainéants, vagabonds, mendiants et la prostitution....	332 $\frac{99}{100}$	13 $\frac{87}{100}$	41 $\frac{22}{100}$
	1,000	1,000	1,000

Remarquons d'abord que le nombre des personnes qui peuvent vivre de leurs capitaux ou de leurs rentes, en dehors de toute occupation, est presque identiquement le même, c'est-à-dire 13 pour mille avec une faible fraction, chez les brahmanes et chez l'en-

EXPOSITION PERMANENTE DES COLONIES — BIBLIOTHÈQUE

semble des Hindous compris dans toutes les autres castes.

Nous trouvons ensuite que la proportion des industries intellectuelles, financières et purement commerciales, est un peu plus forte, de 4 pour 100, chez les brahmanes; c'est une supériorité bien peu considérable.

Mais, d'un autre côté, l'ensemble des castes inférieures adonnées aux arts et métiers l'emporte de plus d'un tiers, 33 pour 100, sur le nombre des brahmanes qui ne dédaignent pas de se livrer à des occupations industrielles.

Dans l'origine, lorsque la caste sacrée se bornait aux soins de son culte, en y joignant toutefois l'autorité politique et les grandeurs de la théocratie, elle s'abstenait avec dédain de pratiquer aucune industrie. Nous découvrons ici les énormes changements produits par la marche insensible du temps. En 1864, sur soixante-seize occupations du peuple autres que l'enseignement de la religion et l'instruction de la jeunesse, les brahmanes de Bombay n'en négligent plus que dix-sept. Par conséquent, le besoin de pourvoir à leur existence offre ce résultat, digne d'attention : ils se permettent aujourd'hui de pratiquer *cinquante-neuf arts ou métiers.*

Ils ne s'arrêteront pas là. Parmi les occupations qu'ils ne pratiquent pas encore, on en compte plusieurs auxquelles ils voudront certainement s'élever et qui ne sont pas indignes de leur intelligence. Nous pouvons citer, par exemple, la profession très-distinguée de l'ingénieur civil; la photographie, art ingénieux qui reçoit dans l'Inde une extension remarquable; l'exécution de la mosaïque, en miniature, industrie délicate et particulière à Bombay; les fabrications perfectionnées de la céramique, laquelle, pour l'élégance des formes, des ornements et du dessin, appartient presque aux beaux-arts; le travail de certains vases métalliques embellis par la nielle et par la peinture en émail; un autre travail délicat, celui de ces houkas si remarquables pour l'élégance de leur galbe et la variété de leurs enjolivements. Citons enfin la teinturerie, qui ne doit pas tout au secours de la science chimique non plus qu'à la mécanique, et qui peut obtenir des succès nouveaux par une heureuse application de ce goût exquis des couleurs et de cette fantaisie des lignes agréables qui sont un don national chez les Hindous. Une telle indication suffit pour montrer que les brahmanes sont loin d'avoir fait dans la culture des industries savantes ou gracieuses toutes les conquêtes auxquelles ils ont droit d'aspirer, dès le moment qu'ils se placent en dehors de leur antique ministère.

Nous concevons qu'une caste qui rattachait au ciel son origine, et qui n'avait avec le reste des populations que des rapports de vénération et de supériorité, se soit refusée presque absolument au labeur physique dépourvu d'industrie et presque animal du simple manouvrier, du portefaix, etc. Les brahmanes auraient pu, dédaignant ces grossières occupations, employer plus utilement environ le tiers de leurs bras aujourd'hui perdus pour toute espèce de travail, affecter les moins riches d'imagination aux métiers d'un ordre inférieur, et destiner les plus habiles aux arts libéraux, aux beaux-arts, aux professions scientifiques : voilà quel devrait être leur avenir.

Mais chose qu'il nous est presque impossible d'expliquer, c'est que le tiers de cette race privilégiée, susceptible de travail, et d'un travail lucratif, ait préféré l'oisiveté sans moyens d'existence, la pauvreté honteuse, la mendicité sans excuse quand elle n'est pas commandée par les infirmités, enfin, trop souvent la débauche et la prostitution, le larcin, le vagabondage et la participation aux associations monstrueuses et criminelles des Dacoïts, les voleurs à main armée, et des Thugs, les étrangleurs par trahison.

Sans doute, le respect qui subsiste encore chez les Hindous pour leurs brahmanes les dispose à d'abondantes charités en leur faveur. Mais la charité qui n'ôte rien à l'estime pour la personne secourue, quand elle est appliquée à soulager le malheur, les infirmités, la vieillesse et l'enfance abandonnée, la charité se révolte et se refuse difficilement au mépris lorsqu'elle condescend à secourir l'homme robuste, bien portant et paresseux, qui ne rougit pas de vivre aux dépens de la partie du peuple obligé de gagner sa vie à la sueur de son front, avec de courageux efforts.

Si la pente sur laquelle nous voyons descendre ainsi de trop nombreux brahmanes vers la fainéantise, l'indigence et l'immoralité, les entraîne de plus en plus dans cet abîme d'abjection et de misère, il en résultera pour le culte dont ils devraient être les ministres vénérés l'atteinte la plus funeste.

Par le recensement de Bombay, j'ai remarqué que, sur 30,604 brahmanes, 2,006 seulement sont indiqués comme prêtres ou précepteurs, ou pédagogues d'un peuple qui surpasse un demi-million d'âmes.

Par conséquent, en trente siècles, *quatorze brahmanes sur quinze* sont devenus étrangers à la direction, à la glorification du culte pour lequel, à ce qu'ils prétendent, Brahma, leur Dieu suprême, les avait créés en réservant son propre nom pour celui d'une caste sainte, laquelle devait rester à jamais privilégiée.

Faisons remarquer, au contraire, ce fait honorable en faveur des Hindous répartis dans toutes les castes subordonnées : s'ils livrent aux plus humbles services de la société 300 des leurs comme simples manouvriers, contre sept cents personnes adonnées à toutes les professions de l'industrie, du commerce et des travaux publics, en revanche il ne faut déduire de ces mille personnes, utilement occupées, que 13 mendiants ou vagabonds. Le petit nombre de ces malheureux, qui presque tous ont été rendus incapables de travail à raison d'infirmités ou d'accidents, un si petit nombre est expliqué par le doux sentiment de confraternité qui, dans chaque état, impose à tous le devoir de procurer du travail à celui qui réclame l'utile emploi de ses mains ou de ses bras, près des heureux de sa caste. Pourquoi donc les brahmanes, à l'exemple des laïques de leur croyance, ne prennent-ils pas un soin exclusif, et je dirais presque jaloux, de leurs pauvres et même de leurs infirmes ?

Les Parias. Arrêtons enfin nos regards sur la troisième et dernière catégorie, la plus malheureuse de toutes; cette catégorie se trouve placée à côté des Hindous, *quoiqu'elle n'en fasse plus partie que pour mémoire.* Elle se compose des individus ayant perdu leur caste, ou par leur faute personnelle, ou par celle de leurs pères.

Le croira-t-on, les parias surpassent en nombre les brahmanes. Jusqu'à ce jour ils n'ont pas eu la possibilité de faire des épargnes suffisantes pour qu'un seul devînt rentier ou capitaliste et pût vivre de ses rentes; mais chez eux le courage a lutté contre le malheur. S'ils n'ont pu parvenir encore à s'élever aux occupations intellectuelles ou libérales de tous les genres qu'au nombre de 58 sur 1,000 personnes; en revanche, ils ont abordé des professions très-modestes et très-utiles avec une telle énergie qu'ils fournissent déjà des artisans au nombre de 518 pour 1,000 personnes : ainsi, plus de la moitié d'entre eux s'adonne à divers arts et métiers. Quant aux individus qui ne peuvent point s'élever jusque-là, 382, toujours sur 1,000 personnes, travaillent courageusement en qualité de manouvriers. De sorte que pour représenter les infirmes, les impotents, les mutilés, tous ceux qui n'ont jamais pu et tous ceux qui ne peuvent plus travailler, il reste seulement 41 individus abandonnés et qui subsistent aux dépens de la commisération publique.

En définitive, avec les difficultés qu'ils avaient à vaincre et qu'ils ont vaincues, les déshérités, les proscrits, les parias du brahmanisme sont ceux que j'estime, je ne crains pas de le dire, et que je considère, en les voyant lutter ainsi contre l'infortune; ce sont les bannis de toutes les castes que je loue pour leur empressement à pratiquer des métiers honnêtes et des occupations utiles. Les brahmanes, au contraire, qui devraient donner l'exemple de la grandeur morale et de l'énergie dans la lutte pour l'emploi le plus élevé de leur force et de leur intelligence, tandis qu'ils présentent une si honteuse proportion de mendiants et de vagabonds, ce sont eux, et non pas les infortunés mais laborieux parias, qui méritent le reproche de s'être laissés tomber d'un piédestal autrefois si révéré, quand la nation tout entière et jusqu'à ses réprouvés font tant d'efforts pour s'élever à l'aide du travail.

Classe des Mahométans.

Dans Bombay, le recensement constate l'existence de 145,880 musulmans sur un peuple de 816,562 habitants, et tout démontre qu'ils sont plus nombreux; lors du recensement, ils paraissent avoir dissimulé, dans beaucoup de maisons, le nombre de leurs coreligionnaires.

Occupations de mille Musulmans.

Rentiers sans travail	29 $\frac{63}{100}$
Occupations { intellectuelles et monétaires	131 $\frac{90}{100}$
Occupations { industrielles	636 $\frac{74}{100}$
Manouvriers sans industrie	124 $\frac{27}{100}$
Pauvreté, vagabondage, prostitution	77 $\frac{46}{100}$
	1,000

Je vois d'abord qu'à Bombay les musulmans, comparés avec les Hindous, présentent presque trois fois le nombre d'habitants sur mille qui peuvent exister avec indépendance au moyen de leurs capitaux et de leurs rentes. N'en soyons pas étonnés, puisque, pendant plus de trois siècles, les disciples de Mahomet ont été les conquérants, les dominateurs et les spoliateurs du peuple aborigène. Quel qu'ait été leur amour de la dissipation, ils ont dû conserver d'amples débris de tant de richesses ravies par leurs mains.

Je vois, ensuite, que le musulman fournit beaucoup moins que les Hindous aux professions intellectuelles, financières et commerciales; à cet égard, il reste au-dessous de la moyenne générale. En revanche, il ne présente pas la moitié de la proportion moyenne parmi la plus basse classe des travailleurs, celle des simples manouvriers; sa fierté s'y refuse. Il compense avec un grand avantage ce moindre nombre qui représente le travail sans industrie, en fournissant aux arts et aux métiers plus de trois fois autant d'hommes industrieux que les brahmanes et deux fois et demie par mille le nombre des artisans donnés par les Hindous des diverses castes.

Au total, si les musulmans ne s'élèvent pas aux postes les plus brillants, en revanche ils prédominent dans les occupations usuelles de l'industrie, et la place qu'ils occupent n'est pas sans honneur, considérée dans son ensemble.

Les Parsis.

Je le répéterai partout, les Parsis, sous le plus grand nombre des rapports industriels, intellectuels et moraux, sont pour moi l'objet de l'admiration la plus profonde; le recensement de Bombay justifie ce sentiment.

Qu'on se figure quelques familles persanes, persécutées autrefois par les musulmans, ayant préféré toutes les privations, et même l'exil, à l'abandon du culte de leurs pères. Arrivées pauvres sur la côte occidentale de l'Inde, voyons-les se réfugiant à Surate pour y vivre de quelques humbles professions; puis, voyons-les partant de là pour se multiplier en nombre, en industrie, en richesse, non plus seulement dans cette ville, mais surtout à Bombay, devenu le centre du plus grand commerce de l'Inde.

Occupations de mille Parsis.

Renticrs sans travail		63 $\frac{38}{100}$
Occupations	intellectuelles et monétaires	433 $\frac{91}{100}$
	industrielles	480 $\frac{83}{100}$
Manouvriers sans industrie		21 $\frac{13}{100}$
Vagabonds, pauvres		$\frac{[illegible]}{100}$
		1,000

Digne résultat d'un génie supérieur pour le commerce et les affaires : les Parsis offrent *trois fois* plus de citoyens qui peuvent ou pourraient vivre sans travail que l'ensemble de toutes les autres classes d'habitants.

Disons bien haut que les Parsis, sans ambition du côté des grandeurs, n'ont pas la moindre volonté de parcourir les carrières administratives; ils servent très-peu dans l'armée et pas du tout dans la marine. Avec tant de causes d'affaiblissement pour prendre un rang dans les occupations intellectuelles, ils n'en fournissent pas moins à cette classe 434 sur 1,000 personnes, c'est-à-dire plus que les musulmans, les Hindous des diverses castes, et même que les brahmanes. Remarquons, à leur grand honneur, qu'ils n'ont ni pauvres, ni vagabonds, ni mendiants, cette honte, cette peste du brahmanisme; remarquons ensuite le nombre presque imperceptible de leurs simples manouvriers, dont le travail est comparable au labeur du cheval, de l'âne et du bœuf. En revanche, sur 1,000 personnes ils en fournissent 481 à tous les arts industriels. Voilà des résultats magnifiques : honneur aux Parsis!

Les Juifs naturalisés dans l'Inde.

Nous terminerons par l'examen de la situation des juifs habitants de Bombay, qui sont les moins nombreux de tous les natifs professant des croyances non chrétiennes : ils ne présentent qu'un trentième de la population totale.

. . . .

Occupations de mille Juifs.

Capitalistes ou rentiers indépendants		43 $\frac{52}{100}$
Occupations	intellectuelles, monétaires et commerciales.	251 $\frac{41}{100}$
	industrielles d'arts et métiers	600 $\frac{62}{100}$
Manouvriers sans industrie		104 $\frac{46}{100}$
Pauvreté, vagabondage et prostitution		»
		1,000

Il est difficile d'admettre que 43 juifs sur mille indigènes possèdent des capitaux ou des rentes pour en jouir sans chercher à les faire valoir par une certaine industrie. Peut-être leur manière de se créer des rentes est-elle d'y procéder par voie d'usure? On doit remarquer que la seconde catégorie, qui comprend toutes les professions monétaires, banquiers, changeurs, prêteurs, etc. présente une proportion moindre chez les juifs que chez les brahmanes, les Hindous des diverses castes, les musulmans et toutes les classes de chrétiens; en revanche, ils ont assez peu de manouvriers sans industrie. Leur grande puissance de travail est dirigée vers les arts et les métiers.

Disons à l'honneur des juifs de Bombay qu'ils ne présentent pas une seule personne parmi les rebuts de la pauvreté, du vagabondage et de la prostitution. Dans cette partie de l'Inde, différents en cela des israélites d'une grande partie de l'Occident, ils acceptent, sans y répugner, de prendre part au service militaire. Considérés dans leur ensemble, ils me semblent constituer un état social préférable sous tous les rapports à celui des juifs de l'Asie et de l'Afrique. Serait-ce un bienfait du respect de tous les cultes, qui ne laisse à personne le droit ni la faculté de mépriser leur condition, même alors qu'ils ne sont pas méprisables; et cette condition suffirait-elle pour les élever au-dessus des juifs du reste de l'Asie et de l'Afrique? Nous aimerions à le penser.

Les Chrétiens de Bombay.

Exprimons ici tout notre regret qu'on n'ait pas séparé les chrétiens au moins suivant la grande division qui distingue les catholiques et l'ensemble des protestants. Cette division, nettement exprimée, ne pouvait que servir à développer la plus précieuse émulation; elle aurait donné des leçons que nous aurions été charmés de faire ressortir sans faiblesse en faveur des uns, sans partialité contre les autres.

Les occupations diverses des Chrétiens.

	Chrétiens natifs.	Eurasiens.	Européens.
Rentiers sans travail..........	15 $\frac{83}{100}$	62 $\frac{93}{100}$	21 $\frac{86}{100}$
Occupations intellectuelles, financières et commerciales...	191 $\frac{65}{100}$	673 $\frac{72}{100}$	528 $\frac{94}{100}$
Occupations industrielles......	726 $\frac{75}{100}$	263 $\frac{55}{100}$	449 $\frac{20}{100}$
Manouvriers sans industrie.....	63 $\frac{86}{100}$	//	//
Pauvreté, vagabondage, prostitution....................	1 $\frac{62}{100}$	//	//
	1,000	1,000	1,000

Remarquons en premier lieu que, par mille habitants, les chrétiens natifs, les plus pauvres de tous, ont quatre fois moins de rentiers vivant d'une fortune indépendante que n'en ont les Eurasiens, c'est-à-dire les fils d'Européens mariés avec des femmes du pays, épousées souvent pour leur avoir; maintes fois, eux-mêmes héritiers de la fortune paternelle, favorisés par la race conquérante et méritant cette faveur par les facultés, l'énergie et l'activité qui les rapprochent des Anglais, leurs pères, sans les égaler il est vrai, mais qui les placent sur une ligne intermédiaire et préférée, lorsqu'on les compare aux purs Indiens.

On s'explique très-aisément le petit nombre d'Européens, un peu moins de 22 sur mille, qui se résignent à ne pas quitter l'Inde aussitôt après avoir acquis les moyens suffisants d'une existence honorable et d'un repos conquis par le travail. D'autres sont d'anciens militaires, qui peuvent exister avec plus d'aisance dans l'Inde que s'ils retournaient en Angleterre; cependant le plus grand nombre de ceux-ci ne reste pas dans Bombay, où la vie n'est pas au même bon marché qu'à Pounah, par exemple, et dans les autres villes de l'intérieur.

Les occupations intellectuelles, financières et commerciales des chrétiens indigènes, qui comprennent beaucoup d'anciens convertis portugais, sont dans une proportion qui n'est pas le tiers des Indo-Européens. Ces derniers excellent dans toute occupation que les Européens ne réservent pas exclusivement pour eux-mêmes: exception qui comprend les hautes fonctions du gouvernement et de la justice, les commandements militaires et les emplois *des covenantés*. Un grand nombre de chrétiens de pur sang européen, et déjà les métis dits *Eurasiens*, s'élèvent au rang d'ingénieurs civils. On emploie ces derniers deux fois plus que les Anglais pour diriger les locomotives : sans doute parce qu'ils peuvent, mieux et plus impunément que ceux-ci, braver la chaleur dégagée par les feux de la machine à vapeur, ajoutée à la chaleur accablante du climat; on les forme à la surveillance, à la comptabilité des chemins de fer. Dans les rangs de la finance, ils ont déjà par mille personnes deux fois plus de banquiers, de changeurs et de négociants que les Anglo-Saxons; néanmoins, *les grandes opérations comme les grands capitaux appartiennent aux Européens.* Les Eurasiens ont beaucoup plus d'imprimeurs, de libraires et de relieurs que ces derniers. On trouvera presque incroyable que, sur 4,482 imprimeurs, libraires, relieurs, etc. les Européens n'en fournissent que 33; mais ceux-ci sont les plus opulents.

Je crois devoir présenter un tableau résumé qui fait connaître l'ensemble des professions qui concourent à la production des journaux, des photographies, des livres, des dessins, etc.

Classification des typographes, libraires, relieurs, etc. par dix mille personnes de chaque classe d'habitants.

Métis européens	142 $\frac{78}{100}$
Chrétiens indigènes	126 $\frac{37}{100}$
Parsis	116 $\frac{87}{100}$
Musulmans	74 $\frac{24}{100}$
Européens	71 $\frac{30}{100}$
Brahmanes	56 $\frac{81}{100}$
Hindous de caste	45 $\frac{81}{100}$
Juifs	24 $\frac{37}{100}$
Hindous hors caste	//

Considérons actuellement les diverses industries que les Européens ont introduites ou perfectionnées dans l'Inde; dès à présent, elles changent et modifient au plus haut degré l'ensemble des professions et des travaux dans la grande cité de Bombay.

Personnel des nouvelles industries introduites dans l'Inde et pratiquées par le peuple de Bombay en 1864.

1. Les entrepreneurs de travaux pour les chemins de fer, les ponts, les canaux, les aqueducs, etc....	1,783
2. La profession des ingénieurs civils.............	106
3. L'art de diriger les locomotives...............	1,849
4. Le travail du fer, de la fonte et de l'acier........	15,500
5. L'art de travailler le cuivre, imité des Européens...	5,418
6. L'art médical[1].........................	5,462
7. La photographie........................	733
8. La confection et la pose des tuyaux de conduite en plomb................................	4,200
9. La fabrication, à la manière européenne, des briques, des tuiles, etc.........................	3,369
10. L'imprimerie............................	4,482
11. L'enseignement imité des méthodes européennes..	2,981
12. L'art de travailler l'étain et l'étamage par les procédés européens........................	2,052
13. La confection des ombrelles européennes........	2,201
14. L'horlogerie.............................	894
15. Un grand nombre de travaux en bois occupent dans Bombay 32,281 personnes. (Fabrication des voitures imitées de l'Europe; menuiserie, charpente, ébénisterie, marqueterie, etc.)..............	32,281
16. Construction, réparation, entretien des locomotives, wagons, navires, bateaux à vapeur et travaux d'art militaire européen......................	8,777
TOTAL..................	92,088

[1] Il faut l'avouer avec sincérité, parmi le nombre prodigieux de ces gens qui vivent sur la santé d'un peuple de huit cent mille âmes, bien peu profitent déjà de la science européenne.

Voilà donc près de cent mille travailleurs appliquant plus ou moins les sciences et pratiquant certaines parties des arts de l'Europe; les voilà présentant, à l'ouest de l'Inde, un grand foyer d'industrie d'où les innovations et les perfectionnements sont appelés à rayonner dans tous les sens, depuis le cap Comorin, à l'extrémité méridionale de l'Hindoustan, jusqu'aux bouches de l'Indus, et, dans l'intérieur, jusqu'au milieu des vastes pays mahrattes, des Provinces-Centrales et de la Confédération Radjpoute.

C'est quand on opère un dénombrement pareil à celui de Bombay qu'on doit regretter de ne pas voir encore dans cette cité l'*introduction des registres de l'État civil,* pour constater les naissances, les décès et les mariages. De tels registres permettraient de calculer la durée de la vie, si courte autrefois, et qui, par l'assainissement de l'île et par tous les progrès de l'hygiène publique et privée, se rapproche déjà des longévités européennes. De pareilles connaissances forment la base indispensable des opérations qui concernent les assurances sur la vie, les tontines, etc. elles sont nécessaires pour savoir quelle étendue doit être donnée à la production du gaz qu'on destine à l'éclairage, à la conduite des eaux que nécessitent l'alimentation et les besoins si variés des habitants. *C'est peut-être par Bombay qu'il faudrait commencer dans l'Inde l'établissement des registres de l'État civil, approprié, d'ailleurs, avec sagesse à l'état des diverses croyances.*

Bombay doit regarder comme un de ses plus beaux titres de gloire une œuvre de ses mains et de son génie, je veux dire, la grandeur magique de son industrie et de son commerce. Si cette noble cité, dont le progrès nous émerveille, voulait s'en rendre un compte à la fois instructif et précis, elle imiterait Paris, la plus populeuse, la plus industrieuse et la plus artistique entre toutes les capitales du continent européen.

Elle s'adresserait *à sa Chambre de commerce,* qui n'est pas moins éclairée et qui ne voudrait pas être moins généreuse que celle de notre grande capitale, afin qu'en suivant l'exemple de cette dernière elle exécutât à ses frais le complément nécessaire d'un recensement officiel de la population. Elle ferait constater l'étendue bien classée de toutes les branches de production et le chiffre correspondant des affaires dont le chiffre total est resté jusqu'à ce jour inconnu, quoiqu'il fasse aujourd'hui du chef-lieu de la Présidence occidentale la plus active, la plus industrieuse et la plus riche entre toutes les cités maritimes et marchandes de l'Orient! Alors nous verrions comment agit l'alliance du génie commercial des Anglais, des Parsis et des Hindous, qui l'emportent par ce génie sur toutes les autres classes d'habitants. On verrait jaillir la lumière sur ce miraculeux accroissement des fruits de l'activité combinée de ces trois races principales, sans d'ailleurs négliger les autres, et surtout les musulmans indiens, arabes ou persans.

Voyez par l'exemple d'un seul point de vue ce que la grande ville européenne citée pour modèle nous a fait connaître d'après deux études de ce genre.

Chiffre comparé des affaires industrielles de Paris.

En 1847.	En 1848.	En 1860.
LA PAIX.	LE TROUBLE.	LA PAIX.
1,464 millions.	678 millions.	3,369 millions.

N'est-ce pas avec des nombres si démonstratifs qu'on révèle aux populations la mesure de leur puissance et de leur véritable bien-être, empoisonné trop souvent par de vils fauteurs de troubles et par des passions insensées?

Si Bombay voulait accomplir un semblable travail et daignait m'en communiquer les résultats, j'en regarderais l'ensemble comme un de ces monuments érigés après quelque grande victoire. J'essayerais d'inscrire sur ses bas-reliefs quelques-uns des rapprochements dignes de vivre dans la mémoire des amis de *la force des nations* : force digne de respect quand elle n'est employée qu'à les rendre *plus paisibles et plus heureux.*

Ou nous nous abusons étrangement ou, ce nous semble, le lecteur doit être frappé de l'abondance et de la sûreté des lumières qui déjà sont sorties et de celles qui peuvent sortir encore du recensement opéré dans une seule ville de l'Inde. Si nous avons pu présenter quelques rapprochements utiles d'après un examen rapide, incomplet, imparfait, je suis le premier à le déclarer, dans un modeste travail où je rougirais d'apporter aucun charlatanisme, que serait-ce donc si quelque observateur compétent et sagace était placé sur les lieux, au milieu d'une cité grande, populeuse et florissante? que serait-ce s'il pouvait acquérir avec ses yeux la connaissance intime des occupations et des mœurs qui caractérisent les diverses classes des habitants, et s'il pouvait constater le degré d'aptitude que chacune d'elles apporte aux diverses natures de professions et de travaux?

On serait alors bien loin de penser, comme un ministre de l'Inde, le très-honorable mais imprévoyant sir Charles Wood, qu'à peu de choses près nul recensement *partiel* ne pourrait avoir la moindre utilité! Lui-même aujourd'hui, s'il était encore au pouvoir, s'étonnerait de tous les avantages qui naissent et du parti qu'on peut tirer d'une telle opération.

Le gouvernement de l'Inde, excité par les succès de Bombay, devrait en imiter le dénombrement, afin d'opérer d'après le même plan à Calcutta, à Madras, à Bénarès, à Mirzapour, à Mourschedabad, à Lucknow, à Delhi, à Lahore : en un mot, dans toutes les cités considérables et marquées du cachet d'une prospérité grande et spéciale.

A l'égard du dénombrement des Présidences entières, si l'on pouvait conserver encore quelques appréhensions neuf ans après l'extinction de la guerre civile, nous demanderions simplement qu'on opérât pour un seul Collectorat dans chaque gouvernement. On pourrait choisir celui de Dacca ou de Burdwan pour le Bengale, celui d'Agra ou de Delhi pour le nord-ouest, de Lahore pour le pays des Cinq-Rivières, d'Hyderabad occidentale pour le bas Indus, de Pounah pour le pays des Mahrattes, et de Coimbatore dans la province de Madras. Les dénombrements terminés, on dirait aux peuples de chaque gouvernement : « Ces opérations, vous pouvez en juger d'après l'expérience : elles se sont accomplies dans votre voisinage et presque sous vos yeux, sans qu'il en soit résulté le moindre accroissement d'aucun impôt, ni la moindre mesure alarmante pour vos personnes : en même temps, à votre grand avantage, on peut signaler une foule de rapprochements lumineux et favorables, sous divers points de vue, à toutes les classes de votre population. Ces comparaisons susciteraient, entre vos diverses provinces, la plus fructueuse émulation.

« Rassurez-vous donc, et recevez comme un bienfait du génie moderne ces grands et beaux recensements périodiques, tels que l'Angleterre, la France et les États-Unis les accomplissent, et les accomplissent sans répandre nulle part la plus légère inquiétude. C'est votre grandeur, votre développement, votre prospérité, qu'il s'agit de constater sur tous les points de votre magnifique territoire; c'est votre place qu'il s'agit d'assigner au milieu du genre humain, dont vous êtes déjà par le nombre *la septième partie*, vivant et prospérant sur un territoire qui n'est pas *le quarantième de la terre.* »

De semblables raisons, qui devraient être convaincantes pour tous les peuples de l'Inde, je serais heureux qu'elles le fussent pour le vice-roi, ce personnage éminent que j'oserais qualifier ainsi que le fera l'histoire, en l'appelant *le sage hardi;* je voudrais aussi qu'elles fussent convaincantes pour les gouverneurs présidentiels, pour le Conseil suprême à Londres et par-dessus tout pour le nouveau secrétaire d'État, passager ou non, qui préside aux destins de l'Inde. Je m'en réjouirais dans l'intérêt des sciences sociales et politiques. En même temps, tous les hommes d'État qui résident dans le Royaume-Uni ou dans l'Hindoustan devraient s'en réjouir aussi, pour l'avantage et pour l'honneur de leur double empire d'Occident et d'Orient.

INTRODUCTION.

FORCE PRODUCTIVE
DES NATIONS CONCURRENTES,
DE 1800 A 1851.

SEPTIÈME PARTIE.

SUITE DE L'INDE.

TOPOGRAPHIE ET FORCE PRODUCTIVE DU HAUT INDUS; PENDJÂB.

Les Cinq Rivières, dont les eaux descendent toutes à l'Indus et dont les bassins réunis forment le Pendjâb, sont, en avançant de l'orient vers l'occident :

1° *Le Sutledge*, appelé par les Grecs *Hyphasis;*
2° *La Bias,* affluent du Sutledge;
3° *La Ravi*, appelée par les Grecs *Hydraotes;*
4° *La Chenab,* appelée par les Grecs *Acesines;*
5° *La Jhélum*, appelée par les Grecs *Hydaspes.*

Les Cinq Rivières et leurs affluents, tributs de la chaîne himâlayenne, ne reçoivent pas seulement les eaux qui descendent des pentes méridionales et qui toutes font partie de l'Hindoustan; on y doit joindre aussi celles du versant septentrional, en parcourant une ligne qui surpasse deux cents lieues. Recueillies sur cette longueur, les eaux du Tibet, versées à l'est dans le Sutledge, à l'ouest dans l'Indus, pénètrent par deux profondes coupures la chaîne des Himâlayas; elles viennent accroître les moyens de fertilité de l'Inde occidentale.

Dans le tableau qui va suivre, nous avançons de l'orient à l'occident et nous descendons du nord au midi. Nous conservons à la Chenab son nom jusqu'à son confluent avec le Sutledge, de même que nous conservons son nom au Sutledge jusqu'à son confluent avec l'Indus.

TERRITOIRE ET POPULATION DU SOUS-GOUVERNEMENT DU PENDJÂB.

RIVIÈRES.	PROVINCES.	TERRITOIRE.	POPULATION.	HABITANTS par MILLE HECTARES.
		Hectares.	Habitants.	
Jumna..........	Delhi........	2,235,850	2,194,521	981
Jumna et Sutledge.	Cis-Sutledge...	2,097,900	2,279,105	1,086
Sutledge et Bias..	Jallender.....	1,759,128	2,273,137	1,293
Bias et Ravi.....	Lahore.......	3,011,393	3,458,687	1,148
Indus..........	Peschawer....	1,966,328	847,695	431
Chenab et Jhelum.	Jhelum.......	4,341,358	1,762,489	405
Chenab et Indus..	Leïa.........	3,955,448	1,121,991	283
Sutledge et Chenab.	Moultan......	4,012,946	971,475	242
	Totaux.........	23,380,360	14,909,100	638

Au sujet des colonnes précédentes, nous appellerons l'attention du lecteur sur la différence frappante qu'offre la densité des populations entre les quatre premières provinces, qui sont situées à l'orient, et les quatre dernières, qui sont situées à l'occident. Cette différence est résumée par le tableau suivant :

	Quatre prov. du nord-est.	Quatre prov. du sud-ouest.
Territoire..............	9,104,280	14,276,080 hectares.
Population.............	10,205,450	4,703,650 habitants.
Habitants par mille hectares.	1,113	366

Produits naturels du Pendjâb : règne animal.

Un territoire égal aux deux cinquièmes de la France et très-largement arrosé doit être riche en pâturages naturels. Par conséquent, il doit posséder de nombreux troupeaux; les habitants des campagnes du Pendjâb sont, en grande partie, des pasteurs.

Mais ce peuple est loin d'avoir employé tous les moyens de prospérité que lui présente la nature. La laine de ses troupeaux est grossière ; l'espèce même des animaux est inférieure. La malpropreté, l'incurie des individus qui soignent les moutons laissent, avant comme après la tonte, les laines souillées d'immondices; quand on les vend, elles sont mêlées à des matières étrangères qui, trop souvent introduites par la fraude, leur font perdre une grande partie de leur réputation et de leur valeur.

Depuis le petit nombre d'années que les Anglais se sont emparés du bassin de l'Indus, ils ont essayé d'améliorer l'espèce ovine en faisant venir des béliers mérinos. Jusqu'à ce jour le résultat de leurs efforts est à peu près insensible; mais ils peuvent, ils doivent persévérer.

Dans les provinces qui comprennent le versant méridional des Himâlayas, ne pourrait-on pas établir un système *transhumant* pour les troupeaux de la plaine, ainsi qu'on le pratique avec tant de succès des deux côtés des Pyrénées?

Si j'étais administrateur du Pendjâb, afin de servir d'instructeurs et de modèles, j'appellerais, de l'Australie quelques-uns de ces Anglais et de ces Écossais qui, sans avoir besoin d'un grand nombre d'années, ont produit un admirable progrès dans l'élève des bêtes à laine; maintenant ils fournissent à la métropole près de vingt-sept millions de kilogrammes de toisons aussi remarquables pour leur qualité que pour leur abondance.

Il est, à mes yeux, un sujet d'extrême surprise : je vois un même gouvernement faire les plus grands sacrifices et poursuivre ses tentatives avec une rare persévérance afin de naturaliser sur les moyennes hauteurs des Himâlayas la culture du thé, culture qu'il a fallu d'abord étudier malgré tant de difficultés au fond de la Chine; et ce même gouvernement, je vois qu'il n'a la pensée de naturaliser sur le versant méridional de cette immense chaîne ni l'élève ni la multiplication des chèvres célèbres qui sont nourries par les Tibétains sur le versant septentrional. L'administration européenne, qui maintient avec soin des haras de chevaux et d'éléphants, pourrait entretenir des troupeaux modèles dont les boucs et les chèvres seraient vendus aux pasteurs du haut Indus, pasteurs auxquels il faudrait apprendre la vigilance et la propreté.

Le cheval, le buffle, le bœuf, l'éléphant et le chameau sont les grands animaux travailleurs indispensables au Pendjâb. Le chameau sert principalement pour traverser les déserts sableux qui séparent la Jumna, l'Indus et les Cinq Rivières.

Il serait naturel de penser que le ver à soie fait partie des richesses du bassin de l'Indus; mais les essais auxquels on s'est livré depuis quelque temps ont peu réussi. Presque toute la soie grége employée par l'industrie du Pendjâb est tirée du pays de Boukhara, qui s'étend au nord-ouest des Himâlayas. On pourrait, ce me semble, avec avantage planter le mûrier sur les dernières pentes méridionales de ces monts, pentes si bien arrosées et sous un climat éminemment favorable soit à cet arbre, soit au ver précieux que ses feuilles nourrissent.

Agriculture.

Les cultures principales du bassin de l'Indus sont les céréales et surtout le froment, le riz, le maïs; on y joint dans quelques localités l'indigotier et la canne à sucre.

Cotonnier. — On plante aussi le cotonnier dans le pays des Cinq Rivières. Je dois citer, à ce sujet, les observations judicieuses du Comité central de l'industrie institué dans Lahore en 1861.

En général, le sol du Pendjâb ne convient pas aussi bien à la culture du coton *que les terrains basaltiques* de l'Inde centrale; néanmoins, des expériences faites avec soin ont prouvé que ce pays peut produire un coton qui convienne aux fabriques d'Angleterre. Mais les efforts nécessaires pour cette production ne doivent pas se borner *à faire de longs discours dans les assemblées de Manchester.* Le seul moyen vraiment pratique est d'envoyer des personnes expérimentées, disposant d'un capital suffisant pour donner l'impulsion aux planteurs indigènes et, par l'appât du bénéfice, les déterminer à suivre les meilleures méthodes pour cultiver, éplucher, emballer et transporter du coton. Il faut acheter sur place les récoltes.

D'après les comptes officiels, on estimait, en 1861, que le Pendjâb et ses dépendances contenaient 189,200 hectares cultivés en coton. Le produit moyen de ces terres varie de 56 à 170 kilogrammes par hectare, au prix de 22 francs le quintal métrique; total du coton produit dans un an, 20 millions de kilogrammes.

A peine un sixième de ce que produit le Pendjâb est-il

exporté : 6 $\frac{2}{3}$ millions de kilogrammes. C'est peu pour le présent, mais l'avenir offre de brillantes espérances.

Le temps des semailles du cotonnier varie depuis février, dans le sud, jusqu'au milieu de juin dans quelques districts du nord. La floraison, suivant ces localités, commence entre les mois d'août et de décembre; la cueillette s'opère environ trente jours après la floraison et continue de temps à autre pendant deux mois [1].

Autres plantes textiles. — On cultive avec assez d'étendue le chanvre et quelques plantes textiles analogues. Depuis la guerre de Crimée, en 1854 et 1855, l'Angleterre a jeté les yeux sur l'Inde pour diminuer, relativement à ce genre de produits, sa dépendance commerciale. Dans cette intention, le docteur Jameson, surintendant des jardins du Gouvernement dans Saharunpour, a fait distribuer aux cultivateurs du Pendjâb des graines de lin, accompagnées d'instructions sur leur culture. Il a fait voyager dans le pays un agent spécial très-expérimenté, afin d'étudier et d'indiquer les terrains les plus avantageux. Une brigade d'indigènes, formée par ses soins, a parcouru les campagnes pour diriger les travaux agricoles en les éclairant par les meilleurs préceptes.

DESCRIPTION DES PROVINCES DU PENDJÂB.

I. *Citation pour mémoire de la province de Delhi.*

Des huit provinces qui composent aujourd'hui le sous-gouvernement du Pendjâb, celle de Delhi n'en fait partie que depuis très-peu de temps; elle se rattachait plus naturellement au bassin du Gange et de la Jumna. Non-seulement les provinces comprises dans les bassins des

[1] *Central committee of Lahore.*

Çinq Rivières appartiennent au sous-gouvernement du Pendjâb; mais, du côté de l'orient, on y joint encore les deux provinces du Cis-Sutledge et de Delhi. C'est, je crois, depuis la dernière rébellion qu'on a classé Delhi parmi les dépendances du sous-gouvernement de Lahore; il semble qu'on ait voulu dégrader l'antique et célèbre capitale de l'empire des Grands Mogols. On l'a reléguée parmi les chefs-lieux de troisième classe, afin d'étouffer à jamais ses souvenirs de domination et ses espérances.

Avant la douloureuse époque dont nous parlons, Delhi faisait naturellement partie du sous-gouvernement des provinces du nord-ouest, au même titre qu'Agra. C'est aussi dans cette circonscription que nous l'avons placée et décrite, parce qu'elle s'y trouve comprise pendant presque tout le temps dont nous écrivons l'histoire.

II. *Province du Cis-Sutledge*[1].

Cette province est limitée par la Jumna et le Sutledge, la plus orientale des cinq rivières qui formaient la Pentapotamie, le Pendjâb des Hindous.

Depuis l'année 1803, les Gourkhas, ayant étendu leurs conquêtes dans les hauts pays situés à l'ouest du Népaul, étaient ensuite descendus vers le sud, entre le Sutledge et l'Indus. Les Anglais leur firent la guerre en 1814, et, dès l'année 1815, ils se rendirent possesseurs d'un pays auquel ils donnèrent le nom de province du Cis-Sutledge. Ce pays était partagé entre une foule de petits chefs qui se croyaient au comble du bonheur s'ils parvenaient à repousser l'autorité de tout pouvoir organisé régulièrement. La plupart sont aujourd'hui dans la dépendance plus ou

[1] Nous mettons ici le n° II, parce que le n° I, dans la classification actuelle des provinces, appartient à celle de Delhi, déjà citée.

moins prononcée de l'autorité britannique, laquelle les régit féodalement.

Une partie considérable de la population du Cis-Sutledge appartient aux Sikhs, surtout dans la région méridionale; les Gourkhas habitent le nord [1].

TERRITOIRE ET POPULATION DU CIS-SUTLEDGE.

DISTRICTS.	TERRITOIRE.	POPULATION.	HABITANTS par MILLE HECTARES.
	Hectares.	Habitants.	
Umballah	477,078	782,011	1,639
Thaneysur	605,024	496,748	821
Loudianah	356,643	527,722	1,479
Férozepour	659,155	472,624	717
TOTAUX	2,097,900	2,279,105	1,086

District d'Umballah.

Dans un pays qui peut nourrir 1,639 habitants par 1,000 hectares, l'agriculture est nécessairement florissante; il faut de plus que le territoire soit éminemment favorable à la production des plantes alimentaires. En considérant les irrigations abondantes qui peuvent être opérées, on est en droit d'affirmer que cette contrée est également propice à la culture du coton.

La ville d'*Umballah*, choisie pour centre judiciaire et financier, est importante aussi comme station militaire entre Lahore et Delhi. Afin d'assurer et de rendre plus

[1] Chose singulière, dans un pays où l'élève des troupeaux pourrait être un objet de grande richesse, les Gourkhas, par préjugé, religieux ou non, ne mangent pas la chair de mouton.

commodes les communications, le Gouvernement a fait bâtir, immédiatement après la grande révolte du nord-ouest, cinq casernes d'étapes; elles servent pour abriter les officiers et les soldats lorsqu'ils sont en marche sur la route défensive ouverte entre Delhi et Umballah.

Les militaires et les voyageurs qui veulent, en partant de Delhi, se rendre à la célèbre station sanitaire de Simla passent par Umballah. Nous allons suivre cette route afin de rendre un compte plus spécial d'un établissement d'instruction publique et de bienfaisance digne d'une sérieuse attention. L'itinéraire et les circonstances du voyage sont également à remarquer.

Voyage de Delhi à Umballah, puis à Simla. Asile Lawrence.

La route qui conduit de Delhi à Umballah, longue de vingt-quatre lieues, par laquelle passaient tous les secours envoyés du Pendjâb pendant la rébellion, était très-mauvaise et presque à l'état de nature. Comme on est en été, l'excessive chaleur oblige à ne cheminer que la nuit. Notre guide, M. H. Russell, le représentant du *Times*, est voituré dans une espèce de cabriolet. Le 9 juin 1858, il part dès *huit heures du soir;* à huit heures du matin, il arrive à Kurnaul, ville entourée de remparts et dont l'intérieur ne présente que des signes de décadence : il passe la journée à quelques kilomètres plus loin, dans une maison de poste érigée assez près des anciens cantonnements anglais, lesquels sont abandonnés. Le soir, il reprend son voyage; il rencontre un régiment de *carabiniers sikhs* qui retournent dans le Pendjâb, traînant à leur suite une longue file de chariots remplis de butin conquis sur les mahométans et sur les Hindous révoltés. Le 11 au matin, M. H. Russell entre dans Umballah.

Le cantonnement d'Umballah, d'une grande étendue, se compose de casernes séparées par des places carrées et par des rues qui se croisent à angle droit : on dirait un camp des anciens Romains. Les rues, très-larges, sont bordées de trottoirs et plantées de beaux arbres.

Le général qui commandait dans Umballah avait imaginé de se faire conduire dans une calèche *traînée par deux chameaux*, montés par des grooms asiatiques, et qui trottaient *avec une vitesse extraordinaire.*

Le 12 au soir, notre voyageur se dirige vers Simla, en suivant des chemins impraticables aux voitures. Avant de partir, il a reçu la visite d'un *civilien,* lequel se glorifiait (*boasted*) d'avoir en un jour *pendu cinquante hommes* qui s'étaient permis de piller un village. L'excellent M. Russell ne peut s'empêcher d'exprimer son étonnement que des employés, même civils, prennent un odieux plaisir à des missions si cruelles. « Néanmoins, dit-il, je n'imagine pas qu'aucune expression de mon jugement ait pu froisser les sentiments d'un fonctionnaire qui se montrait si satisfait d'avoir accompli cette mission barbare, et qui regrettait de n'avoir plus l'occasion de *recommencer.* »

M. Russell, étendu dans un palanquin, blessé, souffrant, accablé par la chaleur de la plaine, ne quitte Umballah qu'au coucher du soleil. Il est déposé le lendemain matin au pied des premières collines qui commencent les échelons des Himâlayas; là, le voyageur contemple avec bonheur ce qu'il peut entrevoir ou supposer du grand amphithéâtre des Himâlayas qui lui promet le bienfait d'une région doucement tempérée.

On est au village de Kalka, où de médiocres hôtels se disputent les voyageurs. Ici le palanquin devient impossible; il est remplacé par la chaise à porteurs, pour gravir une route dont la pente est plus prononcée à mesure qu'on monte en suivant d'étroits vallons et qu'on serpente sur le flanc de montagnes plus escarpées. En s'élevant, il fait moins chaud, et l'on commence à voyager de jour. A une heure avant midi l'on arrive à Kussolie. C'est une station charmante, où les habitations couvrent un petit plateau que flanque une longue ligne de hautes collines couvertes de pins gigantesques; une église modeste annonce le berceau de la colonie chrétienne qui commence à peupler cette contrée, naguère à demi sauvage. Des casernes sont établies à proximité; c'est la première station pour *les invalides temporaires* qu'on veut rendre à la force, à la santé, par le changement de climat.

Le bungalo de la poste gouvernementale et quelques cottages européens révèlent un village anglais. Des fenêtres de la poste on saisit la vue très-belle de la station militaire, placée sur une hauteur un peu lointaine. En face de la station, sur un autre mont, s'élève l'*Asile Lawrence;* bientôt nous le visiterons avec bonheur.

Après une halte d'une heure, il est midi et l'on repart. Vers les neuf heures du soir le voyageur s'arrête à Kunker, misérable lieu de repos. Le lendemain, il arrive à Simla, la célèbre station dont nous avons donné l'idée, p. 520 du volume précédent, d'après un visiteur français, Victor Jacquemont.

M. Russell s'empresse de lire les Lettres de ce voyageur éminent qui l'avait devancé dans la même contrée; il les juge à l'instant avec la liberté cavalière d'un franc journaliste. Il les trouve délicieuses, mais perdues dans une immensité de concetti, impudentes et rusées, égoïstes et toutes remplies du grand *moi*, de ce *je* qui plaît tant à chacun de nous. « Cependant, dit-il, autant que je puis en juger, les descriptions de Jacquemont sont *très-exactes et sincères.* » Ce dernier jugement est un bel éloge.

Visite à l'Asile Lawrence.

M. Russell finit par visiter l'Asile Lawrence, par lequel j'aurais voulu commencer. Il consiste en divers bâtiments, dont le plus élégant est celui du directeur, le révérend M. Parker; on dirait un autre *vicaire de Wakefield*, entouré d'une famille moins simple peut-être, mais non moins excellente que mistress Primerose et ses naïves jeunes filles.

Le voyageur visite le réfectoire, les dortoirs, les salles d'étude et l'atelier réservé pour le travail. On fait des efforts pour développer les *facultés industrielles* des jeunes garçons; mais le plus grand nombre ne peuvent pas oublier qu'ils sont *enfants de troupe :* ils inclinent à choisir la carrière des armes. Les jeunes filles, non moins belliqueuses, ont pour objet de leur ambition de mettre leur main dans la main de quelque sous-officier britannique; heureusement les prétendants de cette classe vraiment honorable ne manquent pas à leurs légitimes aspirations.

Ce qu'il y a de plus intéressant ou du moins de plus touchant, c'est la modeste chapelle qui s'élève au milieu de l'asile. Dans le fond du chœur, on voit une petite vitrine au-dessous de laquelle est gravée une inscription consacrée à la mémoire de lady Lawrence, bienfaitrice aussi de l'institution. Personne n'avait encore pris le soin de préparer une autre vitrine à l'honneur de sir Henry, le fondateur de l'Asile, mort en héros sous les murs de Lucknow... Les enfants des deux sexes, appelés au pied de l'autel et debout, sont rangés séparément. Leurs douces voix, inspirées par la gratitude, répètent en chœur les versets du majestueux cantique : « Nations, louez toutes le Seigneur; peuples, louez-le tous : — parce que sa miséricorde est puissamment affermie sur nous. »

« Ce que j'ai vu, dit le voyageur, m'a fait apprendre avec bonheur que le Gouvernement avait résolu d'accepter, noble héritage, le *sacrifice princier* de Henry Lawrence. Désormais, l'asile qu'il a fondé devient une institution que la patrie entretient à ses frais. Dans quel moule héroïque et plein de grandeur avait été jetée l'âme d'un pareil fondateur! Quel type à la fois noble et pur du soldat chrétien! Ce qu'on m'a rapporté de sir Henry, sur ses infirmités naturelles et sur les efforts infinis qu'il avait faits pour les surmonter afin de servir son pays, sur l'intégrité de sa conduite, sur l'élévation de ses pensées, sa charité, son amour des douces vertus que la vie intérieure avait développées chez lui par le progrès des années, sur le culte qu'il professait pour l'amitié, pour le devoir et pour le ciel, tout me conduit à penser qu'on ne pourrait pas trouver un plus bel exemple de l'homme vraiment bon et vraiment parfait parmi les serviteurs d'un gouvernement chrétien. »

Hâtons-nous de reprendre la description du Cis-Sutledge, que nous avons un moment quittée pour contempler un spectacle sublime.

Ville et district de Thaneysur.

Thaneysur est située à trente-trois lieues de Delhi. Latitude, 29° 55′; longitude, 74° 28′, à l'est de Paris.

De grands souvenirs s'attachent à cette ville, qui fut autrefois la capitale d'un puissant royaume; elle est bâtie sur les bords de la rivière sainte et célèbre de Sereswasti. Cette rivière se perd dans les sables à quelque distance de là; mais, dit la légende brahmanique, elle ne disparaît ainsi que pour rejoindre sous terre le confluent de la Jumna et du Gange. L'invisible point de réunion est trois fois sanctifié par cette conjonction mystérieuse; il triple le nombre des années de séjour céleste qui sont acquises aux croyants aussitôt qu'ils se baignent dans un endroit si singulièrement privilégié par une incroyable superstition.

Thaneysur, ville consacrée, est pour les Hindous l'objet de nombreux pèlerinages. En dépit de cette affluence, les indigènes des pays d'alentour sont en grande partie convertis à la croyance des Sikhs.

Ville et district de Loudianah : industrie.

Loudianah est bâtie sur la rive orientale d'un bras du Sutledge. Latitude, 30° 55'; longitude, 73° 28', à l'est de Paris.

En prévision d'une lutte avec les Sikhs, race belliqueuse qui dominait surtout à l'occident du Sutledge, les Anglais avaient fortifié Loudianah dès 1808. Cette place est le lieu fixé pour la station d'une brigade chargée de défendre, du côté du nord-ouest, les approches de Delhi et des provinces situées entre la Jumna et le Gange.

Industrie. Loudianah mérite d'être classée parmi les villes industrieuses; en 1861, le Comité central de Lahore a fait un choix intelligent parmi les nombreux tissus qu'on y fabrique, afin de les envoyer à Londres. Entre toutes les cités situées à l'occident des provinces du nord-ouest, on a pu reconnaître qu'il fallait, suivant l'ordre d'importance des produits exposés, placer au troisième rang Loudianah; bientôt nous trouverons au second rang Amritsir, au premier Cachemire.

Quinze manufacturiers de Loudianah présentaient à l'Exposition universelle plus de deux cents châles, écharpes, tuniques, bonnets, gants, etc.

Ville et district de Férozepour.

Au point de vue militaire et stratégique, cette position était habilement choisie par les héritiers de Tamerlan comme intermédiaire entre les provinces du Doab et du Pendjâb. La ville fondée par Féroze nous rappelle un des empereurs les meilleurs et les plus illustres qu'ait comptés l'empire de Delhi. Il avait entrepris d'admirables travaux de canalisation pour fertiliser la province du Cis-Sutledge; on veut aujourd'hui les restaurer et les étendre.

Ce qui rehausse encore la gloire de Féroze dans ses entreprises pour fertiliser le Cis-Sutledge, c'est l'emploi qu'il faisait du revenu qu'on obtenait de ses créations. Il prélevait un dixième sur la production des terres qui devenaient cultivables par les bienfaits des irrigations, et ce dixième, il l'employait à des fondations charitables. Grâce aux travaux accomplis par ordre de cet empereur, des territoires, avant lui presque stériles, s'étaient couverts de moissons très-abondantes.

Férozepour, ville bâtie sur la rive orientale du Sutledge, est devenue d'une grande importance militaire lorsque l'empire indo-britannique a transporté jusqu'à cette rivière ses limites du nord-ouest. De cette ville, les Anglais surveillaient et pouvaient efficacement menacer Lahore, car la distance entre les deux cités est seulement de dix-huit lieues, et, dans ce court espace, il ne s'élève aucun obstacle artificiel ou naturel. Dans Férozepour, les Anglais ont construit un arsenal d'artillerie entouré de remparts respectables. Ainsi défendue et munie, la place peut, avec une égale facilité, porter les secours de son puissant matériel soit à Delhi, soit à Lahore.

Les états sikhs en deçà du Sutledge tributaires ou protégés du Gouvernement britannique.

Comme enclaves des deux provinces de Delhi et du Cis-Sutledge, on compte aujourd'hui neuf États indigènes composés principalement de populations sikhes. Dans le tableau suivant on remarquera que la principauté de Pattialah l'emporte de beaucoup sur toutes les autres.

TERRITOIRE ET POPULATION.

ÉTATS.	TERRITOIRE.	POPULATION.	HABITANTS par MILLE HECTARES.
	Hectares.	Habitants.	
Sept petits États	303,882	246,562	811
Mondote	292,200	116,920	400
Pattialah	1,152,032	662,752	575
TOTAUX	1,748,114	1,026,234	587

Le petit État de Mondote, qui compte seulement cent dix-sept mille habitants, est situé sur la rive gauche du Sutledge, immédiatement au-dessous du district de Férozepour.

L'État de Pattialah confine, vers le nord-ouest, au district de Loudianah; vers le sud-ouest il se rapproche de la province de Delhi. Il importait beaucoup qu'il restât toujours allié de l'Angleterre : aussi, le précédent radjah de cette principauté s'étant montré peu fidèle à cette alliance, le gouvernement de la Compagnie le mit à mort, et, pour le mieux déshonorer, *le fit pendre*. Une leçon aussi cruelle dépassait toutes les bornes; elle devenait inutile avec les nobles sentiments de son successeur.

Magnanime conduite du souverain actuel de Pattialah.

Lorsque éclata la grande rébellion de 1857, et lorsque tant de princes hindous ou musulmans, exaspérés par le système spoliateur des annexions sans bornes prononcées par lord Dalhousie, voyaient avec bonheur l'empire des Européens ébranlé jusque dans ses fondements; lorsque d'autres, plus hardis, tels que Nana-Sahib, levaient ouvertement l'étendard de la révolte; enfin, lorsque les meilleurs amis des Anglais, parmi les alliés et les tributaires, tremblaient de montrer quelque sympathie pour les victimes, il faut signaler l'humanité, la générosité de la conduite que tenait le souverain actuel de Pattialah.

Sur les confins de la province de Delhi, à la frontière des principautés sikhes du Cis-Sutledge, on trouve les débris de l'antique ville de Hissar, où l'empereur Féroze avait fait aboutir un de ses canaux les plus utiles[1]; près de là, les Anglais entretenaient une grande ferme pastorale, avec une station militaire. Quand les cipayes de cette station se révoltèrent, un certain nombre d'Européens et civils et militaires, habitants de Hissar, tombèrent sous le fer des rebelles; le reste s'enfuit et se cacha dans les campagnes.

[1] Voici ce que dit le célèbre Rennel au sujet de Hissar :

« Hissar est située sur le sol qu'occupaient autrefois deux villages, le grand et le petit Luddas. Ces villages, placés au milieu d'un désert de sable, étaient si mal pourvus d'eau, que l'on n'en donnait qu'à prix d'argent aux voyageurs qui passaient par là quand ils allaient de Perse à Delhi. Ce fut pour remédier à cet inconvénient que Féroze voulut bâtir une ville sur cet emplacement, qu'il fit creuser des canaux, etc. La forteresse fut construite avec des pierres apportées des montagnes voisines.

« Deux ans et demi suffirent pour cette construction, à laquelle concoururent tous les omrahs. » (*Description historique et géographique de l'Hindoustan, 2e section.*)

Le bruit de ces assassinats et de cette dispersion arriva bientôt à la connaissance du radjah de Pattialah. Ce prince, dont la force militaire est bornée, en temps de paix, à 1,500 cavaliers et 1,500 fantassins, n'attendit pas que les infortunés vinssent implorer sa commisération : il s'empressa d'envoyer sa troupe à leur recherche, en prescrivant de les recueillir, de les défendre, et d'amener dans sa capitale les hommes, les femmes et les enfants. Il leur prodigua des secours gratuits de toute nature.

Par sa conduite énergique, le radjah fit voir à l'importante contrée du Cis-Sutledge que les Anglais, même infortunés et fugitifs, pouvaient trouver et secours et défense. Son exemple fit rougir d'autres princes moins généreux ou plus timides, et leur rendit l'assurance. Cette contagion de nobles sentiments s'étendit bien plus loin et s'éleva bien au-dessus des services effectifs d'un seul souverain : « Sans lui, sans son exemple, dit avec l'effusion de la reconnaissance un des principaux magistrats anglais de la province, aucun de nous, qui servions notre pays entre la Jumna et le Sutledge, ne serait aujourd'hui vivant. »

Non content d'avoir rendu ce premier et grand service, le radjah de Pattialah mit ses troupes et son trésor à la disposition de son ami sir John Lawrence pour servir à réprimer la rébellion des cipayes.

Le souverain de Pattialah élevé par l'Angleterre au rang royal de maharadjah.

J'ai trouvé dans le Compte moral des provinces du Pendjâb, pour l'année officielle 1859-60, un noble témoignage de la reconnaissance des Anglais, et je suis heureux de le faire connaître. Quand la rébellion fut étouffée, le comte Canning, devenu vice-roi, parcourut les provinces où la révolte avait exercé ses ravages. Arrivé dans la ville d'Umballah, il y tint son durbar, sa cour plénière, où furent appelés tous les princes du Cis-Sutledge. Une dette de 7,205,000 francs contractée par l'Angleterre avec les deux radjahs de Pattialah et de Shend[1] fut rachetée en octroyant des territoires à ces deux fidèles auxiliaires ; ce fut sans doute aux dépens d'autres chefs hostiles et dépouillés de leurs possessions. Le premier des deux princes reçut le titre royal de *Maharadjah;* et lorsqu'on créa l'ordre indo-britannique de *l'Étoile*, l'un des grands dignitaires de cet ordre fut le maharadjah de Pattialah.

Service rendu par l'Angleterre en abolissant une coutume des Sikhs dans l'État de Pattialah.

Voici maintenant une peinture de mœurs digne de fixer notre attention. Deux ans après la rébellion, le maharadjah maria sa fille au fils du radjah qui possédait l'importante forteresse de Burthpour. Les deux princes, étant issus d'une tribu peu distinguée, n'avaient jusqu'alors cherché d'alliances que parmi les chefs secondaires de leur voisinage. « Les services, dit avec une certaine suffisance M. le Secrétaire général du sous-gouvernement du Pendjâb, les services rendus au Gouvernement britannique par le maharadjah de Pattialah l'ont grandi dans l'estime de la noblesse indigène. Un nombre considérable de radjahs du rang le plus élevé, qui naguère auraient cru déroger en assistant à des mariages tels que celui dont nous faisons ici mention, comparurent en personne ou par leurs représentants aux noces célébrées à Pattialah. La cérémonie s'accomplit avec une rare magnificence. »

[1] Très-petit État sikh dont le territoire se borne à 128,644 hectares et la population à 56,024 habitants.

Le principal magistrat du Cis-Sutledge, qui représentait l'Angleterre, voulut obliger à la fois le digne allié de son pays et toute l'aristocratie de la contrée, en mettant un terme à la coutume la plus ruineuse. Lors des grands mariages que l'on célèbre en ces régions, on fait entourer d'épines un immense terrain; dans cet enclos sont admis tous les gens du commun peuple qui désirent participer aux largesses du nouveau marié. Pour l'ordinaire, outre les curieux, tous les mendiants, les vagabonds et les voleurs du pays accourent avec empressement, et la foule est prodigieuse. Le dernier jour des cérémonies et des fêtes, chacun de ces individus est gratifié d'une roupie: 2 fr. 50 cent.; et, malgré la modicité d'un pareil don, l'argent prodigué de la sorte passe quelquefois toute idée. Si l'on avait pratiqué ce genre de prodigalité lors de la noce royale célébrée à Pattialah, on a calculé qu'une dépense dont rien ne justifiait la prodigalité n'aurait pas été moindre de 300,000 roupies, c'est-à-dire de 750,000 francs[1]. Le commissaire anglais ayant obtenu que cet usage serait désormais abandonné, par cela seul il fit aux fiancés un splendide présent de noces... sans déboursé britannique.

Industrie de Pattialah.

Le maharadjah de Pattialah s'est fait un plaisir autant qu'un devoir de montrer à l'Angleterre, en 1862, les produits de son industrie; je suis charmé de les énumérer. Il a présenté, lors de la seconde Exposition universelle, des armes variées autant que riches, et de somptueux équipements pour sa cavalerie, fabriqués dans ses États; des sculptures délicates en ivoire; des dessins fournis *par*

[1] *Statement showing the material and moral progress of India*, for 1859-60, chap. XII. Pendjab.

ses photographes, dessins qui présentaient une série de costumes des tribus indigènes. Ensuite venaient les produits d'industries très-différentes : des tissus de coton, unis, glacés ; d'autres rayés et d'autres à damier; les uns blancs, les autres verts, les autres bleus. Dans un genre plus opulent, figuraient une riche variété de tissus de soie et des châles légers en mousseline brodée.

Pour complaire à l'ombrageuse médiocrité des Crésus de Manchester, satisfaits de fabriquer pour des sommes fabuleuses un très-modeste calicot à 40, à 35, à 30 centimes le mètre courant, et même au-dessous, on a décidé qu'à Londres, en 1862, le grand Jury des nations confondrait les merveilles et les médiocrités de l'industrie en leur accordant sans distinction, comme aux simples soldats de Sébastopol, une médaille de bronze : James Watt, s'il eût pu paraître à Londres, aurait obtenu pour ses immortels travaux cette espèce de médaille de Crimée.

Le Gouvernement anglais aurait dû, ne fût-ce que par gratitude, accorder au maharadjah de Pattialah une médaille exceptionnelle en or.

III. *Province de Jallender.*

Si l'on part de la capitale du Cis-Sutledge et qu'on suive la route la plus directe pour atteindre cette rivière, dès qu'on l'a franchie et qu'on pénètre dans le Pendjàb, on se trouve dans la province de Jallender, qui s'étend du côté septentrional jusqu'aux monts Himâlayas.

Lorsque lord Hardinge, après quatre batailles rangées, eut contraint le peuple sikh à capituler, il réserva, pour l'ajouter à l'empire indo-britannique, la province de Jallender; afin de l'administrer il choisit le civilien sir John Lawrence, qui se distingua sur-le-champ par la puissante organisation qu'il eut l'art de donner au Cis-Sutledge. Il devint plus tard Commissaire général du Gouvernement de Lahore. Sa décision, sa fermeté, l'art d'attirer et de mettre en action des subordonnés jeunes, actifs et, comme lui, pleins d'énergie, produisirent les résultats les plus remarquables. Aidé par eux, il soumit tour à tour, du côté des Himâlayas, et réduisit à l'obéissance une foule de chefs montagnards qui s'étaient soustraits à toute autorité

TERRITOIRE ET POPULATION.

DISTRICTS.	TERRITOIRE.	POPULATION.	HABITANTS par MILLE HECTARES.
	Hectares.	Habitants.	
Jallender	357,679	708,698	1,981
Hoschiarpour	570,836	845,484	1,481
Kangra	830,613	718,955	865
TOTAUX	1,759,128	2,273,137	1,293

Cette province est, comme on le voit, très-peuplée pour son étendue et doit, par conséquent, être bien cultivée; mais la différence de densité des populations est extrême dans les divers districts. Le pays de Jallender est borné du côté du midi par la province de Lahore. Quoique les plateaux et les pentes douces, qui sont sa richesse, soient fort élevés au-dessus de la mer, les printemps, les étés et les automnes y sont assez chauds pour permettre la culture du coton et même celle de la canne à sucre.

Les chefs-lieux de district ont assez peu d'importance, excepté Jallender et Kangra, dont nous allons parler; ce sont des stations militaires simultanément occupées par des Européens et des troupes indigènes.

Villes et districts de Jallender et de Hoschiarpour.

Jallender, chef-lieu de la province, est une ville originairement bâtie par les Afghans. Vers 1809, Rundjit-Singh expulsa les chefs qui la commandaient et soumit à ses lois tout le pays d'alentour.

Le district de Jallender est situé dans la même plaine qu'Amritsir et Lahore; ce qui fait concevoir son état d'avancement et sa population. Le district de Hoschiarpour, un peu plus rapproché des monts, est moins populeux.

Ville et district de Kangra.

Kangra, chef-lieu de la partie sub-himâlayenne, porte aussi les noms de Kote-Kangra et de Nagorkote[1]. La ville est bâtie sur une haute montagne et protégée par une forteresse qui compte parmi les défenses de la frontière septentrionale du Pendjâb. Au XVIe siècle, cette forteresse était si difficile à prendre, qu'il fallut au conquérant Akbar, qui l'assiégeait en personne, une année d'efforts avant de s'en emparer.

Non loin de Kangra, sur le sommet d'une montagne isolée, se trouve un temple brahmanique objet de la plus haute vénération chez les Hindous : aussi, chaque année, est-il visité par un nombre considérable de pèlerins.

Sanatarium de Dalhousie. Dans le district de Kangra les Anglais ont construit, sur une montagne assez élevée, le Sanatarium qui porte le nom de Dalhousie; c'est un hospice réservé pour les soldats dont il faut rétablir la santé compromise par le séjour des plaines brûlantes.

[1] *Kote* veut dire forteresse.

Production du fer dans le district de Kangra.

En 1858, on a fait passer en Angleterre soixante barres de fer fabriquées avec le minerai du district de Kangra; arrivées dans la métropole, on en a fait l'essai comparatif avec le meilleur fer britannique. Voici le résultat très-remarquable auquel on est parvenu :

Poids sous lequel ont été brisés les meilleurs fers :

	Par pouce carré.	Par centimètre carré.
1° Fer d'Angleterre..............	56,000 liv.	3,937 kilog.
2° Fer de l'Inde (Kangra).........	61,300	4,310
3° Fer du Kangra, martelé à Manchester......................	71,800	5,048

Ainsi la force du fer indien de Kangra, non martelé, l'emportait de 9 ½ p. o/o sur la force des meilleurs produits d'Angleterre.

Ces fers excellents coûtent, dans le nord de l'Inde, 344 francs les mille kilogrammes : on peut juger par là du prix auquel ils reviendraient ans les Trois-Royaumes. La rareté du combustible est la cause qui rend si cher le fer du Pendjâb; s'il était possible qu'on découvrît en ce pays des mines de houille, il en résulterait pour le plus utile des métaux une révolution commerciale qui se ferait sentir jusque dans la Grande-Bretagne.

Produits agricoles.

Le *chanvre* planté dans le district de Kangra, comme aussi dans les pays voisins de Simla, se vend à Lahore de 375 à 400 francs les mille kilogrammes, et le double de ce prix en Angleterre. De tels prix devraient beaucoup encourager cette culture.

L'*opium* consommé dans le Pendjâb provient surtout de Koulou, du côté des Himâlayas, au nord de Kangra. On plante les pavots dans les plaines comprises entre les hautes montagnes et le dernier relèvement de collines, dans une longue vallée qu'arrose la partie supérieure de la Bias, une des Cinq Rivières; le pavot se trouve aussi dans le district de Schahpour. En général, il est cultivable partout dans le Pendjâb.

On vend à Lahore une livre sterling la livre d'opium de Schahpour; ce prix nous semble fort élevé.

Les habitants font usage d'une décoction qu'ils appellent *post;* ils l'obtiennent en faisant infuser dans l'eau des têtes de pavot non parvenues à la maturité.

IV. *Province de Lahore.*

Immédiatement à l'ouest de la province de Jållender on trouve celle de Lahore, dont la cité la plus considérable était la capitale du royaume, naguère important et célèbre, qui portait ce nom.

TERRITOIRE ET POPULATION.

DISTRICTS.	TERRITOIRE.	POPULATION.	HABITANTS par MILLE HECTARES.
	Hectares.	Habitants.	
Lahore	731,934	591,683	808
Amritsir	524,216	884,429	1,687
Goudaspour	433,825	787,417	1,815
Goudjanwalla	971,768	553,376	569
Sealkote	349,650	641,782	1,836
TOTAUX	3,011,393	3,458,687	1,148

Ville de Lahore.

Situation géographique : latitude, 31° 36′; longitude, 71° 58′, à l'est de Paris.

Lorsque les conquérants asiatiques tentaient de s'établir dans la péninsule de l'Hindoustan, il leur fallait d'abord traverser l'Indus; la ville de Lahore, située au centre du beau pays des Cinq-Rivières, se présentait naturellement pour être la capitale de leurs premières conquêtes. Lors même qu'ils envahissaient les parties supérieures du bassin du Gange, les villes de Delhi, d'Agra et d'Allahabad ne leur faisaient pas oublier le bassin de l'Indus et sa principale cité. Dans nos considérations préliminaires historiques (volume précédent), nous avons expliqué l'importance moderne de Lahore, qui depuis l'origine du siècle a donné son nom au royaume fondé par Rundjit-Singh.

C'est en 1523 que le conquérant Baber s'empara de Lahore; ce prince et ses premiers descendants en firent leur séjour de prédilection. La richesse alors et la population affluaient dans ses murs, et son enceinte fortifiée n'avait pas moins de deux lieues de circonférence.

Quoiqu'elle ne soit pas, à beaucoup près, aussi peuplée que dans les beaux temps de sa splendeur, elle compte encore plus de cent mille habitants; si nous dirigeons nos regards du côté de l'occident, il faut les étendre jusqu'à la Perse pour trouver une capitale qui soit plus considérable.

Dans son état actuel, cette cité présente tous les contrastes entre les constructions somptueuses d'une capitale asiatique et les misérables masures d'un peuple dont une énorme partie languit dans la pauvreté.

Les Européens, qui depuis seize ans la possèdent, n'ont pas encore eu le talent d'en perfectionner la police et de faire régner la propreté sur la voie publique, encombrée d'immondices. Les rues ne sont pas même éclairées par de simples lanternes; elles ne sont ni pavées ni macadamisées, et, vu leur peu de largeur, on ne pourrait pas y pratiquer des trottoirs en faveur des piétons. Dans beaucoup de rues principales, l'espace est trop exigu pour que deux éléphants s'y croisent; dans la plupart des autres rues, à peine un seul pourrait se mouvoir sans toucher des deux côtés les murs des habitations.

Cependant, pour loger la riche bourgeoisie et les personnages qui composaient autrefois le gouvernement et la cour, on trouve des maisons à plusieurs étages qui sont régulièrement bâties avec de la brique. Dans ces maisons on remarque la découpure élégante et fine des panneaux de bois qui forment les fenêtres basses et qui décorent les balcons des étages supérieurs.

Plusieurs mosquées considérables sont surmontées, suivant l'usage, par des dômes à figure ovoïde. Quelques-uns de ces dômes sont dorés au dehors; d'autres sont couverts de tuiles à vernis métallique. Ce vernis conserve des arabesques destinées à former des cadres où l'on a peint des sentences empruntées au Coran.

Quoique dégradés par les Sikhs, ces monuments religieux et le palais du souverain annoncent la capitale qu'ont habitée les plus magnifiques empereurs de la race de Timour, avant de transporter leur trône sur les bords de la Jumna. Ces princes, qui professaient l'islamisme, avaient soin d'entourer leurs temples de constructions réservées pour des colléges où les docteurs expliquaient en langue persane le livre de Mahomet. Faut-il attribuer au fanatisme des Sikhs une profanation digne d'une secte ignorante et dominante? Les rez-de-chaussée de ces cloîtres musulmans ont été changés en abattoirs et les portiques en étables! Les Européens devraient faire disparaître ces vestiges de barbarie.

La ville renferme un assez grand nombre de temples hindous; mais ils ne sont pas entretenus par une active dévotion, et plusieurs tombent en ruines.

La citadelle, le quartier européen et le cantonnement.

A la porte de Lahore, une forteresse appelée *Govindghur* tire son nom de Govind, le guerrier, le grand-prêtre et le juge du peuple sikh dans les premiers beaux jours de son essor militaire. C'est là que Rundjit-Singh tenait en dépôt son trésor royal et le *Koh-i-nour*, le célèbre diamant, qui valait à lui seul plus que toutes les richesses accumulées dans la citadelle.

Suivant leur usage, les Anglais, au lieu d'habiter dans Lahore, ont groupé leurs hôtels et leurs villas, leurs cottages et leurs jardins dans le faubourg de Lodasia, de manière à former le quartier extérieur que les natifs appellent *Irnakallie;* ce quartier est à proximité de la citadelle, qui renferme aujourd'hui le trésor britannique, le dépôt des armes et l'approvisionnement des poudres.

Le *cantonnement*, appelé *Mian-mir*, est à quelques kilomètres de Lahore; ses casernes sont assez grandes pour loger une brigade, infanterie et cavalerie.

Monuments extérieurs.

Lahore est bâtie à très-peu de distance de la rive orientale de l'Hydraotes, la Ravi. Sur la rive droite, à quelque intervalle du fleuve, on contemple encore avec étonnement le mausolée de l'empereur Jahânghire et de son épouse, la beauté si célébrée sous le nom de Nour-Jahân, *la lumière du monde*. C'est un édifice carré, dont la grandeur n'est pas moindre que celle du mausolée d'Agra, le chef-d'œuvre élevé par l'ordre de Schah Jahân. On y retrouve la même richesse en marbres précieux, en mosaïques, en arabesques élégants; mais on n'y peut pas admirer la même harmonie des proportions ni le même aspect grandiose.

Mausolée de Rundjit-Singh. Malgré les révolutions incessantes et la chute si précipitée du royaume de Lahore, les sujets de Rundjit-Singh ont trouvé le temps d'élever près de Lahore un somptueux mausolée à la mémoire de leur seul souverain qui se soit illustré. Ce monument, encore plus que celui de la sultane Nour-Jahân, ne se recommande au suffrage des amis de la belle architecture ni par la simplicité ni par la pureté du style.

Les habitants possèdent à proximité de Lahore beaucoup de jardins, dont les plus remarquables réunissent l'étendue à la beauté. Ils sont riches en fleurs d'agrément, et leurs arbres donnent des fruits renommés pour leur bonté.

Les jardins de Schalimar.

Schah Jahân, que nous venons de rappeler, a laissé dans la plaine au nord-est de Lahore une création qui fait admirer son goût exquis : c'est le jardin public avec raison désigné sous le nom de *Schalimar*, mot qui signifie *le séjour des délices*. Nous reconnaîtrons la prédilection particulière de ce prince pour les belles eaux, en nous figurant les quatre cent cinquante fontaines qu'il avait érigées afin d'ajouter, par leurs jets multipliés et par de larges cascades, à la fraîcheur des ombrages. Des pavillons élégants décoraient les sites les plus gracieux de ce jardin vraiment splendide.

A l'égard de cet élysée asiatique, il faut renouveler le reproche que nous avons adressé, dans Agra et dans Delhi, aux successeurs de ce monarque : leur incurie a permis que les œuvres les plus dignes d'être conservées pour leur beauté fussent déshonorées par des dégradations que les amis des arts déplorent.

L'administration britannique devrait mettre un noble amour-propre à rétablir dans son élégance primitive le jardin de Schalimar, afin de l'offrir au public de Lahore, comme les trois parcs de Londres et les trois parcs français de Boulogne, de Monceaux et de Vincennes sont offerts aux habitants des deux capitales de l'Europe les plus dignes d'être admirées.

Les arts pratiqués à Lahore.

En 1862, les fabricants de Lahore qui font des tapis imités de Cachemire et de la Perse ont obtenu des Anglais une médaille collective, méritée, dit le rapport officiel, par l'excellence du dessin, par l'harmonie et la bonté de la fabrication. C'est le seul genre de produits qu'on ait jugé digne d'être récompensé.

Lorsque Lahore était une capitale ou musulmane ou sikhe, elle exerçait nécessairement un grand nombre d'industries élégantes : on y tissait la soie, qu'on faisait venir de Boukhara; on y pratiquait une industrie tirée de Cachemire; on y fabriquait des armes de luxe; on y sculptait l'ivoire; on y taillait admirablement les pierres précieuses, et sa joaillerie était estimée. Aujourd'hui ces arts ont perdu leur éclat. Une cour somptueuse et les grands officiers qui leur donnaient la splendeur, tout a disparu. Sans doute il existe encore des familles notables; mais, ayant perdu leurs grands revenus, elles subissent déjà la médiocrité, la gêne, et descendront par degrés rapides vers la pauvreté : c'est leur triste avenir.

Département des thugs et son école d'industrie à Lahore.

Dans le nord et l'ouest de l'Inde, une importante partie de l'administration britannique a pour objet la poursuite, le châtiment des thugs et la moralisation de leurs familles.

On a réuni dans une école d'industrie les femmes et les enfants des *thugs révélateurs* (approvers). Cette expression, employée par euphémisme, veut dire les *thugs délateurs*. Si l'on n'excitait pas cette classe de coupables à faire des révélations en leur accordant la vie sauve, on ne pourrait presque jamais découvrir un genre de crimes qui combine tous ses moyens et son fatal génie pour échapper à l'œil de témoins autres que des complices.

Le Comité industriel de Lahore, en indiquant les produits de l'école des familles des thugs, rapporte qu'on a fait grâce à tel révélateur, à qui l'on devait une ample et fructueuse dénonciation, quoiqu'il fût auteur ou complice de *quatre-vingts assassinats*.

Dans l'école d'industrie affectée aux thugs, on fabrique des tissus de laine et même de soie; la laine est tirée des troupeaux que nourrissent les vastes pâturages du pays. Les enfants et les adolescents sont employés à la filature et les femmes au tissage.

District et ville d'Amritsir.

Amritsir. Les Anglais, qui dans l'Inde confondent toutes les voyelles, écrivent Umritsir; cette ville est située dans l'entre-deux-eaux appelé *Barri-Doab*. Latitude, 31° 40'; longitude, 72° 36', à l'est de Paris.

On s'est assuré que cette importante cité possède plus de dix-neuf mille maisons d'habitation; par conséquent, elle doit compter environ 100,000 habitants. C'est à peu près la population de Lahore.

Il est presque superflu de répéter ici nos observations faites au sujet de la capitale du Pendjâb. On retrouve dans Amritsir le même contraste que présentent les maisons des riches et des puissants comparées avec les huttes ou cabanes qu'habite le commun peuple. C'est la même saleté repoussante et malsaine qui souille la voie publique; c'est la même imperfection du tracé des rues, qui sont en général étroites, tortueuses et mal aérées.

Il est surprenant que cette ville ne possède que quarante-neuf oratoires ou mosquées pour les musulmans, tandis qu'elle compte trois cent quatre-vingt-dix-neuf pagodes brahmaniques. Cependant, même dans la cité sacrée pour les Sikhs, le nombre des mahométans est considérable.

Le grand temple des Sikhs érigé par Ram-Das dans Amritsir.

Parmi les édifices consacrés à différents cultes il faut mentionner un temple célèbre dans l'Inde, et qui place Amritsir au nombre des cités saintes.

En 1581, dans une île assez peu spacieuse, au centre d'un bassin que des filtrations souterraines remplissent d'une eau renommée pour sa pureté, le quatrième pontife ou gourou des Sikhs, *Ram-Das*, fit bâtir le temple principal réservé pour le culte de ses adeptes : il l'appela *Amrita Saras*, « l'excellente ambroisie », en le dédiant à Vischnou, le Dieu conservateur. C'est là que le gourou des Sikhs, entouré de plus de cinq cents prêtres consacrés à son culte, recevait les hommages d'un peuple qui croyait à sa sainteté. Amritsir doit à ce temple son origine, son nom et ses premiers progrès; le commerce et l'industrie ont fait le reste.

La citadelle et le canal d'Amritsir. — Rundjit-Singh, appréciant l'importance d'une si grande cité, construisit une forte citadelle afin de la protéger et surtout de la dominer. En même temps, il fit commencer un canal qui devait conduire d'Amritsir à la rivière Ravi, vers le nord, se prolonger jusqu'à Lahore et rejoindre vers le sud la même rivière. Les Anglais agrandissent par des embranchements cette belle canalisation, dont les premiers travaux font honneur au roi conquérant.

Portage des chameaux pour le commerce d'Amritsir. — Indépendamment des moyens hydrauliques de communication, il se fait dans le Pendjâb, et surtout pour les besoins du commerce d'Amritsir, un portage considérable au moyen des chameaux. Ces puissantes bêtes de somme vont chercher à plus de cinquante lieues, du côté de l'ouest et du nord, de grandes quantités de sel gemme; elles portent, à travers les déserts du Pendjâb et du Cis-Sutledge, une foule d'objets nécessaires aux arts.

Les jardins d'Amritsir. — On admire autour d'Amritsir de nombreux et vastes jardins, abondants en citronniers, en orangers, auxquels s'ajoutent les arbres fruitiers des climats tempérés. Ici, la culture des arbres et les travaux du jardinage sont plus soignés et plus habiles que dans la plupart des autres parties de l'Inde.

Dans tout le district, l'agriculture récolte en abondance l'orge, le froment et le maïs, les carottes, les turneps et la canne à sucre.

Amritsir considérée comme ville industrielle.

Exception vraiment rare dans une ville où la religion

était, dès le principe, appelée à jouer le principal rôle, l'industrie des habitants n'en a pas moins pris un essor si remarquable, qu'aujourd'hui, sans excepter la capitale du Pendjâb, Amritsir est le centre manufacturier le plus opulent qu'offre le bassin de l'Indus. On n'y compte pas moins de huit mille ateliers, boutiques ou magasins.

Les tissus : châles façon de Cachemire.

Les industries exercées avec le plus de succès et d'activité, dans Amritsir, ont pour objet la fabrication des châles. On y doit ajouter divers genres de tissus, les uns en duvet de chèvre, les autres en soie; on place au dernier rang les tissus de laine et de coton.

Les toisons des chèvres sont tirées du Tibet et du pays de Boukhara, qui fournit en outre les soies gréges.

Le peuple sikh est renommé pour sa propreté sur sa personne. Il est surprenant que les tisserands d'Amritsir soient signalés pour le défaut contraire; ils ont un visage blême, ils sont maigres et paraissent exténués par un travail sédentaire et trop prolongé.

Il n'y a guère plus d'un tiers de siècle, l'ingénieuse et célèbre fabrication des châles, tissés avec le plus fin duvet des chèvres du Tibet, n'était pas pratiquée ailleurs que dans le royaume de Cachemire, au nord-ouest du Pendjâb. Vers cette époque, une effrayante disette ayant sévi sur cet État, un grand nombre de tisserands, chassés par la faim, vinrent avec leurs familles demander un asile et du pain aux habitants du pays des Cinq-Rivières; ils s'établirent dans les villes d'Amritsir, de Nourpour, de Diangar, de Tilaknath, de Jelalpour et de Loudianah.

Depuis lors, en chacune de ces places, la fabrication que les industrieux réfugiés avaient introduite n'a pas cessé d'être pratiquée, mais avec des succès divers, dans ces villes hospitalières.

Marché d'Amritsir. — Les meilleurs châles fabriqués dans le Pendjâb sont ceux d'Amritsir; cette place est devenue le marché non-seulement des tissus confectionnés dans les autres villes du sous-gouvernement, mais des châles fabriqués à Cachemire même. Suivant l'usage du commerce avec les pays lointains, on ne distingue pas entre des origines différentes, quand elles sont assez rapprochées les unes des autres. Ainsi, dans les envois faits par Amritsir aux nations européennes, tout ce qui n'est pas déclaré produit spécial de Cachemire est supposé sortir des ateliers d'Amritsir. Souvent, aussi, le charlatanisme des marchands occidentaux présente aux consommateurs les châles de cette dernière ville comme ayant été fabriqués dans le pays le plus renommé.

Causes d'infériorité. — Il faut expliquer pour quels motifs aucun des châles confectionnés dans le Pendjâb ne peut rivaliser avec les meilleurs de ceux qu'on tisse dans le pays de Cachemire, quoique les ouvriers aient la même origine ou soient formés à la même école. C'est, en premier lieu, parce que les habitants du Pendjâb n'ont pas la faculté de mettre en œuvre les duvets de chèvre les plus parfaits; c'est, ensuite, parce que les eaux de Cachemire semblent renfermer quelques principes, qu'on n'a pas encore analysés : principes qui procurent aux couleurs une pureté, un éclat, une excellence que rien ne peut égaler dans les autres contrées de l'Inde.

Faits relatifs à la fabrication des châles. — Le précieux filament qu'on emploie pour confectionner les plus beaux châles, et que les Hindous appellent *pascham*, est le duvet que l'on trouve adhérent à la peau de l'animal et caché sous les poils longs et grossiers du bouc et de la chèvre du

Tibet. Il y en a de trois couleurs : le blanc, c'est le plus précieux ; le brun, d'une valeur intermédiaire ; enfin, le noir : ce dernier est le moins estimé des trois[1].

La meilleure espèce de *pascham*, produite dans les provinces à demi chinoises de Turfan, est envoyée à Cachemire par la voie d'Yarkand. Les plus beaux châles sont tous fabriqués avec ce duvet ; mais le maharadjah de Cachemire exerce sur cette matière première un rigoureux monopole. C'est pourquoi les tisserands du Pendjâb sont obligés de mettre en œuvre une espèce inférieure. Elle est produite à Châtan et transportée par Boukhara ou par *Ladak*, ville tibétaine qu'on désigne aussi sous le nom de *Leh*.

Lorsqu'on reçoit les toisons du Tibet, la première opération est de les nettoyer, travail accompli par des femmes. Cette opération, dans son mode le meilleur, se fait avec de l'eau de chaux, pour absorber le suint, la partie graisseuse : assez ordinairement, on se contente de nettoyer la toison avec de la farine délayée dans l'eau. Ce premier labeur accompli, il faut séparer les poils plus ou moins grossiers mélangés avec le *pascham* ou duvet. Le triage est long et minutieux ; mais la beauté des tissus dépend du degré de soin qu'on apporte dans un pareil triage. Les filaments, nettoyés et parfaitement assortis, sont livrés à la filature, qui s'opère avec un rouet, et, je crois, à la main pour obtenir le dernier degré de finesse.

Le duvet de la plus belle espèce, qui, sur le point d'être filé, ne coûte pas au delà de 20 francs par kilogramme, se vend jusqu'à 138 francs pour le même poids lorsqu'il est filé dans sa plus grande perfection. *Il est presque de*

[1] Sur le marché de Cachemire, on vend le meilleur *pascham* non nettoyé de 8 à 11 francs le kilogramme, et de 16 à 20 francs lorsqu'il est nettoyé ; le duvet noir, moins estimé, se vend nécessairement à des prix inférieurs.

moitié plus cher que la soie la plus belle et la mieux moulinée vendue sur les marchés européens. Cette seule observation suffit pour nous montrer à quel degré merveilleux doit être portée la filature afin d'atteindre un semblable prix. J'incline à penser que les seules fileuses de Cachemire y parviennent.

Châles modèles de Cachemire et d'Amritsir envoyés à Londres par le Comité central de Lahore.

Lorsque le duvet est filé, on le passe à la teinture, suivant les couleurs et les nuances indiquées par le compositeur du châle; il est prêt alors pour le tissage.

En 1861, le Comité central de Lahore, voulant envoyer à Londres un magnifique assortiment de produits textiles, a pris un soin digne d'éloge : il a marqué le prix de chaque objet en regard de sa spécification.

Je copie les quatre premières lignes du compte rendu par le Comité, lignes remarquables à beaucoup d'égards :

Châles provenant de Cachemire :

1° Deux châles noirs longs, *tissés* avec le duvet le plus parfait, et sur un nouveau modèle, qui n'avait jamais servi : prix dans l'Inde........................ 2,500f

2° Châle bleu long, *id*........................ 2,125

3° Châle noir long, apparemment moins ornementé.. 1,500

Châles provenant d'Amritsir :

1° Châle noir long, avec le meilleur fil de Cachemire. 1,250

2° Châle carré d'Amritsir, noir, avec du vrai fil de Cachemire........................ 650

On distingue les châles en deux grandes classes : les châles tissés, appelés *tiliwalahs*, et les châles ornementés à la main (*worked*).

Les châles tissés se font par compartiments. Lorsque

ces compartiments doivent être joints ensemble, ils sont assemblés avec une telle perfection que la couture ne peut pas être aperçue même par des yeux fort attentifs; le genre de châles ainsi fabriqués est le plus parfait.

Dans les châles qu'on appelle travaillés, *worked*, par opposition aux châles où tout est tissé, les palmes et les ornements sont exécutés à l'aiguille, sur une pièce unie faite en fils de duvet (*pascham*).

J'ai peine à croire au fait avancé par le Comité de Lahore au sujet des châles tissés (*woven*) à Cachemire, tant les prix me semblent exorbitants; j'aurais souhaité, je l'avoue, quelques explications justificatives. Je traduis[1] :

« Un châle *tissé* fait à Cachemire avec les meilleures matières, pesant trois kilogrammes cent soixante et quinze grammes, coûtera : fil et teinture, 750 francs; main-d'œuvre, 2,500 francs; dépenses diverses, 1,250 francs; *droits imposés par le Gouvernement*, 1,750 fr. Total : 6,250 francs.

Comment est-il possible, en présence de ce prix de 6,250 francs, que le Comité de Lahore ne présente au premier rang, pour l'Exposition universelle, qu'un châle long, *tissé* (*woven workmanship*), fait à Cachemire *avec le duvet le plus beau* (*finest*), qui coûte seulement 2,500 francs?

Je dois faire encore une autre observation. Les mêmes fabricants d'Amritsir, qui justifient leur infériorité en attestant l'impossibilité qu'ils éprouvent de se procurer le duvet le plus parfait, désignent cependant plusieurs de leurs tissus comme étant fabriqués *avec le duvet le plus fin de Cachemire*[2]; il est donc moins bien filé?

[1] *Official classified and descriptive catalogue of the contributions from India to the London exhibition of 1862, compiled under the authority of the Government of India. Section III. Manufactures.*

[2] Voyez n° d'envoi 4651. Châle à quatre couleurs fait *avec le meilleur duvet de Cachemire.* C'est celui que j'ai porté ci-dessus au prix de 1,250 francs;

ROYAUME DE CACHEMIRE.

Au nord des provinces de Jallender et de Lahore, dans un vaste bassin protégé de tous côtés par une enceinte de montagnes himâlayennes, s'étend le célèbre et beau pays de Cachemire.

Comme le plateau supérieur, *the table land,* qu'il présente à son centre est au moins élevé de neuf cents mètres au-dessus de la mer, cette hauteur suffit pour rendre doux et tempéré le climat d'une région qui se trouve seulement à dix degrés de la zone torride : c'est à peu près la latitude des deux plaines fortunées, mais plus basses, de Bagdad et de Damas.

Il faut nous représenter un amphithéâtre qui, dans les constructions de la nature, peut se comparer au Colysée parmi les plus grandes constructions humaines; le *colosseum* des Himâlayas a pour gradins successifs des monticules, des collines et finalement des montagnes qui confinent aux plus élevées de la terre, et son périmètre a plus de cent cinquante lieues. Pour arroser le bassin si magnifiquement entouré, d'innombrables cours d'eau descendent par tous les degrés de cet immense amphithéâtre; arrivés dans la plaine, ils forment des lacs nombreux dont le principal est embelli par des îles variées et charmantes : c'est celui qui baigne les murs de la capitale, appelée Cachemire ou *Serinagur.* La réunion de toutes les eaux, après avoir abreuvé le sol productif, s'échappe à travers une des gorges les moins élevées des montagnes situées à l'occident. La rivière de Cachemire sort de là pour se jeter, au-dessous de Mouzaffarabad, dans la rivière Jhelum,

il coûte exactement la moitié du vrai Cachemire porté le premier sur mon énumération.

l'Hydaspes des Grecs; c'est seulement à cent lieues plus bas que ce tribut s'ajoute à l'Indus.

On doit maintenant concevoir la configuration grâce à laquelle est distribué, dans le bassin de Cachemire, le bienfait des arrosements naturels, pour ajouter encore à la fertilité d'un terrain d'alluvion. Dans ce terrain, les géologues reconnaissent des détritus volcaniques, dont la présence est éminemment favorable à la végétation.

Telle est la région que les brahmanes trouvaient heureuse entre toutes. Dès l'antiquité la plus reculée, ils la proclamaient une terre sainte; quelles qu'eussent été leurs traditions et leurs croyances, ils auraient pu l'appeler une terre bénie du ciel.

Plus heureux que le Koumaon, quoique dans une situation comparable et presque sous le même parallèle, le royaume que nous décrivons n'est infesté ni par des lions ni par des tigres; ici, le cultivateur récolte avec sécurité le fruit de son labeur, sous une latitude où le lion gigantesque de l'Afrique exerce ses plus grands ravages.

Nous ne pouvons mieux comparer la plaine de Cachemire qu'à notre plaine de Vaucluse; on y voit fleurir le safran le plus riche en couleur, et la garance, aisément acclimatée, y serait un trésor. A côté de l'indigotier, ses orangers et ses citronniers sont les indices d'un climat qui permettrait, à plus forte raison, la plantation de l'olivier; climat qui garantit encore plus aisément contre la rigueur des hivers la culture de nos arbres de verger et celle de nos plantes de jardin, dont il favorise les primeurs.

Lorsque les empereurs mogols eurent établi leur empire dans la partie de l'Hindoustan qu'Alexandre avait conquise, et fixé d'abord leur capitale à Lahore, ils trouvèrent insupportable la chaleur accablante des étés dans cette capitale. Leurs regards se portèrent du côté de

Cachemire; vers la partie centrale de ce beau pays, ils choisirent le lac le plus important, celui dont les îles et les bords sont couverts des plus magnifiques ombrages. Pour se soustraire aux ardeurs de la canicule, au milieu de ce lac, dans une île couverte de fleurs et protégée par des platanes gigantesques, ils construisirent un palais d'été, disons plutôt le palais d'un printemps presque perpétuel, qu'ils appelèrent *le séjour des délices*[1]. Afin de trouver en Europe un pays où la nature ait prodigué d'aussi gracieuses beautés, il faudrait nous transporter dans les îles Borromées, au milieu du lac Majeur.

C'est là que les empereurs Jahânghire et Schah Jahân conduisaient chaque année l'élite de leur cour, et ces sultanes célèbres sur les bords de l'Indus et de la Jumna, qui n'étaient pas moins admirées pour leur grâce et pour leur beauté que ne le fut autrefois Cléopâtre sur les bords du Nil ou dans les jardins plantés près du lac Mœris.

Au pays de Cachemire, ce n'était pas seulement une nature inanimée qui faisait sentir sa magie. Dans ce pays, la perfection des traits appartenait surtout aux femmes, et leur complexion avait pris la délicatesse et les charmes du climat. Aussi, parmi toutes les contrées où les empereurs et la noblesse conquérante pouvaient diriger leurs convoitises, c'était là qu'ils aimaient surtout à choisir les beautés ornements de leurs harems. Ainsi le tableau des mœurs musulmanes offre partout le même spectacle; nous retrouvons à Lahore, à Delhi, la même passion pour les belles esclaves qu'à Stamboul et à Téhéran. Les lieux auxquels on demandait ces trésors de la nature complètent la ressemblance; ils nous présentent une autre Géorgie, une autre Circassie, au milieu d'un autre

[1] Le *Schalimar*. C'est le même nom qui fut donné par l'empereur Schah Jahân au délicieux jardin qu'il fit planter près de Lahore.

Caucase, mais plus grandiose encore, et poétique à l'égal des régions alpestres qui s'élèvent entre l'Euxin et la mer Caspienne.

Les Cachemiriennes doivent au climat, à la terre natale, des mœurs aimables et douces, dont le témoignage est présenté par leurs fêtes vraiment charmantes.

La fête des roses à Cachemire.

Dans une contrée où la terre et les eaux sont fécondées par un soleil presque torride, les fleurs réunissent la puissance de l'arome à l'éclat des couleurs ; au premier rang brillent les roses, qui dans le pays de Cachemire sont presque l'objet d'un culte. Lorsque vient le moment où l'été va succéder au printemps, la jeunesse aime à célébrer par des danses et par des chants les trésors de la nature : telle est, entre toutes, la fête des roses.

Si nous voulons nous en former une idée, figurons-nous sous le ciel serein de la Provence, aussi resplendissant que celui des bords de l'Indus, les fêtes célébrées par nos belles Arlésiennes, une colonie des grâces d'Athènes ! Voyons-les réunies pour fêter la récolte de l'arbrisseau que chérissait la déesse de l'Attique. Au milieu de leurs jardins, à l'ombre de leurs vergers, elles forment ces chœurs animés par leurs chants et par leur danse nationale, où, variant des passes gracieuses sous les cerceaux fleuris qu'elles balancent dans leurs mains, elles mesurent leurs pas aux sons que la joie si vive du Midi fait entendre sur le galoubet et sur le tambourin. Nous prendrons ainsi quelque idée de la fête célébrée sur les bords du lac de Cachemire. Elle dure autant de jours que la cueillette de la reine des fleurs, celle qui fournit, par un art ingénieux et particulier à l'Orient, le plus suave et le plus condensé des parfums, l'*attar de rose.*

Thomas Moore, que les Irlandais, enorgueillis de leur poëte, ont surnommé l'Anacréon de la verte Érin, a célébré cette fête [1] dans un poëme intitulé *Lalla Rookh;* c'est le nom qu'il donne à la plus jeune, à la plus séduisante des filles de l'empereur Aureng-Zeb. Elle est conduite, avec un cortége nombreux, à Cachemire, pour épouser l'héritier du royaume de Boukharie; les fiançailles auront lieu dans le Schalimar, ce charmant *Palais des Délices,* que nous venons de rappeler, et que le temps a respecté. Par une fiction un peu forcée, le futur époux, déguisé sous les habits du ménestrel Feramorz, s'est fait donner pour mission de charmer les ennuis de sa belle fiancée, et s'est promis d'étudier pendant le voyage les dons qui la rendaient si digne d'être admirée. Chaque soir, lorsqu'on arrive au terme de la marche et que les tentes sont dressées, la princesse appelle sa cour. Alors le ménestrel fait entendre les chants dont se compose le poëme qui pourrait avoir pour titre «les Amours de l'Orient»; car il célèbre tour à tour les Amours de l'Assyrie, de la Perse et de l'Inde. Peu de jours avant d'arriver au terme du voyage, la princesse est reçue dans les jardins d'Abdoul Hassein, qu'ont plantés les fils du grand Akbar. Feramorz essaye d'offrir à la princesse une peinture des plaisirs goûtés sur les bords du lac enchanté qu'elle va bientôt admirer. Il la transporte, en idée, à ces temps où régnait Jahânghire, l'empereur qui fit construire le Palais des Délices, au temps où resplendissait la beauté des beautés, l'impératrice Nour-Jahân,

[1] Who has not heard of the vale of Cachemere,
With its roses the brightest that earth ever gave?
....................Now
The valey holds its feast of roses.
Thomas Moore's *Lalla Rookh, the light of the Haram.*

nommée d'abord la *Lumière du harem*, et bientôt après la *Lumière du monde.* A coup sûr, il n'est rien de plus gracieux qu'un pareil cadre, et nul tableau n'est plus fait pour sourire à l'imagination. Mon seul regret est que le barde irlandais, au lieu de traiter un sujet si délicieux avec la noble simplicité que n'oublient jamais les grands maîtres, soit tombé dans un excès d'expressions recherchées, d'allusions tirées de loin et d'hyperboles outrées. On dirait que le poëte, afin d'imiter dans ses vers la laborieuse industrie que des mains infatigables pratiquent à Cachemire, ait voulu procéder comme ces Arachnés de l'Orient; elles fortifient le tissu des palmes qu'elles figurent au métier, en cachant un nœud compliqué sous chaque point coloré qui doit émailler les fleurs de leurs châles. La grande poésie se rit de pareils artifices.

Gouvernement de Cachemire : population décroissante.

Oublions la littérature. Demandons-nous au vrai le sort du peuple, alors qu'il ne cherche pas à s'étourdir par des fêtes. Depuis deux siècles, parmi tous les dons que peut accorder la Providence, rien ne manquait au pays de Cachemire, à l'exception d'un gouvernement éclairé, sage et paternel. Mais, tour à tour conquis par les Tartares, les Persans et les Afghans, ce pays n'a fait que changer de servitude; en dernier lieu, le terrible joug des Sikhs était peu propre à soulager ses infortunes.

Les despotes de Cachemire n'ont songé qu'à s'enrichir en plongeant leurs sujets dans la misère à force d'exactions. Si l'on voulait faire comprendre, même aux beautés européennes les plus frivoles et les moins capables d'apprécier une idée économique, à quel degré de fiscalité ignorante et malfaisante le Gouvernement pèse sur la plus charmante industrie de Cachemire, sur la seule qui donne encore quelque vie au commerce extérieur de cette contrée, il suffirait de leur dire : Encore aujourd'hui, lorsqu'après un travail admirable, œuvre des mains les plus délicates, Cachemire achève, afin de l'exporter, un châle aussi beau que l'art humain le puisse produire, au lieu d'une prime d'encouragement, ou de la simple indifférence, le Trésor l'accable d'un tribut de vingt-cinq pour cent[1].

Nous ne possédons que les notions les plus incertaines sur la population du Cachemire proprement dit.

Dans le tableau général des populations de l'Inde, imprimé par ordre du Parlement, voici ce que nous trouvons sur la statistique des États de Golâb-Singh, souverain de Cachemire :

Territoire et population des États de Golâb-Singh, souverain de Cachemire.

Superficie	15,542,000	hectares.
Population (approximative)	3,000,000	habitants.
Population pour mille hectares	193	//

Nous ne voyons ici qu'une population très-clair-semée, ce qui s'explique par la situation d'une contrée dont la majeure partie comprend la chaîne occidentale des Himâlayas. Naturellement la population du pays privilégié de Cachemire doit présenter beaucoup plus de 193 individus par mille hectares; c'est de quinze cents à deux mille habitants que ce beau pays pourrait nourrir par mille hectares, s'il jouissait d'un sage et bon gouvernement.

[1] Voyez les observations présentées et les faits cités en 1862 par le comité central de Lahore au sujet des châles de Cachemire : *Official classified and descriptive catalogue, etc.*

Golâb-Singh, mort depuis peu de temps, est peut-être un des moins mauvais princes qui, depuis longues années, aient gouverné ce beau pays. Victor Jacquemont, dans ses lettres, rend justice au grand sens ainsi qu'à la perspicacité de ce prince.

Le bassin compris par la crête des montagnes qui forment l'enceinte du royaume de Cachemire présente une superficie de 1,578,000 hectares.

Ce pays, qui pourrait nourrir avec facilité deux millions d'habitants, sans exiger qu'il soit extraordinairement cultivé, ne comptait, à ce qu'on prétend, il y a cent ans, que huit cent mille âmes.

On aurait du moins pu supposer qu'une population si peu condensée nageait dans l'abondance, et que les récoltes de chaque année permettaient d'aviser aux besoins du présent et de l'avenir. Une administration bienveillante et prévoyante aurait dû tout faire pour ménager de larges réserves de grains, afin de parer au fléau des disettes inattendues; mais les mauvais gouvernements n'imaginent aucune épargne de ce genre. Tant d'imprévoyance a reçu, dans ce siècle même, un châtiment mérité.

Ainsi que nous l'avons fait connaître en parlant d'Amritsir, par suite d'une famine extraordinaire dans le pays de Cachemire, beaucoup de tisserands et de fileuses, pour ne pas mourir de faim, ont été réduits à s'expatrier. Toutes les villes du Pendjâb leur ont tendu les bras, et, par cette hospitalité, dix localités industrieuses ont vu naturalisée dans leur sein la belle industrie des châles fabriqués avec le duvet des chèvres du Tibet.

Les disettes calamiteuses, ajoutées à la rapacité des plus mauvais vice-rois, avaient réduit la population du royaume à six cent mille habitants vers la fin du siècle dernier.

Caractère du dernier souverain de Cachemire, défendu par sir Henry Lawrence.

Nous croyons utile de présenter ici l'analyse d'un document historique préparé par le vertueux sir Henry Lawrence, dans son apologie de lord Hardinge[1]. Ce gouverneur général, en concluant avec les Sikhs son traité de 1846, les avait obligés à donner pour frais de la guerre une somme que je crois être de 25 millions de nos francs; ils ne voulurent ou ne purent pas la payer. Golâb-Singh offrit alors de solder cette dette, à condition que les Anglais le choisiraient pour souverain du royaume de Cachemire, la plus belle conquête du royaume de Lahore : tel est le choix que sir Henry Lawrence entreprend de justifier. Cette justification, que nous allons analyser, révèle des faits essentiels à connaître sur les mœurs des princes et des radjahs dans le Pendjâb et les autres parties de l'Hindoustan.

La concession de Cachemire faite à Golâb-Singh est peut-être l'acte de lord Hardinge qu'on a le plus sévèrement critiqué; on s'est fondé sur le caractère de ce personnage, représenté comme un monstre, comme un scélérat qui, disait-on, ne prenait plaisir qu'à faire le mal. Admettons qu'il soit un méchant homme; nous craignons pourtant que dans l'Inde on trouve difficilement des princes meilleurs que lui. Il en est peu qui, dans les circonstances où la fortune l'a placé, n'eussent pas commis d'aussi grandes atrocités. Détestons à juste titre sa plus mauvaise action; en même temps, n'oublions pas que les victimes de sa barbarie étaient avant tout victimes de la leur : non-seulement ils s'étaient révoltés contre son autorité, mais ils

[1] Sir Henry Lawrence, *Essays military and political: lord Hardinge administration*, p. 300 à 303. 1 vol. in-8°. London, 1859.

avaient haché par morceaux les officiers de sa police et jeté leurs membres en pâture aux chiens! Personne plus que nous ne déteste les représailles, si barbares[1], qui furent la vindicte d'une provocation infâme; mais nous demandons que cette provocation, justement punissable, ne soit pas séparée du souvenir des représailles.

Tournons nos regards non pas seulement vers les membres de la régence de Lahore, pour la plupart très-criminels, mais vers tous les chefs indépendants qui règnent aujourd'hui dans l'Inde, et vers tous ceux qu'on a vus régner depuis un siècle. Lorsque nous aurons fait cet examen, décidons avec équité si Golâb-Singh est pire qu'aucun d'eux. Est-il plus mauvais que son compétiteur le scheikh Imam-ud-Din[2] qui, sans animosité personnelle et simplement pour témoigner son zèle au pouvoir du jour, avait coupé par morceaux et fait transporter, *en barils*, les membres du dernier trésorier de Lahore et ceux du frère de cet infortuné ministre? Est-il plus méprisable qu'un autre compétiteur, le radjah Lall-Singh, un des principaux instigateurs des meurtres de Hira, le vizir de Lahore, et de Cachemira, fils adoptif du roi Rundjit-Singh, que cet homme déshonoré par tant d'autres assassinats? Qui peut comparer Golâb-Singh avec le dernier souverain du Népaul et son ministre, tous deux ayant eu leurs mains si profondément plongées dans le sang! Si nous remontons aux nawabs d'Oude, au nizam d'Haïderabad, à Tippou-Sahib, à son père Haïder-Ali, ou seulement au malfaiteur Amir-Khan, *notre protégé*, trouverons-nous au milieu d'eux un seul prince dont la mémoire soit pure de sang innocent? En est-il un, pris dans son ensemble, qui soit, au point de

[1] Golâb-Singh, dit-on, les fit écorcher vifs, en assistant à leur supplice.

[2] Il avait gouverné le Cachemire avant Golâb-Singh et désirait en être roi.

vue moral, préférable à Golâb-Singh? Ce qu'il importe ici de considérer, ce n'est point sa vie primitive, c'est sa conduite à partir de 1846. Dans ce dernier laps de temps, qui comprend son règne sur Cachemire, s'est-il montré cruel ou tyrannique, oui ou non? Voilà la question. Certainement, il n'a pas gagné pour lui la presse et les journalistes de Lahore. Épié, comme il l'était, par les cent yeux d'Argus, ses ennemis peuvent-ils lui reprocher une seule atrocité? Écoutons les voyageurs qui visitèrent ses États pendant le temps qui vient d'être indiqué : suivant leurs rapports, à coup sûr il est mercenaire et rapace; mais il est doux dans ses habitudes; mais il se montre conciliant, et qui plus est miséricordieux; mais il ne s'abandonne pas aux plaisirs des sens, et sait être docile aux bons conseils des agents politiques anglais accrédités auprès de lui.

Au point de vue de la moralité, Golâb-Singh n'est en rien inférieur aux autres princes indigènes; il leur est de beaucoup supérieur en capacité. Donc, si nous devions créer un souverain, il nous était impossible d'en trouver un qui lui fût préférable, et parmi les princes, et parmi les radjahs des montagnes : chefs qui constituent la race la plus dissolue et la plus détestable que nous puissions imaginer. Rétablir ceux-ci dans leurs États, c'eût été revenir au système de restauration qui nous a fait éprouver un si grand désastre dans l'Afghanistan [1]. Rappelons-nous, d'ailleurs, un fait essentiel : nous avons donné ou plutôt conservé à Golâb-Singh un territoire très-peu supérieur en étendue à celui des pays sur lesquels il exerçait son autorité de radjah. Même le scheik Imam-ud-Din et son

[1] Une vraie retraite de Russie, et pire encore, puisqu'elle a présenté le spectacle de la capitulation d'un corps d'armée européen mettant bas les armes devant les Afghans; il s'agissait de *restaurer* le règne de Schah-Schouja, chassé du Caboul.

père avaient été les créatures de ce prince quand il était si puissant au milieu des Sikhs; ils n'avaient obtenu d'administrer Cachemire que grâce à son influence. En définitive, son pouvoir et ses facultés ont été sans doute évalués trop haut; mais là n'était pas la faute de lord Hardinge, qui n'en pouvait juger que d'après les informations placées sous ses yeux. On ne comprenait pas suffisamment alors à quel point la mort du vizir Dhyan-Singh, son frère, les exactions des Sikhs durant les deux dernières années, et peut-être aussi ses propres embarras, avaient affaibli sa puissance.

D'un autre côté, si nous avions refusé de traiter avec Golâb-Singh, et s'il avait joué contre nous le rôle d'un Abd-el-Kader en révolte, quels n'auraient pas été les reproches amers dirigés contre le gouverneur général! Une insurrection, de quelque manière qu'elle eût éclaté, aurait à l'instant éveillé l'attention publique et soulevé la réprobation; tandis que les mesures auxquelles on doit la tranquillité générale sont acceptées sans mot dire, ou traitées avec indifférence et quelquefois avec mépris.

Un des reproches les plus inconséquents qu'on ait dirigés contre lord Hardinge est d'avoir fait gouverner un peuple indigène par un prince étranger à la religion des habitants. Tolérant comme un radjpoute, Golâb-Singh est préférable pour ses sujets à tous les Sikhs intolérants. N'oublions pas qu'un grand nombre de montagnards sont radjpoutes comme lui. On trouve peu de Sikhs au milieu d'eux; et même au sein de la majorité, composée de mahométans, la plupart sont d'origine hindoue, origine qui remonte à l'époque où les musulmans persécuteurs forcèrent leurs pères à changer de religion. Cette lignée de convertis à l'islamisme diffère beaucoup des fanatiques primitifs dont les enfants sont restés purs de tout mélange;

elle a conservé beaucoup des sentiments, des préjugés, des coutumes et même des superstitions qui caractérisaient les Hindous aborigènes. Pour régner sur le pays de Cachemire, un radjpoute, un montagnard, ne devait donc pas être repoussé sur le simple motif de sa croyance.

Un des premiers actes de Golâb-Singh fut de proclamer la liberté des cultes dans tous ses États. Voilà ce qu'il faisait à l'époque même où, malgré la tolérance de Henry Lawrence et de ses officiers, l'appel public du muezzin à la prière musulmane était plutôt souffert qu'autorisé dans Lahore, la capitale des Sikhs. Les actes de la Compagnie des Indes offraient d'ailleurs de nombreux précédents, où l'on voyait des souverains imposés à des peuples qui ne professaient pas la religion des nouveaux princes.

Sir Henry Lawrence conclut en disant : « Golâb-Singh s'est tenu toujours en dehors du conflit excité contre nous; il s'est conduit en réalité comme un ennemi des révoltés sikhs, dans la guerre qu'ils nous ont faite. Quoiqu'ils eussent été les agresseurs, ils avaient obtenu de nous une paix favorable; une paix dont les conditions, si leurs autres chefs avaient montré l'ombre de la probité ou du patriotisme, pouvaient être accomplies en huit jours; par cela seul, on aurait empêché d'adjuger à Golâb-Singh le royaume de Cachemire. Or, le rachat qu'il fit de leur gage a réparé la seule erreur qu'on pût nous reprocher dans une transaction très-délicate. D'ailleurs, après tant de crimes commis contre tous les siens et contre lui, on serait devenu cruel en le laissant gouverner comme vizir à Lahore; car on l'aurait mis en situation de venger sans obstacle et sans merci le pillage de Jummow, sa forteresse, le meurtre de ses fils et le massacre de ses frères..... »

Suivons maintenant les envois de Golâb aux Expositions de Londres.

4.

Industrie de Cachemire : aptitude remarquable.

Même aujourd'hui, les simples ouvrières de Cachemire, comme celles de Dacca, sont remarquables pour la délicatesse de leurs mains. C'est par là qu'elles excellent à filer en perfection ce duvet qu'on ne trouve au même degré de finesse que sous la toison des chèvres du Tibet.

En 1851 et onze ans plus tard, les Expositions universelles de Londres offraient une admirable collection des châles, des écharpes et des tapis auxquels l'industrie de Cachemire doit sa grande célébrité.

Deux fois, le comité de Calcutta, chargé de désigner les achats, d'abord au nom de la Compagnie, puis au nom du gouvernement royal, a présenté les rapports les plus intéressants sur les choix qui présenteraient à l'Europe le meilleur spécimen pour chaque variété d'une fabrication qui depuis un demi-siècle a fait, même dans l'Inde, les progrès les plus remarquables.

Nous avons expliqué comment, à beaux deniers comptants, Golâb-Singh est devenu maharadjah du pays de Cachemire, sous le patronage de la suprême Compagnie qui l'a fait souverain, et dont il est resté tributaire. Il s'est empressé d'envoyer les plus beaux tissus que ses sujets eussent exécutés pour sa personne et pour sa cour. A cette collection, en 1851, il avait joint un lit d'apparat dont la boiserie, si je puis ainsi parler, était en argent émaillé, et dont les tentures, les oreillers, les courtines, et jusqu'aux tapis de pied, offraient des tissus somptueux, nécessairement fabriqués avec le duvet de Cachemire.

Je regrette, je l'avouerai, que la plus ingénieuse, la plus originale et la plus belle industrie de l'Orient n'ait pas obtenu la moindre récompense. Je n'admets pas même le motif que ses progrès étaient antérieurs à 1846. Depuis cette époque, ainsi que depuis 1815, la grandeur, la richesse et l'éclat des cachemires ont fait des progrès incessants, réclamés par le luxe croissant des Européens.

Dans un précédent volume, v^e partie, en présentant le tableau général des industries les plus célèbres de l'Inde, nous avons eu soin d'expliquer ce qui concerne la fabrication de ces beaux tissus, leur introduction en Europe, et les progrès qui s'en sont suivis dans le dessin et dans la somptuosité de leur ornementation. Nous ne pourrions ici que nous répéter en revenant sur le même sujet; il nous suffit de présenter quelques faits récents, qui sont liés à l'histoire des grands concours de l'industrie des nations.

Commerce actuel des châles venus de l'Inde : contrebande, etc.

On ne suivra pas sans intérêt le mouvement du commerce des châles avec l'Asie et l'Europe. On évalue à seize mille le nombre des métiers en activité dans le royaume de Cachemire; chacun occupe trois personnes pour le tissage complet, les fileuses, les teinturiers, les dessinateurs, etc. Le produit est d'environ quatre-vingt mille châles, écharpes, etc. Une partie de ces produits est envoyée au nord de l'Himâlaya pour l'échanger avec le duvet même dont ils sont faits. Là, des caravanes tartares les transportent vers toutes les régions du nord de l'Asie; elles vont jusqu'à Nijni-Novgorod, au centre de la Russie. Une autre partie, et c'est de beaucoup la plus considérable, est achetée par l'Hindoustan, qui, son propre luxe satisfait, vend ce qui reste à l'Asie méridionale, à l'Arabie, à l'Égypte, et surtout à l'Europe occidentale.

S'il faut en croire nos états de finances pour l'année

1861, la France n'aurait acheté que pour cinq millions huit cent quatre-vingt-huit mille vingt-deux francs de châles et d'écharpes, au prix moyen d'entrée de huit cents francs la pièce : 7,300 châles, écharpes et tapis.

Dans un pays tel que la France, où chaque épouse qui ne doit point remonter dans une mansarde après sa noce est trop pénétrée de son importance pour ne pas avoir au moins un châle qui provienne de Cachemire, le nombre que nous venons de rapporter semble bien inférieur à la multiplicité des mariages où les fiancées demeurent au premier, au second et même au troisième étage : fiancées qui se font un devoir de subir les exigences d'un luxe chaque jour plus despotique. La contrebande explique ce mystère; on sait qu'il existe un grand nombre de voyageuses qui jamais ne franchissent nos frontières sans rapporter au moins un châle de l'Inde, pour obliger d'autres personnes ou pour s'obliger elles-mêmes.

Disons à l'honneur de l'industrie française que les nations étrangères apprécient justement le degré de perfection qu'ont atteint nos châles de laine mérinos imitant le cachemire. Chose curieuse, ils sont goûtés même en Asie et surtout en Chine; apportés dans les contrées orientales, ils y présentent le double mérite de la distance parcourue et de l'origine étrangère.

En 1850, la France exportait deux cent soixante-deux mille cinq cent deux kilogrammes de châles brochés et façonnés, lesquels, aux prix de 1825, auraient valu trente-sept millions cinq cent trente-huit francs; tandis qu'ils sont aujourd'hui livrés pour dix-sept millions huit cent mille deux cent quarante-quatre francs. La différence de ces prix est la mesure des progrès dus à l'industrie française depuis un tiers de siècle, et ces progrès sont admirables.

N'est-ce pas une main-d'œuvre prodigieuse que celle

qui donne une valeur moyenne de soixante-huit francs à chaque kilogramme d'une laine qui coûte au plus dix francs toute étuvée et triée, avant qu'elle soit filée, teinte ou tissée sous forme de châle!

Si l'Europe a fait des efforts pour lutter avec Cachemire, l'Inde en a fait bien davantage. Les empereurs de Delhi, quand ils florissaient, avaient essayé de naturaliser au midi des Himâlayas les chèvres du Tibet; mais, sous un ciel trop clément, la perfection du duvet de ces animaux ne s'est pas conservée. Les Européens seraient peut-être plus habiles, plus persévérants et plus heureux dans les vallons de nos Alpes et de nos Pyrénées.

Les sophis de Perse ont fait des essais analogues et n'ont pas obtenu plus de succès; cependant ils possèdent dans la province de Kerman la région peut-être la plus analogue à celle du Petit Tibet.

V. *Province et ville de Peschawer.*

Cette province, extrême limite occidentale et septentrionale de l'Inde britannique, par sa position même et celle de son chef-lieu, mérite une sérieuse attention.

Distance à vol d'oiseau de Peschawer à Calcutta : 2,974 kilomètres ou 743 lieues et demie; avec les sinuosités de la route par Agra, Delhi et Lahore, il faut compter approximativement 900 lieues. Telle est la longueur qu'aura la route appelée *le grand tronc*, et qui doit être empierrée d'un bout à l'autre. Un jour, dans cette énorme étendue, la route sera remplacée par un chemin de fer.

Examinons un seul résultat politique d'une pareille substitution. Dans les circonstances urgentes, rien ne sera plus facile que de parcourir un si grand espace en quatre-vingts heures; c'est-à-dire qu'en trois jours et huit heures on pourra faire partir une troupe de Calcutta et la conduire jusqu'à Peschawer. C'est surtout au point de vue de la défense militaire que cette admirable vitesse deviendrait d'un grand secours, soit contre les rébellions, soit contre les agressions des ennemis extérieurs.

Si quelque jour les Russes voulaient recommencer l'expédition d'Alexandre et s'ils partaient pour cela de la mer d'Aral ou de la mer Caspienne, même en supposant qu'aucun obstacle ne les arrêtât du côté des populations intermédiaires, avant de se transporter de l'embouchure de l'Oxus à Peschawer, ils devraient mettre autant de mois que les Anglais emploieraient de jours à parvenir au même point en partant de Calcutta. Un tel résultat serait magnifique en faveur de l'Angleterre; mais, pour l'obtenir, il aura fallu que les capitalistes britanniques dépensent au moins un milliard, afin d'exécuter le plus étendu des chemins de fer qu'il importe d'établir dans la péninsule de l'Inde.

Lorsque nous étudierons les États musulmans de l'Asie occidentale, des questions de cet ordre pourront être mieux traitées, en faisant connaître les lieux et les hommes.

TERRITOIRE ET POPULATION DE LA PROVINCE DE PESCHAWER.

DISTRICTS.	TERRITOIRE.	POPULATION.	HABITANTS par MILLE HECTARES.
	hectares.	habitants.	
Peschawer	601,916	450,099	747
Kohat	736,596	101,232	137
Hazara	627,806	296,364	472
TOTAUX	1,966,318	847,695	431

District de Peschawer.

A l'occident de l'Indus s'étend le district de Peschawer. Il est admirable de voir, il y a trois siècles, le conquérant Akbar deviner la future importance d'une telle position. Ce pays présente une plaine vaste et fertile, traversée par la rivière de Caboul, qui se jette ensuite dans le fleuve. La plaine, étant située au pied des montagnes de l'Afghanistan, est de tous côtés arrosée par les eaux qui descendent de ces montagnes; ainsi favorisée, une terre d'alluvion et naturellement féconde, pourvu qu'elle obtienne quelques soins du cultivateur, prodiguera les produits les plus abondants et les plus variés.

Les montagnards du royaume de Caboul, vrais highlanders, méprisaient ce plat pays, quoiqu'il fût si favorable à l'agriculture et si bien placé pour le commerce.

Lorsque l'empereur Akbar eut consolidé ses conquêtes, il invita ses sujets hindous à franchir l'Indus, fleuve qui jusqu'alors avait été leur limite sacrée, à fonder Peschawer, à cultiver le territoire magnifique dont cette ville est le centre. La plaine qui l'environne a plus de cent lieues de superficie.

Le pays fournit deux récoltes par année; en hiver, on obtient les produits des pays froids, le froment, l'orge, les légumineuses, etc. En été, grâce à des chaleurs puissantes, on ajoute aux récoltes de tabac, de riz, de maïs et de millet les produits des pays méridionaux : la canne à sucre, le coton, le gingembre, etc.

Sur les bords de la rivière qui descend de l'Afghanistan et traverse la plaine, le riz qu'on récolte est le meilleur que l'on connaisse; chacun était surpris de ne pas le voir apparaître à l'Exposition universelle.

La plaine est couverte d'arbres fruitiers bien cultivés.

Ville de Peschawer.

Situation géographique : latitude, 34°; longitude, 68° 53', à l'est de Paris.

La ville de *Peschawer* a pour fondement de sa fortune la fécondité du pays qui l'entoure. Elle est bien construite, en briques séchées au soleil. Ces briques sont néanmoins assez résistantes pour qu'on puisse, en les employant, bâtir des maisons à trois étages; mais il faut les combiner avec des châssis en charpente. Chose assez rare dans l'Inde, les rues, quoique étroites, *sont pavées.*

On remarquait autrefois le palais fortifié, Bala Hissar, réservé pour les rois de Caboul, lorsqu'ils étaient les maîtres du pays et qu'ils visitaient Peschawer. Dans la politique des Anglais, ce palais n'est plus qu'une citadelle, entretenue pour tenir en respect les habitants.

La ville est entourée de remparts bastionnés *et peut soutenir un siége sérieux.* Le sous-gouvernement du Pendjâb maintient toujours dans cette place une station militaire importante, afin de veiller à la sûreté des frontières.

Dans l'intérieur, il faut citer un grand et beau caravansérail; là se donnent rendez-vous les caravanes qui font le commerce de l'Inde et du pays de Cachemire avec le Caboul, la Perse, la Boukharie et le pays de Balk, l'ancienne Bactriane.

Peschawer, ville de commerce, cultive aussi l'industrie; ses habitants tissent la soie qu'ils achètent en Boukharie et qu'ils pourraient produire eux-mêmes, puisque le mûrier croît à merveille dans leur immense plaine. Ils ne négligent pas de tisser la laine et le poil de chameau.

Il y a cinquante ans, on n'estimait pas à moins de cent

mille âmes la population d'une cité, réunion de tribus très-différentes par les cultes et par les races; elle paraît aujourd'hui réduite à la moitié de ce nombre. Les mahométans y sont en majorité; ils ont bâti des mosquées nombreuses et splendides. Mais les Sikhs, en devenant maîtres du pays, se sont fait un barbare plaisir de profaner ces monuments d'une croyance qu'ils détestent.

Événements qui donnent à Peschawer une importance nouvelle.

En 1818, un musulman qui s'est rendu célèbre, Dost-Mohammed, primitivement gouverneur de Cachemire, chassait Schah-Schouja de Caboul. Il se rendait maître des six provinces qui composaient le royaume afghan : Caboul, Bawian, Shorawouk, Ghazni, Candahar et Jellabad.

Peu de temps après, de l'autre côté des monts Indo-Coutches, le souverain de la Boukharie s'emparait du pays de Balk.

A la même époque, le nord du Pendjâb, puis Moultan, Dehra-Gazi-Khan, Dehra-Ismael-Khan, et finalement Peschawer, devenaient la proie de Rundjit-Singh.

En 1838, les Persans, dirigés par des officiers russes, attaquaient Hérat, ville considérée comme la clef de l'Afghanistan; c'est le point vers lequel convergent, au midi de la chaîne Indo-Coutche, toutes les routes de l'Asie occidentale qui conduisent vers l'Indus et qui présentent le moins d'obstacles.

A cette époque, le gouverneur de l'Inde, lord Aukland, habitait Simla durant la chaude saison, et se trouvait loin des sages conseillers qui résidaient à Calcutta; un amour irréfléchi de vaine gloire l'entraînait, et, sans apprécier les conséquences, il déclara la guerre au Caboul. Afin d'obtenir le concours de Rundjit-Singh, il reconnut à ce prince la possession légitime de toutes ses usurpations sur les deux rives de l'Indus, même au delà de Cachemire.

Pour composer l'armée conquérante, organisée d'après les idées de lord Aukland, l'Angleterre fournissait quatre mille cipayes à Schah-Schouja, qu'on allait replacer sur le trône de Caboul; Rundjit-Singh devait y joindre six mille soldats sikhs, et maintenir quinze mille autres soldats en observation dans Peschawer. Notons ici les mœurs de l'Inde, l'excès des dépenses militaires et l'énormité *des impedimenta:* les valets d'une armée active qui ne dépassait pas en tout quinze mille combattants ont atteint le nombre de cent mille ou serviteurs ou parasites. Gardons-nous donc d'être étonnés que, pour exécuter une entreprise qui fut à la fois si désastreuse et si honteuse, deux années, soit de guerre soit d'occupation militaire, n'aient pas coûté moins de deux cents millions à la Compagnie des Indes.

District de Kohat.

Le district ayant Kohat pour chef-lieu se trouve immédiatement au sud de celui de Peschawer, et limité, comme celui-ci, à l'orient par l'Indus, à l'occident par les montagnes de l'Afghanistan. Son territoire est assez imparfaitement arrosé, sa terre peu productive et sa population très-clair-semée. Il contient seulement 137 habitants par mille hectares; et nos deux départements les moins peuplés de tous, ceux des Hautes-Alpes et des Basses-Alpes, en contiennent 224 et 210.

On ne trouve dans ce district d'autre ville que *Kohat*, et cette ville n'a qu'un nombre fort limité d'habitants; elle est protégée par des fortifications et par un cantonnement militaire.

La chaîne des Monts salés. — Du côté du midi, le district

de Kohat est terminé par une chaîne de collines ou monticules abondants en sel gemme et que, pour ce motif, on appelle *la Chaîne salée*, the Salt Range. L'exploitation de ce sel gemme est l'objet d'un assez grand commerce et fournit pour Peschawer des envois considérables.

District de Hazara.

Le district de Hazara s'étend à l'est de l'Indus jusqu'aux États de Cachemire; il se termine au nord par un vallon d'une grande longueur dans lequel coule, du sud au nord, la Kounhar, qui semble être la partie supérieure de la Jhelum. Celle-ci, nous l'avons dit, est la seconde des Cinq Rivières en avançant de l'occident vers l'orient.

La belle vallée de Hassan-Abdal.

Pour aller à Cachemire, les premiers empereurs de Delhi partaient de Lahore aussitôt qu'approchait la saison des grandes chaleurs; ils goûtaient le doux repos d'une halte dans l'admirable vallée de Hassan-Abdal, résidence intermédiaire ornée de jardins autrefois célèbres.

Thomas Moore, dans son poëme de *Lalla-Rookh*, déjà cité par nous (p. 43), s'est emparé de ce souvenir plein de charme. « Au voisinage de Hassan-Abdal, on voyait, dit-il, des jardins royaux que l'art avait embellis sous les yeux de tant de beautés dignes d'être admirées; jardins qu'on trouvait beaux encore lorsque les yeux fascinateurs ne les embellissaient plus de leurs regards. » C'est là que le poëte, personnifié par le roi de Boukhara qui suit inconnu sa fiancée, la fille d'Aureng-Zeb, veut donner à la princesse une idée des enchantements qui l'attendent à Cachemire et fait entendre un de ses chants les plus gracieux.

On voit encore le tombeau de Hassan-Abdal, célèbre saint musulman dont la vallée a pris le nom. La piété conserve ce monument, mais les jardins, les fontaines et le palais, consacrés au plaisir, ne présentent plus que de tristes ruines.

Deux villes de la circonscription méritent d'être indiquées, parce que toutes deux sont des cantonnements militaires ayant pour objet la garde des frontières.

I. *Hazara*, chef-lieu du district, est le lieu d'un cantonnement moins considérable que les autres.

II. *Abbotabad* est la seconde ville défensive. Deux régiments habitent la station dont elle est le point d'appui; avec un train d'artillerie de montagne, ils composent la force mobile qui, de toutes les garnisons britanniques, est la plus avancée vers le nord.

Voilà, sous le point de vue militaire, la position la plus essentielle dont nous ayons à faire une mention spéciale. Ce n'est point la population d'Abbotabad qui serait digne de nous occuper, car elle ne dépasse pas deux mille habitants.

Les établissements défensifs que nous venons d'indiquer ont fait voir, dans les troubles les plus récents, leur utilité pour tenir en échec les rebelles des montagnes.

Ville et forteresse d'Attock.

Situation géographique : latitude, 33° 56′; longitude, 69° 37′, à l'est de Paris.

La forteresse d'Attock, bâtie sur la rive orientale de l'Indus, à très-peu de distance du confluent de ce fleuve avec la rivière de Caboul, est un point stratégique de la plus haute importance; par ce même point passe la grande route de Calcutta et de Lahore à Peschawer.

C'est dans la forteresse d'Attock que l'Administration britannique tient en dépôt le trésor du collectorat. On a pu voir tout l'intérêt que le Gouvernement de Lahore mit à s'assurer la conservation de cette place lorsque la nouvelle de la rébellion sur les bords du Gange, en 1857, se répandit dans le Pendjâb.

Le nom d'Attock est dérivé d'un mot sanscrit qui veut dire *limite* ou point d'arrêt. C'est, en effet, à ce point que finissait l'Inde proprement dite, dans la direction du nord-ouest: là s'arrêtaient les sectateurs de Brahma, pour ne pas aller vivre au delà du rivage d'*Attock*, sanctifié et désigné comme limite par leurs livres saints.

On donne le nom de *passage* ou *pas de Kyber* à l'endroit rétréci du vallon par lequel la rivière de Caboul débouche des monts de l'Afghanistan avant d'arriver à l'Indus. Attock s'élève sur la rive gauche de l'Indus, en face de ce passage, à deux kilomètres au-dessous du confluent de la rivière avec le fleuve. Cette explication montre l'extrême importance d'une telle situation, et l'histoire la confirme.

On a construit sur l'Indus un pont en charpente qu'on démolit chaque année quand vient l'époque des crues, qui s'élèvent souvent à la hauteur de *quinze mètres*. Lorsque les eaux augmentent avec modération, le fleuve devient navigable au-dessus comme au-dessous d'Attock. En 1841, une crue beaucoup plus forte que le terme si considérable dont nous venons de parler a détruit la forteresse d'Attock, bientôt après reconstruite; la même crue a fait disparaître un grand nombre de villages établis sur les deux rives du fleuve et qui sont plus ou moins sortis de leurs ruines.

Afin de communiquer entre les deux rives, quelle que soit la grandeur des inondations, les Anglais veulent creuser sous l'Indus un *tunnel* comparable à celui de la Tamise : projet vraiment gigantesque.

Attock portait autrefois le nom de *Taxila* et le district de Hazara faisait partie du royaume de Taxile. C'est à cet endroit qu'Alexandre le Grand a traversé l'Indus, et l'on comprend tout le service que lui rendit ce roi servile en livrant le passage que nous venons de décrire.

En face d'Attock, et sur la rive occidentale, est situé le village de Khaïrabad. Nadir-Schah, lors de son invasion, bâtit un fort en cet endroit pour être assuré de commander des deux côtés la grande route militaire qui l'avait conduit de ses États dans l'Inde.

Enfin l'on doit remarquer qu'entre ces deux mémorables expéditions, Tamerlan dirigea sa route précisément sur le même point de l'Indus où nous avons vu qu'Akbar, autre conquérant, a construit la forteresse d'Attock.

En 1818, Rundjit-Singh prit aux Afghans cette forteresse, et par ce moyen, du côté de l'occident, il compléta sa conquête du pays des Cinq-Rivières. Sous son nouveau maître, la ville avait beaucoup perdu de sa population; mais on doit supposer qu'une paix prolongée, un commerce devenu chaque année plus étendu par le génie des Anglais, et des voies de communication perfectionnées, la rendront à sa prospérité première.

VI. *Province de Jhelum.*

Cette province a reçu le nom de la rivière la plus rapprochée de l'Indus. La Jhelum, l'Hydaspes des Grecs, prend naissance au nord du bassin de Cachemire, qu'elle contourne en avançant par degrés vers l'occident, puis vers le midi. Auprès de la ville de Mazuffurabad, elle reçoit le tribut de la rivière qui lui porte toutes les eaux du pays de Cachemire. A partir de ce point, dans une étendue de trente lieues, elle sépare les dépendances de ce royaume et la province de Jhelum.

TERRITOIRE ET POPULATION.

DISTRICTS.	TERRITOIRE.	POPULATION.	HABITANTS par MILLE HECTARES.
	hectares.	habitants.	
Rawal-Pindi....................	1,552,064	553,750	357
Jhelum........................	1,385,650	429,421	310
Goudjerat......................	496,244	517,626	1,043
Schahpour.....................	906,500	261,692	288
TOTAUX............	4,341,358	1,762,489	405

Le district de *Rawal-Pindi* se trouve au midi du district de Hazara. Le chef-lieu qui porte ce nom occupe une position centrale entre l'Indus et la Jhelum.

Situation géographique de Rawal-Pindi : latitude, 33° 36′; longitude, 72° 25′, à l'est de Paris.

La grande route de l'Inde qui conduit de Lahore à Peschawer passe par Rawal-Pindi; c'est aussi par cette ville qu'il faut passer quand on part d'Amritsir au lieu de Lahore.

A Rawal-Pindi sont rédigés les papiers publics ou journaux qui font connaître les nouvelles parvenues des principautés de Cachemire, de Caboul, du Khorassan, et qui signalent les indices des projets plus ou moins déprédateurs formés par les chefs établis dans ces contrées. Aussi souvent qu'en des pays plus civilisés, ces nouvelles quotidiennes sont falsifiées à plaisir; et l'irresponsabilité télégraphique, au lieu d'affaiblir ce mal, ne fera que l'augmenter, comme en Europe et surtout comme en Amérique.

On conçoit que Rawal-Pindi doive attirer fréquemment l'attention du Gouvernement britannique. Aussi, lorsque la nouvelle soudaine de l'insurrection de 1857 était transmise à Lahore par les signaux de Delhi et de Mirat, nous avons vu que sir John Lawrence, administrateur général du Pendjâb, était de sa personne à Rawal-Pindi.

Jhelum, la ville qui donne son nom à la province, est située sur la rive droite de la Jhelum, presqu'au point où cette rivière, qui sépare le Pendjâb anglais et Cachemire, cesse de baigner les terres de ce royaume.

Sur la même rive de la Jhelum, *Jelalpour* est remarquable pour sa position dominante, tandis que la rive gauche est basse et riche comme une plaine gangétique.

La rive droite longe l'extrémité d'une chaîne de collines qui s'étend de l'est à l'ouest depuis l'Hydaspes jusqu'à l'Indus; elle présente l'aspect le plus sauvage. Dans sa partie méridionale, cette chaîne renferme des mines de sel gemme qui sont l'objet d'un commerce important pour tout le Pendjâb; elle se continue dans la direction de l'est à l'ouest jusqu'à l'Indus et se trouve prolongée de l'autre côté du fleuve par la chaîne des Monts salés, *the Salt Range,* dont nous avons déjà parlé.

La Jhelum, l'Hydaspes, contourne l'extrémité occidentale des Monts salés jusqu'à Jelalpour, ville qui s'élève sur la rive droite de ce cours d'eau. On croit reconnaître ici tous les caractères de la rivière et des abords qui rappellent l'endroit où l'armée d'Alexandre a franchi l'Hydaspes pour combattre Porus : ce roi, qui se montra plus grand encore après sa défaite qu'il ne l'avait été dans le combat, et qui mérita d'être traité par le héros, son ennemi, comme il voulait l'être, c'est-à-dire *en Roi*.

Districts de Goudjerat et de Schahpour. — Le premier réunit une population aussi condensée que celle de la Belgique et de la Lombardie. La ville de Goudjerat s'élève au bord d'un affluent de la Chenab.

Goudjerat est située dans le voisinage et sur la rive gauche de la rivière Chenab, l'Acesines des Grecs; elle s'élève entre Amritsir et Jhelum, à peu de distance des frontières du royaume de Cachemire.

Situation géographique approximative : latitude, 32° 36'; longitude, 71° 38', à l'est de Paris.

Schahpour est située sur la rive gauche de la Jhelum, au milieu d'une contrée remplie de jongles et très-peu populeuse.

Situation géographique approximative : latitude, 32° 16'; longitude, 70° 20', à l'est de Paris.

Entre Schahpour et la rivière Accsines on trouve un territoire salpêtré où la nature ne produit que des broussailles: c'est le pays qu'on appelle *Doab de Jetche.* Aussi le district de Schahpour ne compte-t-il que 288 habitants par mille hectares.

Un caractère du Pendjâb est qu'à peu de distance de chacune des Cinq Rivières le pays n'offre que des jongles rabougris et la plus rare population; on n'y rencontre plus ni villes ni bourgs. Pour seule et grande exception à cette règle générale, il faut signaler la zone très-fertile et très-peuplée qui comprend dans sa largeur, en allant de l'est à l'ouest : 1° Loudianah et Férozepour; 2° Amritsir et Lahore; 3° Jhelum et Jelalpour; 4° Attock et Hazara; 5° la plaine de Peschawer.

VII. *Province de Leïa.*

La province de Leïa s'étend sur les deux rives de l'Indus, au sud-ouest de Lahore, au midi de Peschawer, depuis les monts orientaux de l'Afghanistan jusqu'à l'Indus et de là jusqu'au voisinage de Jhelum.

C'est la chaîne des Monts salés, *Salt Range*, qui sépare le pays de Peschawer et la province de Leïa. Cette province avait commencé par appartenir à des chefs de tribus du Biloutchistan; ensuite les Afghans en avaient fait la conquête, que Rundjit-Singh avait fini par leur arracher. Les Anglais s'en sont emparés lorsqu'ils se sont approprié le royaume de Lahore.

TERRITOIRE ET POPULATION DE LA PROVINCE DE LEÏA.

DISTRICTS.	TERRITOIRE.	POPULATION.	HABITANTS par MILLE HECTARES.
	Hectares.	Habitants.	
Leïa	1,585,598	300,096	194
Khangur	265,993	211,920	796
Dehra-Gazi-Khan	1,036,000	238,964	230
Dehra-Ismael-Khan	1,067,857	362,011	339
Totaux	3,955,448	1,121,991	283

On s'expliquera la population très-clair-semée de tous les districts, un seul excepté, par l'existence de ce qu'on appelle *le petit désert*, vaste plaine improductive, et presque inhabitée, qui s'étend entre l'Indus et la Chenab.

Tant qu'on reste au voisinage de l'Indus, le territoire est très-fertile et bien cultivé. Pour être défendus contre les inondations du fleuve, qui chaque année parviennent à de grandes hauteurs, les riverains érigent leurs maisons sur des pilotis dont la tête s'élève au-dessus des crues. Ces maisons, très-légères, ont pour frêles murailles des espèces de claies faites avec des joncs et des branches de saule.

Ville et district de Leïa. Le district s'étend sur la rive orientale de l'Indus. Le chef-lieu, Leïa, ne compte guère que deux mille habitants; cette ville n'est pour nous l'objet d'aucune remarque importante.

Ville et district de Khangur. Le district de Khangur occupe la partie inférieure de l'Entre-deux-eaux, le Doab compris entre l'Indus et la Chenab; ici la terre est aussi fertile que bien cultivée, et la population beaucoup plus condensée que dans les autres districts. Le chef-lieu, Khangur, ainsi que l'indique la terminaison en *gur*, est défendu par une forteresse.

Districts de Dehra-Ismael-Khan et de Dehra-Gazi-Khan. Ces deux districts occupent la rive occidentale de l'Indus et s'étendent jusqu'aux montagnes de l'Afghanistan.

Dehra-Ismael-Khan est le chef-lieu le plus avancé vers le nord-ouest. *Situation géographique :* latitude, 31° 30′; longitude, 68° 38′, à l'est de Paris.

Il faut partir de cette ville pour communiquer de la partie inférieure du Pendjâb avec Ghazni, qui fut autrefois la capitale des Afghans. Cette route a l'avantage de conduire à Caboul, la capitale actuelle, par une voie plus courte qu'en remontant jusqu'à Peschawer pour s'engouffrer dans une vallée qui devient de plus en plus étroite et tortueuse à mesure qu'on s'éloigne de l'Indus.

A Dehra-Ismael-Khan, les Anglais entretiennent un cantonnement militaire ayant pour mission de surveiller la partie occidentale des frontières britanniques.

Une ligne télégraphique, dirigée du nord au midi, part de Peschawer, passe à Dehra-Ismael-Khan, ainsi qu'à l'autre Dehra, et descend jusqu'à l'embouchure de l'Indus pour aboutir à Karrachie.

Dehra-Gazi-Khan, autre station militaire, est au point d'où il faut partir pour aller du Pendjâb à Kandahar.

Situation géographique : latitude, 30° 10′; longitude, 68°, à l'est de Paris.

La population des deux Dehra est un mélange d'Hindous, d'Afghans et de Biloutchis, avec lesquels nous ferons plus ample connaissance en décrivant le bas Indus.

VIII. *Province de Moultan.*

Dans les premiers temps de la conquête permanente des pays de l'Inde par les descendants de Timour, sous le règne d'Akbar, la province de Moultan comprenait un immense territoire. Elle s'étendait du golfe Persique au pays des Cinq-Rivières et de là jusqu'aux frontières de la Perse, embrassant ainsi toute la partie méridionale de l'Afghanistan et du bassin de l'Indus.

Plus tard, l'Afghanistan s'est séparé de l'empire des grands Mogols, mais en distrayant de cet empire la province entière de Moultan et la meilleure partie du pays des Cinq-Rivières, c'est-à-dire du Pendjâb.

Rundjit-Singh ne s'est pas contenté de couronner ses conquêtes en se rendant maître du royaume de Cachemire et du beau pays de Peschawer. Dès 1806, il assiégeait, dévastait et quittait Moultan, chassé qu'il était par la famine. Pour la seconde fois, en 1818, il devenait souverain de la ville et de ses dépendances, même au delà de l'Indus; sa conquête ne s'arrêtait qu'au pied de la chaîne des montagnes qui bornent l'Afghanistan, à vingt et quelques lieues de ce fleuve.

TERRITOIRE ET POPULATION.

DISTRICTS.	TERRITOIRE.	POPULATION.	HABITANTS par MILLE HECTARES.
	Hectares.	Habitants.	
Moultan	1,459,206	411,386	285
Jhong	1,480,962	252,069	170
Gougaira	1,072,778	308,020	287
Totaux	4,012,946	971,475	242

Les bords des rivières qui baignent la province ne manquent pas de fertilité; mais les entre-deux, les doabs, sont malheureusement fort salpêtrés, ce qui les rend très-difficiles à cultiver. Cela nous explique le petit nombre d'habitants comparés à l'étendue du territoire. Il faudrait un système fort intelligent d'irrigations pour accroître notablement l'étendue des terres qui sont aujourd'hui cultivables.

District et ville de Moultan.

En expliquant les conquêtes et la ruine des Sikhs, nous avons vu quel rôle important ont joué la ville et les dépendances de Moultan.

Position géographique de Moultan : latitude, 29° 9'; longitude, 68° 47', à l'est de Paris.

La ville est située à six kilomètres de la rivière qui réunit les eaux de la Jhelum, de la Chenab et de la Ravi, les trois rivières centrales du Pendjâb; leur navigation, fort imparfaite à coup sûr, impossible aujourd'hui pendant une partie de l'année, peut recevoir de grands et nombreux perfectionnements. Dans la saison des eaux abondantes, la Chenab, vis-à-vis de Moultan, n'a pas moins de cinq cents mètres de largeur et deux mètres soixante centimètres de profondeur. Un tel volume d'eau permettrait la navigation opérée par de grands bateaux à vapeur; pour remonter à la hauteur de cette ville, on a pourtant 200 lieues à parcourir. Ne craignons pas de l'annoncer, si les bienfaits d'une longue paix et le progrès des arts multiplient et stimulent par l'industrie la population riveraine de l'Indus, on verra se développer sur ce fleuve, et bien plus haut que Moultan, une magnifique activité commerciale.

Pour protéger cette ville et tenir en respect ses habitants, une citadelle est bâtie sur un tertre spacieux; elle domine la cité, qu'entoure un rempart élevé de quinze mètres et muni de tours qui tiennent lieu de bastions. Nous avons relaté le long siége qu'elle a soutenu, grâce à la valeur intelligente de l'infortuné Moulraï.

Moultan est au petit nombre des villes du bassin de l'Indus dont les produits figuraient aux Expositions universelles de Londres. Les soieries qu'elle fabrique ne le cèdent qu'à celles de Bahawulpour, ancienne principauté peuplée de *Radjpoutes* et située, presque sous la même latitude, sur la rive gauche du Sutledge.

Quoique les environs de Moultan ne soient pas baignés par la Chenab, grâce à l'emploi qu'on fait des eaux d'un grand nombre de puits, la terre devient assez productive et est bien cultivée. Ses produits sont le froment, le millet, le turneps, les carottes, l'indigo et le coton.

Bahawulpour, dont nous venons de parler, était autrefois le chef-lieu d'un gouvernement considérable dépendant du Caboul et conquis à la fin par Rundjit-Singh.

PRÉSIDENCE DE BOMBAY.

La Présidence de Bombay se partage en quatre grandes divisions : la première est composée du bas Indus, à laquelle se rattache l'île de Catch, État tributaire situé vers l'embouchure de ce fleuve; la seconde, celle du nord, dont les districts bordent le golfe de Cambaie, y compris Surate; la troisième, que nous appellerons division du centre, qui comprend tous les districts de l'intérieur jusqu'à Sattara et l'île où se trouve Bombay, capitale de la Présidence; la quatrième, la division du sud, comprend tous les districts du littoral au midi de Bombay.

PREMIÈRE DIVISION : LE BAS INDUS OU LE SINDHE.

Immédiatement au midi du Pendjâb, sans aucune frontière indiquée par la nature, commence le pays du Sindhe, ou, comme les anciens disaient, le *Sindhus*. C'est le pays où coule le fleuve *Sindhuh*, que les Occidentaux ont appelé l'Indus : tous les peuples, excepté les Français, prononcent *Indous*. Nous-mêmes appelons *Hindòus*, et non pas *Hindus*, les habitants de l'Inde ayant conservé l'antique religion de leur terre natale. On nomme *Sindhis* les habitants du Sindhe.

La différence principale entre les deux contrées du haut et du bas Indus est moins annoncée par le territoire, que par les populations. Les Sikhs, très-nombreux dans la région supérieure, n'ont pas propagé leur secte dans le Sindhe. Néanmoins, le roi de Lahore désirait avec ardeur compléter ses conquêtes en descendant jusqu'aux bouches de l'Indus; mais il redoutait avant tout l'opposition de l'Angleterre, et cette opposition, augmentant par degrés, a suffi pour paralyser ses plus ardentes convoitises.

La proportion numérique des musulmans au milieu des Sindhis s'est constamment accrue depuis la première conquête permanente que Mahmoud, sultan de Ghazni, a faite il y a neuf siècles. Ce conquérant, d'une barbarie d'autant plus implacable qu'elle s'appliquait à servir le fanatisme de l'islam, était l'ennemi mortel du brahmanisme, de ses traditions, et, par conséquent, de sa langue sacrée. Aussi remarque-t-on que c'est à partir de ses incursions[1] que le *sanscrit*, la langue pure, n'a plus été le langage populaire de l'Inde occidentale. Le dialecte aujourd'hui parlé sur les bords de l'Indus est un mélange de l'idiome primitif et du persan.

Entre le Sindhe et la Perse il s'est formé successivement le royaume de Ghazni, que nous venons de mentionner, celui de Caboul, à l'est, et celui de Candahar, à l'ouest, États qui se partageaient le vaste pays de l'Afghanistan.

La portion du dernier royaume la plus voisine du Sindhe était le *Biloutchistan*. La population de ce dernier pays a fourni par degrés beaucoup d'émigrants; ils sont venus s'établir sur les deux rives du bas Indus avec leurs chefs, qui portaient le nom persan d'*Émirs* ou d'*Amirs*.

Lorsque le grand empire des Afghans se divisa, les Amirs du Sindhe, étant rapprochés par un même intérêt, formèrent une confédération défensive; elle parut assez puissante pour qu'en 1808, ainsi que nous l'avons rapporté page 577 du précédent volume, les Anglais l'invitassent à faire partie de la quintuple alliance qui devait

[1] Elles remontent à l'année 1000 de notre ère.

s'opposer aux invasions redoutées et qu'on supposait concertées alors entre les Russes et les Français.

Les Biloutchis sont naturellement belliqueux et faits pour supporter les fatigues de la guerre; mis en parallèle avec les races primitives du Sindhe, ils sont d'une espèce supérieure, plus robuste, plus belle et plus courageuse. Une simple vertu les rend de beaucoup supérieurs aux Sikhs : c'est la tempérance, qu'ils possèdent au degré le plus remarquable. En récompense, la nature leur accorde une grande longévité ; ils comptent beaucoup de centenaires et, jusqu'à l'âge le plus avancé, peuvent supporter les fatigues de la guerre. Ils résistent admirablement aux chaleurs tropicales, surtout ceux qui vivent près des forêts et dans les montagnes. On voit ces derniers s'exposer au grand soleil de la zone torride, courant à cheval et la tête à peine couverte; ils supportent au besoin cette chaleur et cette fatigue, sans manger et sans boire, pendant un jour tout entier : aucun natif de l'Inde ne résisterait à pareille épreuve. Répétons-le, c'est surtout à leur admirable sobriété qu'on doit attribuer cette faculté vraiment extraordinaire. Il est regrettable de dire que les Biloutchis qui habitent la plaine, quoique robustes encore, semblent aujourd'hui sensiblement dégénérés de leurs ancêtres des montagnes [1].

Faisons remarquer à l'honneur des populations du Sindhe qu'on n'y trouve aucune race de *parias*, c'est-à-dire de tribus qui soient regardées comme impures en elles-mêmes, et qui, comme telles, soient un objet de mépris général pour le fanatisme brahmanique.

[1] Voyez l'ouvrage assez singulier intitulé *Dry leaves from young Egypt*, Feuilles arides écrites de la jeune Égypte. Voyez aussi les Mémoires de Lutfullah.

Établissement graduel des Anglais dans le bas Indus.

Il faut expliquer suivant quels degrés cauteleux et par quels moyens les Anglais se sont établis dans le bas Indus. En 1758, leur Compagnie des Indes avait obtenu de fonder deux comptoirs, l'un à Tatta, l'autre à Schah-Bandar. Mais leur commerce, à chaque instant compromis par l'anarchie, ne pouvait pas prospérer au milieu des factions qui se disputaient le pouvoir dans les États du Sindhe; en conséquence, ils abandonnèrent d'eux-mêmes les deux établissements que nous venons de mentionner.

En 1808, lorsque le Gouvernement britannique entreprit de former une quintuple alliance avec le Pendjâb, le Caboul, la Perse et les Amirs du Sindhe, il obtint un traité par lequel ces derniers s'engageaient à n'admettre aucun Français dans les troupes de leur pays. En même temps, les Amirs promettaient d'expulser du bas Indus tous les individus de cette nation, militaires ou non, qui pourraient s'y trouver; c'était le moyen jugé le meilleur de n'avoir pas à les craindre. Dix ans plus tard, les Anglais firent prononcer la même expulsion contre les émigrants de toutes les nations occidentales.

L'empire indo-britannique avançant toujours vers l'occident, du côté du nord jusqu'aux sources de la Jumna et du côté du midi sur les bords de l'océan Indien, le bassin de l'Indus se présentait, sinon comme un but immédiat d'ambition conquérante, au moins comme un théâtre préparatoire et très-désirable d'extension commerciale.

Pour la Compagnie des Indes, le premier objet d'ambition était de promener sur ce fleuve son pavillon semi-guerrier, en attendant la circulation de ses marchandises. On commença par demander à la confédération des Amirs la simple permission de remonter avec un navire inoffensif, et n'ayant d'autre mission que de porter des présents au roi de Lahore : c'était, expliquait-on avec bénignité, pour accomplir une mission toute pacifique. Chemin faisant, et sans que personne y prît garde, on explorerait l'Indus; on le sonderait; on ferait récolte de matériaux qui ne seraient pas inutiles dans un prochain avenir. Cette première faveur, après quelques objections, finit par être accordée.

Les Anglais éprouvèrent de nouvelles et graves difficultés pour obtenir sur l'Indus inférieur le libre parcours de leur commerce. Les Amirs annonçaient l'intention de résister; mais la Compagnie leur fit entendre que, s'ils refusaient, elle laisserait au redoutable Rundjit-Singh la liberté, si désirée par lui, de conquérir leur pays, malheur qu'ils redoutaient par-dessus tous les autres. Leur opposition tomba devant cette menace.

En 1838, un troisième pas fut fait par l'ambitieuse Compagnie : elle obtint le droit d'avoir un agent politique, *un Résident,* auprès des Amirs; il vint s'établir dans Haïderabad, chef-lieu de la confédération. Ce fut le sujet d'un traité de paix *et d'amitié perpétuelle*, rédigé par les Anglais dans les termes les plus affectueux et les plus rassurants. A cette époque, ils voulaient porter leurs armes dans l'Afghanistan et rétablir sur le trône de Caboul le prince exilé Schah-Schouja. La Compagnie manifestait le plus vertueux désintéressement; elle se faisait le défenseur chevaleresque d'un monarque asiatique malheureux et persécuté.

En profitant de ce prétexte, qui semblait l'inspiration de la générosité même, on obtint des Amirs la faculté de traverser leur territoire pour pénétrer par le midi dans l'Afghanistan. Afin que l'armée qui venait de la mer pût opérer avec sécurité, elle n'avait besoin, disait-on, que d'un modeste pied-à-terre, d'un simple lieu de dépôt sur les bords du bas Indus; les Amirs en accordent un sans éprouver la moindre méfiance.

Au moment où les Anglais vont faire un nouveau pas et lever enfin ce masque de bienveillance, si longtemps et si bien porté, nous sommes heureux de trouver un témoin oculaire parfaitement désintéressé: c'est l'honnête et spirituel Lutfullah, né dans le centre de l'Inde.

Au mois de décembre 1838, deux nobles cœurs, deux amis, quoique de races et de croyances différentes, le musulman Lutfullah et le chrétien Williams-Joseph Eastwick, arrivaient dans le Sindhe; celui-ci comme agent diplomatique aux ordres de sir Henry Pottinger, celui-là comme simple *munschi*, secrétaire interprète. En 1855, le dernier a publié, sous forme d'*auto-biographie*, des mémoires précieux pour le nombre des faits, bien observés et bien décrits, qu'il a recueillis et présentés avec une parfaite probité.

Pendant que les deux amis remontent le fleuve, Lutfullah, linguiste, qui comprend déjà le sindhi, entend les marins du pays qui se disent entre eux : « Ah! que nos chefs d'Haïderabad sont coupables quand ils s'allient de si près avec les Anglais! *Ces omnivores enragés* ont déjà pris toute l'Inde; vous verrez qu'ils prendront aussi notre pays. » Le bon Lutfullah n'admet pas qu'on puisse mettre en soupçon ses excellents protecteurs; il s'évertue à les justifier. « Les Anglais, dit-il aux mariniers de l'Indus, si vous ne les y contraignez pas, ne voudront jamais d'une contrée misérable comme la vôtre, qui ne produit guère que du riz et le poisson de votre fleuve : eux qui possèdent de si grands et de si riches territoires! Ils sont vos meilleurs amis; et leur armée, qui passe en ce moment à travers votre pays, n'est destinée qu'à le protéger contre les entreprises des Afghans. » Un prochain avenir devait tristement démentir ces bénévoles assurances.

Quelques jours plus tard, sir Henry Pottinger charge Lutfullah, lequel avait si bien parlé, de traduire en persan [1] le nouveau traité d'amitié, *toujours perpétuelle,* qu'il se propose d'infliger aux imprudents et confiants Amirs.

Le 15 janvier 1839, pour porter à ceux-ci le triste projet d'alliance, on envoie l'agent politique Eastwick, accompagné de son secrétaire interprète; un simple capitaine, qui s'illustrera plus tard dans la guerre contre les Persans, Outram, se joint à leur ambassade. Ils sont admis, dans Haïderabad, au durbar tenu pour les recevoir par les chefs de la confédération; rien n'est plus curieux que la scène qui s'offre alors à leurs regards.

« Autour des Amirs se pressait un cercle si nombreux et si serré de Biloutchis et de Sindhis, munis de leurs armes, qu'on pouvait à peine fendre cette foule. Quatre chefs siégeaient sur une estrade, représentant une espèce de trône d'apparat; les envoyés anglais s'assirent en face d'eux sur de simpes chaises: le reste de l'assemblée était accroupi, pêle-mêle, sur un vaste tapis. Rien ici ne rappelait le décorum et le respect observés avec tant de scrupule dans les cours de l'Hindoustan. Les soldats indigènes se plaçaient où ils voulaient, disons plutôt qu'ils se plaçaient où ils pouvaient. Tout en se disputant à haute voix, ils lançaient sur nous des regards menaçants, comme si nous eussions été les meurtriers de leurs pères.

« Quand on eut échangé les compliments d'usage, le chargé d'affaires Eastwick se hâta, dit le naïf interprète, d'administrer aux Amirs *la pilule amère* de la diplomatie anglaise. Il leur lut ma traduction avec un accent persan

[1] Chez les Sindhis, de même que dans le reste de l'Inde, le persan est la langue diplomatique, comme le français l'est dans les États européens.

des plus parfaits, et les chefs l'écoutèrent avec un grand empire sur eux-mêmes. Cependant, des symptômes de mécontentement assombrissaient la figure du Président des Amirs, Nur-Mohammed: on le voyait, changeant de couleur, passer du rouge le plus intense à la pâleur la plus sépulcrale. Les guerriers biloutchis, que rien ne retenait, s'agitaient en tumulte; un mot, un signe, auraient suffi pour que ces barbares missent fin à notre ambassade. Ils brandissaient sur nos têtes leurs sabres nus, comme font les bourreaux qui s'apprêtent à remplir leur office.

« Le plus brave entre tous les chefs (celui qu'on pouvait comparer au Mourad-Bey des Mamelouks, en lutte avec les Français), se tournant vers ses collègues, s'écrie en langue biloutchie : « Maudit soit celui qui se fie aux promesses des *Feringhis*[1] ! » Ensuite il s'adresse avec sang-froid aux envoyés britanniques et leur dit en persan : « Vos traités, je le vois, sont toujours transformables au gré de votre bon plaisir et de vos intérêts; c'est votre manière d'agir avec vos amis et vos bienfaiteurs. Vous avez demandé pour votre armée un libre passage à travers notre pays; nous l'avons accordé sans hésiter, parce que nous comptions sur votre affection et sur la loyauté de votre parole. Si nous avions pu supposer qu'une fois vos troupes débarquées chez nous, vous en profiteriez, d'abord pour attenter à notre indépendance, puis pour exiger, par le traité que vous voulez nous imposer, *un tribut perpétuel, sans compter sept millions et demi que vous nous commandez d'apporter sur-le-champ, afin de payer vos soldats*..., si nous avions su tout cela, nous aurions pris les mesures que la dignité, l'intérêt et la sûreté de notre patrie auraient exigées de nous. Pensez-vous que la peur puisse nous

[1] C'est le nom que, dans l'Inde, on donne aux Européens.

atteindre? Vous parlez à des guerriers biloutchis et non pas à des trafiquants que vous puissiez aisément effrayer. Dans tous les cas, nous ne sommes point seuls à gouverner cette contrée que nos ancêtres ont conquise, et les intérêts de toutes les tribus sont liés avec les nôtres. »

Le diplomate anglais répondit, non sans quelque embarras : « Mon gouvernement ne veut en rien nuire à Vos Altesses. Au milieu des temps difficiles, c'est un devoir *aux amis* de s'entr'aider, et la campagne entreprise en commun contre les Afghans n'a pas pour seul objet d'assurer notre sécurité dans l'Inde; son succès garantira la tranquillité future de vos propres territoires. »

Le président des Amirs, soupirant d'abord, puis souriant avec amertume, répliqua : « Je désire peser et connaître toute la portée de ce mot d'*amis* que vous venez de prononcer. Nous ne pouvons rien décider sans consulter des confédérés dont nous ne saurions sacrifier les intérêts et qui ne sont pas sous notre dépendance: tout est fini pour aujourd'hui. »

Les envoyés se retirèrent. Mais cette fois, pour honorer le départ d'une ambassade soi-disant amie, l'hospitalité de l'Orient, justement blessée, ne nous présenta, dit avec regret l'Asiatique Lutfullah, ni l'eau de rose ni l'*attar*, plus précieux encore.

Il fallut quinze jours avant que les infortunés Amirs, hors d'état de résister, se résignassent à subir le joug et consentissent aux extorsions qui leur étaient imposées par une semblable surprise.

Les pauvres alliés ainsi mis à contribution, l'armée part, le cœur gonflé de superbes espérances; mais la Providence équitable lui réserve la plus désastreuse de toutes les invasions. Les régiments anglais remontent quelque temps l'Indus, franchissent la plaine occidentale, et bientôt ils pénètrent dans les montagnes de l'Afghanistan, qui doivent être le tombeau de presque tous ces agresseurs.

Pour faire connaître jusqu'où peut aller l'esprit hautain de la race conquérante, Lutfullah rend compte d'une audience accordée par le général en chef, sir Henry Fane, au nawab biloutchi qui vient ratifier le funeste traité. Cet ambassadeur et le général exceptés, personne dans l'audience de réception ne fut honoré d'un siége. « Jamais, observe l'interprète, les gouverneurs généraux, dans leurs durbars les plus solennels, n'avaient témoigné si peu de considération pour des gentilshommes, qu'ils fussent de race ou blanche, ou brune, ou jaune. » Lutfullah se tenait derrière l'agent diplomatique Eastwick, afin d'expliquer les phrases persanes de celui-ci qui pourraient ne pas paraître assez claires au seigneur biloutchi. Le général, révolté qu'un indigène osât prononcer un mot devant lui, l'apostrophe avec rudesse; Eastwick, aussitôt, explique et justifie la mission de son interprète. Ce dernier, longtemps après et pour toute vengeance, écrit avec urbanité dans son auto-biographie : « Sir Henry Fane était beau; il était bien fait; il était intelligent. Cependant, quoiqu'il eût atteint l'âge mûr, il semblait n'avoir jamais pris une leçon de politesse. » Après la signature et l'échange du traité, l'ambassadeur manifeste le désir de prolonger un peu l'entretien; mais le hautain sir Henry Fane se lève avec brusquerie et le renvoie.

Je rapporte ces faits, légers en apparence, afin que le lecteur arrive à comprendre comment les Anglais, malgré les qualités supérieures qui les font admirer et craindre en Asie, ne parviennent pas à s'y faire aimer, et comment il se fait que les natifs de l'Inde, s'ils le pouvaient, injustes à coup sûr, les égorgeraient tous ou pour mieux dire presque tous. Cette conséquence peut sembler étrange; mais il est bon de l'indiquer, afin que rien ne puisse étonner dans l'avenir.

L'armée partie, le chargé d'affaires Eastwick et son interprète restent sur les bords de l'Indus, afin de veiller aux approvisionnements. Les personnes qui se figurent que les expéditions militaires des Indo-Bretons sont toujours aussi prudemment préparées et profondément calculées que si le prévoyant et sage Wellington les dirigeait, ces personnes ingénues pourront méditer sur les faits suivants : « On recueillait, dit le fidèle interprète de l'agent diplomatique Eastwick, les fruits amers de la mauvaise direction donnée à toutes les branches de l'administration militaire. Sir Alexandre Burnes, le prédécesseur de sir Henry. Pottinger, comme chef politique, avait dépensé des sommes énormes pour remédier au désordre, mais sans le moindre résultat. Aussi ne se passait-il pas de jour, et presque pas d'heure, sans que nous reçussions quelque nouvelle funeste : tantôt c'était la perte d'une foule de serviteurs attachés à l'armée, et de bêtes de charge mortes de soif dans le désert; tantôt c'était la surprise de soldats tués ou blessés dans un guet-apens, et de chameaux enlevés par les voleurs biloutchis. Nous eûmes à nous transporter jusqu'à Sakkar, en traversant une épaisse et longue forêt. Certes, alors, nous ne pouvions nous égarer; car des centaines de chameaux, les uns égorgés, les autres morts de fatigue, jalonnaient les deux côtés et le milieu de notre route. »

En résumé, cinq années plus tard, les pauvres Amirs, pour prix de leurs sacrifices, ont perdu les derniers restes de leur indépendance : nous expliquerons en quelques mots ce dernier degré de leurs infortunes, quand nous parlerons d'Haïderabad, la capitale du Sindhe. Passons maintenant à la description du pays et de ses ressources.

6.

TERRITOIRE ET POPULATION DU SINDHE.

COLLECTORATS.	TERRITOIRE.	POPULATION.	HABITANTS par MILLE HECTARES.
	hectares.	habitants.	
Schikarpour....................	3,542,861	693,259	195
Haiderabad.....................	6,930,840	703,296	101
Karrachie......................	5,998,440	372,182	62
Totaux............	16,472,141	1,768,737	107

Présentons une remarque au sujet de ce tableau. A mesure qu'on descend l'Indus, la population devient plus clair-semée, et lorsqu'on approche de la mer le pays est presque désert. Ce n'est pas seulement dans la plaine inférieure, au-dessous du confluent des Cinq Rivières, que cette diminution graduelle est remarquable. Le tableau suivant met en lumière un tel résultat, si différent de celui qu'on observe en étudiant le cours du Nil et celui de la plupart des grands fleuves.

Diminution progressive de la population en descendant l'Indus.

	Habit. par mille hect.
Pendjâb supérieur : Sutledge, Pendjâb britannique et Peschawer..........................	812
Pendjâb inférieur : Leïa et Moultan...........	263
Indus intermédiaire : { Sindhe supérieur.......	196
Indus intermédiaire : { Sindhe moyen.........	101
Bouches de l'Indus : Sindhe inférieur, delta.....	62
Bassin réuni de l'Indus et du Sutledge (Britann.).	419

En voyant l'excessive inégalité sur laquelle nous appelons l'attention du lecteur, on serait tenté de l'attribuer à la différente fécondité des terres dans cette grande étendue d'un bassin qui n'a pas moins de 350 lieues de longueur, en ligne directe mesurée du nord au midi. Suivant le savant géographe James Rennel, on ne peut pas accepter cette opinion. La partie basse de la province du Sindhe, dit-il, est composée d'une excellente terre végétale et forme un large delta, tandis que sa partie supérieure est étroite et bornée à l'occident par une chaîne de montagnes, à l'orient par un désert de sable. Or ce delta, dont la terre est excellente, est précisément la partie du Sindhe qui ne présente par hectare que soixante-deux habitants : vingt fois moins que les provinces de Lahore, de Jallender et du Cis-Sutledge.

C'est à l'industrie, secondée par les sciences, qu'il appartient ici de lutter avec la nature. Il faut que l'on s'empare des eaux de l'Indus et de ses affluents; il faut, par de grands travaux d'art, répandre ces eaux sur les bonnes terres et rendre fécondes celles même qui ne présentent aujourd'hui que des arbrisseaux rares et rabougris, au milieu de vastes solitudes. On a fait de louables tentatives pour approcher de ce but, et le succès les a déjà récompensées; nous reviendrons bientôt sur ce sujet.

Climat de l'Indus inférieur ou du Sindhe.

On éprouve dans le Sindhe une extrême inégalité de température. En décembre et janvier, quoiqu'on ne soit qu'à deux ou trois degrés de la zone torride, chaque nuit, sous la tente ou dans les cabanes, l'eau gèle dans les vases qui la contiennent.

Les mêmes personnes, transies de froid à la fin de janvier, éprouvaient au printemps une tout autre température. Aux environs de Schikarpour, dès le mois d'avril, quoique à l'abri dans une habitation au bord de l'Indus inférieur, elles étaient accablées pendant le jour par une chaleur de 43 degrés centigrades; et, durant les six premières heures qui succèdent à minuit, le thermomètre ne descendait pas au-dessous de 32 degrés. Ces six heures expirées, dit le voyageur que nous citons, nous pouvions nous croire placés devant un des soupiraux de la fournaise éternelle. Au milieu du même mois d'avril, qui dans le centre de l'Europe commence à peine le printemps, lorsque des officiers anglais d'une robuste constitution osaient entreprendre de voyager pendant un jour, souvent le lendemain nous apprenions leur mort subite.

Il est évident qu'avec de pareilles inégalités de température, bien peu de végétaux utiles à l'homme peuvent être acclimatés, et bien peu de tempéraments, même chez les natifs, peuvent résister à ces épreuves si soudaines et si contraires. La santé du voyageur y résiste encore moins, et les deux personnages que jusqu'ici nous avons suivis pas à pas en sont pour nous une démonstration.

Lorsque vient le mois de septembre, la fièvre pernicieuse s'empare de Lutfullah, tout Indien qu'il était; le capitaine Eastwick soigne son ami comme un frère et lui sauve la vie. Trois mois après, c'est le tour de l'Anglais, et Lutfullah, qui lui rend dévouement pour dévouement, le sauve à son tour. Bientôt ils descendent l'Indus et quittent le Sindhe; mais l'Indien reste si faible, qu'il devient incapable d'aucun service actif et se voit contraint de prendre un congé pour retourner dans son pays natal.

Autant j'éprouvais de peine à rapporter des traits d'orgueil et de tyrannie, autant j'éprouve de bonheur à montrer la bonté de cœur et l'humanité de l'officier anglais

Eastwick : c'est ce qui me fait publier ici un certificat qui peint à la fois deux nobles âmes.

Mon secrétaire interprète Lutfullah-Khan me quitte pour aller passer trois mois au sein de sa famille. Au milieu de tant d'éventualités, qui sait s'il pourra revenir! C'est pourquoi je lui veux exprimer ma profonde gratitude pour ses bons services et le haut prix que j'attache à sa société comme un ami, à ses leçons comme un maître. Onze années m'ont fourni les occasions les plus favorables d'étudier son caractère. Je puis l'affirmer en toute confiance, parmi les natifs de l'Inde, j'ai rarement rencontré son égal et jamais son supérieur pour la générosité des sentiments, l'élévation des pensées, la noblesse de la conduite. Nul ne le surpasse en désir ardent d'accroître son savoir, et de marcher vers ce but avec une persévérance infatigable. La différence radicale entre l'éducation des Européens et celle des Asiatiques admise comme elle doit l'être, il peut soutenir le parallèle avec le meilleur de mes propres compatriotes. Jamais je n'oublierai les obligations que j'ai contractées envers lui; et tant qu'il conservera son caractère, mon bonheur sera de le compter parmi mes amis les plus chers. Puissent la santé, les succès et la prospérité accompagner partout ses pas! tel est le vœu de son ami le plus affectionné. W. J. EASTWICK.

M. W. J. Eastwick, en suivant sa noble carrière, était devenu vice-président de la Cour des Directeurs de la Compagnie des Indes. Lorsque cette Cour a perdu le pouvoir, le Gouvernement l'a placé dans le Conseil supérieur qui siége aujourd'hui près du ministre aux soins duquel est confié le sort de cent quatre-vingts millions d'Asiatiques : il a porté dans ce Conseil sa généreuse sympathie pour une des plus nombreuses et des plus belles parties du genre humain.

Nous saisissons cette occasion de payer à son frère, M. Édouard Eastwick, un autre tribut de reconnaissance. Sous le modeste titre de Manuel, *Hand-book*, il a publié pour les deux Présidences de Madras et de Bombay l'itinéraire le plus érudit et le plus consciencieux. Nous avons suivi l'exemple des voyageurs qui sont jaloux de bien connaître l'état présent de ces contrées, son livre a guidé nos pas; il contient en termes concis des notions aussi variées que précieuses. On doit remercier de cette publication M. John Murray, le célèbre éditeur du *Quarterly Review* et d'un grand nombre d'excellents ouvrages.

Passons à l'examen des trois collectorats qui comprennent la province du Sindhe.

I. — *Ville et collectorat de Schikarpour.*

Situation géographique approximative : latitude, 27° 36'; longitude, 66° 58', à l'est de Paris.

Schikarpour se trouve à 24 kilomètres de l'Indus, du côté de l'occident, et ne compte pas moins de soixante mille habitants; elle est la ville du Sindhe la plus avancée vers le nord-ouest, à proximité des défilés les moins difficiles quand on veut pénétrer au cœur de l'Afghanistan. Cette heureuse position l'a rendue le marché le plus considérable pour les pays situés au couchant de l'Indus.

Son commerce est vivifié par un grand nombre de banquiers indigènes; de Schikarpour, comme d'un centre, ils envoient leurs facteurs établir des comptoirs dans toutes les villes importantes du pays des Afghans et même dans les pays plus éloignés du Turkestan. L'historien Mountstuart Elphinstone, en rapportant ce fait, ajoute qu'ils n'osent pas se rendre avec leurs femmes et leurs enfants dans ces contrées à moitié barbares, au milieu desquelles ils entretiennent pourtant une activité salutaire.

Pour donner une idée de la richesse qui résulte d'un tel commerce, on citait en 1839 un des principaux banquiers de Schikarpour. Il prêtait sur gages et montrait, parmi ses dépôts dignes d'être remarqués, une paire de boucles d'oreilles en émeraudes merveilleuses de beauté; il l'estimait 50,000 francs, et n'avait pas hésité, en la retenant par-devers lui, de prêter 45,000 francs. Nous doutons qu'à Paris, et même à Londres, on avançât ainsi les neuf dixièmes de la valeur d'un objet de luxe mis en gage.

C'est par cette ville qu'en 1839 a passé le corps d'armée anglais qui se dirigeait sur Candahar et sur Ghazni, deux cités centrales de l'Afghanistan, en suivant pour trace les voies accoutumées du commerce. Malgré ce passage et les consommations qu'occasionnait une grande expédition, les objets nécessaires à la vie se vendaient à des prix qui paraissaient bas, même aux habitants des parties de l'Inde où la vie coûte le moins cher; mais aujourd'hui les produits du pays ne se vendent plus à vil prix, et c'est un grand bienfait pour l'agriculture indigène. La terre est fertile et passablement cultivée. On remarque avec plaisir que la plantation du coton se développe par degrés; et, depuis 1862, le progrès est considérable. On étend aussi la culture de l'indigo; elle offre à présent des bénéfices qui sont le plus efficace de tous les encouragements.

Sakkar, sur le bord occidental de l'Indus, peut être considéré comme le port de Schikarpour; c'est en face de ce port qu'aboutit la route qui conduit du pays des Radjpoutes à l'Afghanistan.

La fête de la crue des eaux de l'Indus. — Sur un des bras de l'Indus, au mois de mai, les habitants des pays dont Schikarpour est la capitale accourent au bord du fleuve pour célébrer la crue qui porte avec elle la fertilité du pays et les bienfaits du commerce. Alors les habitants s'abandonnent à la joie, et la manifestent par des danses accompagnées de chants, où les voix humaines se marient au son des tambourins.

Travaux futurs importants pour tirer parti des eaux du fleuve.

Le meilleur et le plus sage moyen de fêter les eaux de l'Indus est d'exécuter les travaux propres à les répandre sur de vastes terrains incultes aujourd'hui, et qui, fécondés par elles, nourriront de nouvelles et nombreuses familles. Ces travaux, d'un si grand intérêt pour les populations, offrent d'importants bénéfices aux capitalistes qui voudront les entreprendre.

Dans la grande enquête du Parlement d'Angleterre, accomplie de 1858 à 1860, sur la colonisation de l'Inde, j'ai remarqué deux faits importants : 1° dans le pays du Sindhe, une récente canalisation dérivée de l'Indus pour opérer des irrigations a produit, dans la première année de revenu, 58 pour cent d'intérêt sur les frais de construction; 2° le bénéfice moyen des entreprises de ce genre ne s'élève pas à moins de 18, 19 et 20 pour cent. Dans les travaux du même genre que l'Administration entreprend dans le Sindhe, et que nous signalerons, elle est donc assurée de créer des revenus admirablement progressifs.

Ces entreprises permettraient une autre amélioration considérable. Les bois commencent à devenir rares et chers dans le Sindhe; il faudrait garnir les bords des canaux, comme ceux des routes, avec les arbres que réclament à la fois la terre et le climat. Cette grande végétation purifierait l'atmosphère; en même temps, elle serait d'une ressource précieuse, ne fût-ce que pour alléger la consommation des bateaux à vapeur qui naviguent sur l'Indus. De telles plantations seraient plus utiles que celles des parcs de plaisance dont nous aurons bientôt lieu de parler, mais qui prouvent ce qu'on peut faire en arboriculture dans la contrée que nous étudions.

. . . .

Nous venons de parler d'assainissement; il est plus nécessaire ici que partout ailleurs. Jamais le commerce et l'amour du lucre ne reculent devant les périls du climat; ainsi Sakkar et Schikarpour sont fréquentés depuis longtemps, malgré la triste renommée de leur insalubrité. Les Européens ne sauraient y faire une longue résidence sans être atteints de mortelles maladies. Quoique l'insalubrité soit moindre dans les autres parties du Sindhe, les Anglais ne peuvent pas espérer de s'acclimater sur les bords du bas Indus; ils ne peuvent y faire impunément que des séjours d'une longueur assez limitée.

Chemin de fer entre Sakkar et Schikarpour, avec ses prolongements. — Ces deux positions commerciales ont assez d'importance pour que le Gouvernement ait projeté de les réunir par un chemin de fer qui serait prolongé jusqu'au pied des monts de l'Afghanistan, vis-à-vis celui des deux défilés de Bholan ou de Gondava qui présenterait le plus d'avantages. Ce chemin de fer serait un rameau de celui qu'on a dirigé parallèlement à l'Indus et qui doit aboutir au grand port maritime de Karrachie. Depuis la confiscation de ce dernier port par l'Angleterre, d'énormes envois de marchandises et de produits d'agriculture sont opérés, même à dos de chameau, de Schikarpour et de Sakkar. Qu'on juge par là de l'avantage que présenteront l'économie, la sûreté et surtout la rapidité du chemin de fer, même avec des convois à petite vitesse.

Ville de Khaïrpour. — Du côté oriental de l'Indus, en suivant la route transversale qui prend naissance en face de Sakkar, on trouve, à vingt lieues de Schikarpour, la ville de *Khaïrpour*. Là résidait l'Amir qui régissait la contrée d'alentour avant l'usurpation des Anglais. Khaïrpour est grande et bien bâtie; elle est entourée d'un rempart, et le palais qu'habitait l'Amir s'élève au centre de la place.

II. — *Cité et collectorat d'Haïderabad.*

En descendant l'Indus, à quarante lieues au-dessous du port de Sakkar, on arrive à la hauteur d'Haïderabad, ville autrefois la capitale du Sindhe et maintenant simple chef-lieu du collectorat central de cette province.

Situation géographique d'Haïderabad : latitude, 25°; longitude, 66° 21', à l'est de Paris.

Cette cité ne compte pas plus de 25,000 habitants. Sur un rocher qui la domine s'élève une forteresse dont les murailles, bâties en briques et couronnées de créneaux, sont flanquées de tours.

Une position si bien indiquée par la nature avait décidé les Afghans, et plus tard les Amirs, à faire de cette place le centre de leur puissance collective. C'est là que se tenaient les assemblées des confédérés, jusqu'à la dernière révolution produite par les Anglais. Dans la citadelle s'élevaient les palais de ces chefs militaires et de leurs principaux officiers; aujourd'hui qu'ils ont perdu la puissance politique, aucun d'eux n'y réside, et la plupart des édifices qu'ils avaient érigés ont été détruits par la main des envahisseurs. Ces monuments d'un pouvoir anéanti sont remplacés par un arsenal d'artillerie et par les magasins affectés au service de la guerre. Le Gouvernement européen à fait bâtir aussi de très-vastes casernes, qui n'ont pas coûté moins de 2,500,000 francs.

En 1844 ont commencé les grands changements que nous signalons, et qui sont la conséquence de l'invasion définitive par la puissance britannique. Un général impérieux, arbitraire, sir Charles Napier, cherchait tous les prétextes de forcer les Amirs dans leurs derniers retranchements. Il voulait lasser leur patience, afin que le désespoir les faisant recourir aux armes, il trouvât un prétexte pour confisquer leur pays et placer sa personne arrogante au nombre des conquérants.

Les Amirs s'étaient réunis dans Haïderabad, afin d'aviser à leurs moyens de salut, tandis que sir Charles Napier, brûlant de prendre l'offensive, réunissait les forces dont il pouvait disposer. Sur ces entrefaites, les Amirs signaient le traité qui leur garantissait du moins la vie politique; aussitôt, le major Outram, homme d'une parfaite loyauté, s'efforça de faire valoir la signature qu'il venait d'échanger au nom de l'honneur britannique. Il réclama vivement pour empêcher les hostilités; mais l'ambitieux Napier, dédaignant cet appel à la bonne foi, marcha pour assaillir Haïderabad. Les Amirs, irrités d'un pareil mépris du droit des gens, attaquèrent avec intrépidité les forces anglaises dans la plaine située entre l'Indus et la rivière Foullalie.

Les Anglais ne comptaient pas dans leurs rangs beaucoup plus de 3,000 hommes, et les Amirs en comptaient, dit-on, près de 20,000. Ces derniers ne possédaient ni l'expérience ni l'instruction si remarquables chez les Sikhs. Leur artillerie, mal montée, mal servie, était d'un très-faible calibre, et leur mousqueterie valait encore moins que leurs canons. Ils possédaient la bravoure individuelle; mais ils n'avaient pas acquis par la discipline, le sang-froid, l'ensemble et la confiance mutuelle, qui font la force collective et qui donnent la victoire.

Lorsqu'on lit dans les auteurs anglais la description de la bataille de Myani, dont nous parlons, et qui parut si disputée, lorsqu'on voit en même temps le grand nombre de luttes partielles qu'elle présente, on en conclut que des deux côtés les pertes durent être énormes. Cependant le résultat de ce combat acharné fut que les Anglais, pour tout dommage, eurent quatre-vingt-quatorze blessés et seulement *soixante-deux tués.* Disons en l'honneur du courage des Biloutchis que, s'ils ont fait si peu de mal à leurs ennemis, on ne doit l'attribuer qu'à l'usage imparfait de leurs mauvaises armes. Ils ont eu de leur côté près de trois mille blessés et *huit cents hommes frappés mortellement;* ce triste résultat montre du moins qu'ils savaient affronter et recevoir noblement la mort.

Les Anglais célèbrent la victoire de Myani comme un éclatant témoignage de leur bravoure. Loin de nous de contester la vaillance qu'ils déploient en toute circonstance. Leur mépris du péril est incontestable; mais ce n'est pas dans une action où le vainqueur perd seulement un homme sur cinquante, qu'on peut célébrer la grandeur des dangers affrontés et la célébrité qu'elle mérite.

Un dernier combat fut livré par le *désespoir* auprès d'Haïderabad, à Dabba. S'il ne fut pas plus meurtrier pour les Anglais, il le fut beaucoup plus pour les infortunés Biloutchis; ce désastre acheva de briser leur résistance.

Après deux épreuves fatales, les chefs des Biloutchis et des Sindhis se rendent à discrétion. Aussitôt le général Napier pénètre dans leur capitale et s'empare injustement de leurs possessions urbaines; il n'excepte pas même les palais de deux Amirs qu'il honorait du nom d'amis, et qui n'avaient pris aucune part à la lutte armée. En définitive, la famille régnante des Talpours est entièrement dépouillée de tous ses biens; à l'égard de ses princes, les uns sont envoyés dans les prisons de l'Inde, et d'autres laissés en proie à la misère dans la contrée où naguère ils vivaient en souverains.

Détournons nos regards de ces scènes désolantes et qui révoltent les amis du droit des nations. Étudions la ville aujourd'hui déchue; elle n'est plus que le chef-lieu d'un simple collectorat.

Au lieu d'essayer de rectifier et d'élargir les places et les rues du vieil Haïderabad, on a mieux aimé construire d'autres quartiers; ils forment, pour ainsi dire, une cité nouvelle, avec de nouveaux édifices publics, des emplacements réguliers pour les marchés, des écoles, etc.

Non loin de ces constructions, on admire encore les tombeaux des *Talpours*, surpassés par celui de *Ghulam Schah Kalkhora.* Ce dernier monument a beaucoup d'élégance. Son dôme, très-élevé, laisse pénétrer à l'intérieur une douce lumière; elle filtre, pour ainsi dire, à travers les fines découpures des grandes tables de marbre qui tiennent lieu de nos vitraux. Le sarcophage est admiré pour sa sculpture, et les murs du mausolée sont décorés de peintures à fresque.

Le temps a déjà produit de tristes ravages sur des édifices que le climat détruit avec tant de rapidité. L'ami des arts doit remercier le Gouvernement britannique d'avoir alloué quelques sommes pour arracher à la ruine des constructions intéressantes à la fois pour l'architecture et pour l'histoire.

Navigation : Kotrie, arsenal et port d'Haïderabad.

A trois kilomètres d'Haïderabad, sur la rive occidentale de l'Indus, le fleuve présente le spacieux et bon mouillage de Kotrie, qui peut être considéré comme le port de cette ville. Sur le littoral se déploie un vaste arsenal de constructions et de radoubs. Le fleuve en face de cet arsenal est le *rendez-vous* de la flottille à vapeur consacrée au transport des voyageurs; elle compte déjà huit navires pour les passagers et d'autres qui sont affectés au remorquage. L'arsenal et la flottille sont placés sous l'autorité d'un capitaine de vaisseau.

Arts cultivés dans Haïderabad.

Une cité choisie pour le séjour des principaux Amirs, qui possédaient de grandes richesses, devait naturellement exceller dans les arts que favorise l'opulence.

Les artistes d'Haïderabad ont acquis de la renommée dans l'art de travailler l'or et l'argent, pour en réduire les fils en tissus et pour les orner par la broderie, ainsi que diverses soieries[1]. On remarquait leur habileté dans la fabrication des émaux; ils émaillaient avec art les métaux précieux, afin d'en varier les couleurs et les reflets. Ils s'appliquaient avec succès à la fabrication des armes de luxe, et l'on estimait les lames de sabres et de poignards pour lesquelles ils employaient le *voutz*, l'acier célèbre de l'Inde. Les artistes d'Haïderabad le disputaient aux meilleurs ouvriers de la Perse et de Delhi pour la ciselure sur métaux et sur pierres précieuses; ils s'adonnaient avec succès à la gravure des cachets et des sceaux, en figurant les chiffres compliqués que fournit la calligraphie des caractères arabes et persans. Le vernis du Japon, si propre à recouvrir les meubles de luxe, était aussi mis en œuvre par eux.

Il ne faut donc pas s'étonner si les produits de la capitale du Sindhe ont été justement appréciés et récompensés aux Expositions universelles; ils ont obtenu des distinctions, méritées à coup sûr, puisqu'elles n'étaient sollicitées par aucun patronage.

Les parcs et les chasses des Amirs.

A des distances plus ou moins rapprochées de leur

[1] Ces produits figuraient avec honneur dans les Expositions universelles de Londres et même de Paris.

capitale, les Amirs avaient eu soin de créer des parcs, où croissaient de beaux arbres. Leurs plantations avaient tant d'étendue qu'on pouvait les appeler des forêts; elles étaient entourées de parfaites clôtures qui renfermaient un gibier aussi nombreux que varié. Ils se réservaient ainsi des chasses vraiment royales.

Dans la bataille de Myani, livrée à quelques kilomètres de la ville, les murs de ces parcs semblaient servir de remparts aux Biloutchis pour se défendre contre les Anglais; mais quelques coups de canon, quoique d'un faible calibre, suffisaient pour y pratiquer de larges brèches.

Canaux et ponts.

Les Anglais font de louables efforts pour améliorer les communications du Sindhe par des ponts, des routes et des canaux. Ils ont construit sur la rivière Foullalie, qui coule au pied d'Haïderabad, un pont de cinq arches remarquable par son élégance, et qui me paraît copié sur un de ceux qu'on doit à notre célèbre Peyronnet : celui de Pont-Sainte-Maxence.

On a commencé dans le district d'Haïderabad un premier canal d'irrigation; il n'aura pas moins de trente-six lieues de parcours. En 1859, une partie longue de dix lieues était déjà terminée et prête à recevoir les hautes eaux de l'Indus. Ces eaux, outre l'irrigation des terres, fournissent aux besoins domestiques des habitants d'un territoire naturellement aride.

On doit exécuter encore un nouveau canal d'Haïderabad afin d'aller jusqu'à l'Indus, en face du port de Kotrie. La dépense est évaluée à 7 millions de francs.

Un projet général de canalisation, composé par le capitaine Fife, est vivement recommandé par les autorités supérieures de la province; il finira par être adopté.

Ville d'Amercot.

A trente et quelques lieues d'Haïderabad, sur la même latitude, et dans le grand désert qui sépare le Sindhe et le pays des Radjpoutes, on trouve la ville d'Amercot. En 1803, les Amirs en avaient fait la conquête; quarante ans après, les Anglais s'en sont emparés. Elle est fortifiée et de peu d'étendue, mais justement célèbre comme le lieu de la naissance d'Akbar, l'un des plus illustres souverains issus de Tamerlan. C'est là qu'en 1542, un prince radjpoute accueillit généreusement l'empereur Houmayoun, persécuté par des sujets rebelles; quelques mois plus tard, l'impératrice y donnait le jour au grand Akbar.

III. — *Delta de l'Indus, ville et port de Tatta; collectorat de Karrachie.*

Si nous descendons l'Indus à partir de Kotrie, port d'Haïderabad, après avoir parcouru vingt-cinq à vingt-huit lieues, nous arrivons à Tatta, sur la rive droite du fleuve. On croit que cette ville est l'antique Pattala, d'où partit Alexandre pour quitter l'Inde et revenir à Babylone.

Situation géographique de Tatta : latitude, 24° 44'; longitude, 65° 53', à l'est de Paris.

L'emplacement de cette ville est très-remarquable; elle occupe au sommet du delta de l'Indus une position comparable à celle du Caire par rapport au delta du Nil. Dans les beaux temps de sa splendeur, Tatta, capitale du Sindhe, possédait, assure-t-on, quatre cent mille âmes et quatre cents mosquées. Au XVIIe siècle, sa population était encore très-considérable; mais le siècle suivant a vu diminuer le nombre des habitants et la prospérité qu'il représente. Cette décadence a suivi surtout l'invasion de Nadir Schah, qui se fit céder le Sindhe par le Grand Mogol; ensuite, la ville passa sous la puissance des rois de Candahar. Alors les mahométans persécutèrent le culte brahmanique, et les Hindous émigrèrent en grand nombre; ils furent très-incomplétement remplacés par quelques Afghans et des Biloutchis.

Quand les Amirs sont devenus les maîtres du Sindhe, ils ont détourné leurs regards de la mer, dédaigné Tatta et transféré leur capitale sur le rocher d'Haïderabad.

Lorsqu'on parcourt la ville de Tatta, on est frappé de sa décadence et de son aspect misérable. Croira-t-on qu'en 1838 on y comptait au delà de dix mille maisons abandonnées et plus ou moins en ruine? Le peu d'industrie qu'ont les habitants ne peut pas parvenir à leur donner la richesse. Ils fabriquent pourtant de longues écharpes en soie; ils font aussi des couvertures de laine plus estimées que celles qui sont fabriquées dans le Sindhe supérieur.

Auprès de Tatta, l'argile est excellente; on s'en sert pour fabriquer des briques solides et de la poterie renommée pour sa bonté. La plupart des maisons n'en sont pas moins bâties comme des chaumières, avec de la terre gâchée et de menus branchages.

C'est à la navigation de l'Indus que Tatta devait jadis sa richesse et sa grandeur. Avec des barques portant une cargaison de deux cents tonneaux on pouvait, lentement il est vrai, remonter jusqu'à Lahore, en franchissant une distance directe de deux cents lieues, très-allongée par les sinuosités du fleuve.

L'Angleterre a d'autres vues et d'autres principes commerciaux que les gouvernements hindous et musulmans. C'est au bord de la mer, à quinze ou seize lieues des bouches de l'Indus, à Karrachie, qu'elle est allée chercher un point d'aboutissement au parcours du fleuve, point dont elle a fait le centre des communications qui doivent s'opérer entre ce fleuve et l'univers.

Actuellement la navigation de l'Indus est difficile, et misérable surtout en traversant le delta. Un seul bras, celui du couchant, peut être parcouru dans toute son étendue, non par des navires, mais par des bateaux plats.

Depuis un tiers de siècle, le bras oriental est obstrué; les eaux ne peuvent plus suivre cette voie pour aller à la mer. Les Anglais s'occupent d'un projet qui rétablirait complétement la jonction du bras appelé *Narra* depuis l'Indus, au-dessus de Sakkar, jusqu'au canal qui sépare le delta et l'île de Katch, chenal que les Anglais appellent le courant, *le Run de Katch*. Ce travail rendrait possible l'irrigation d'un territoire très-fertile et très-étendu, mais que son aridité prive aujourd'hui de culture.

Chemin de fer au-dessous et au-dessus de Tatta.

Les Anglais doivent avoir actuellement terminé le chemin de fer dirigé de Tatta sur Karrachie : chemin que l'on peut comparer à celui qui joint, en Égypte, Alexandrie au Caire et le Caire à Suez.

La distance en ligne droite de Karrachie à Tatta n'est pas moindre de vingt-cinq lieues, ou cent kilomètres. En transportant même les marchandises par la petite vitesse, quatre heures suffiront pour le trajet, et les voyageurs franchiront au besoin cette distance en deux heures.

Si les Anglais continuent leurs travaux avec la constance et l'activité qui les caractérisent, on peut calculer qu'avant trois ou quatre ans ils auront complété la longue ligne de chemin de fer qui, partant de Karrachie, remontera par Tatta, par Sakkar, par Moultan, jusqu'à Lahore et Amritsir.

C'est alors qu'ils pourront faire un puissant appel aux riverains de l'Indus, afin de cultiver le coton avec un grand développement; mais ils devront, pour cela, multiplier les canaux d'irrigation, sur l'importance desquels on ne saurait trop insister. Au moment où je parle, on est à l'œuvre.

Ville et port de Karrachie.

Voici la plus récente et l'une des plus remarquables créations des Anglais dans les mers de l'Inde. Ils ont fait pour la vallée du Sindhe ce qu'Alexandre le Grand avait fait pour l'Égypte en cherchant un port maritime sûr et commode à proximité des bouches du Nil; ils l'ont trouvé dans la vaste baie qui s'étend du bras le plus occidental du fleuve jusqu'au cap Monze, appelé Ras Mouarrie, dans une étendue de quinze lieues. Montrons tout le parti qu'en a tiré leur génie maritime et commercial.

Le havre ou port de Karrachie est à l'extrémité orientale de la baie. Un rocher forme la tête de la levée qui protége aujourd'hui ce havre du côté de l'occident.

Situation géographique de Karrachie : latitude, 24° 47′ 17″; longitude, 64° 40′ 31″, à l'est de Paris.

Le bras le plus occidental de l'Indus débouche dans la baie, à sept lieues de Karrachie; l'embouchure, qu'on appelle le Pilti, est large, mais obstruée par des bancs de sable.

Une barre considérable obstrue l'entrée du port : la mer ne présente en cet endroit que 2^{m},25 à 2^{m},70 de profondeur. Les Anglais aujourd'hui veulent faire disparaître cette barre, ou, du moins, la repousser assez vers le large pour que des navires du plus fort tonnage puissent entrer dans la rade.

Fort prétendu protecteur de Karrachie. — A l'occident de la rade, on trouve un littoral étroit et sableux, bordé par des rochers presque à pic. Dès 1797, les Sindhis avaient construit un petit fort au delà de ces rochers. En 1839, l'amiral qui recevait en 1815 sur *le Bellérophon* l'empereur Napoléon Ier, Maitland, devenu commandant des mers de l'Inde et monté sur un puissant vaisseau de ligne, écrasa ce fort de ses feux. Aussitôt après, il débarqua pour monter à l'assaut; mais il n'y trouva qu'une garnison de six hommes, qui ne possédaient pas même un canon susceptible de tirer un boulet. L'amiral avait pris, ou voulu prendre, pour un fait de guerre le tir à poudre du signal de paix qu'ils avaient fait. Sur le rapport qu'il rendit de cette action navale, le gouverneur général des Indes déclara que le port de Karrachie *était annexé pour toujours* à l'empire britannique, parce que les Amirs, après la résistance supposée, avaient perdu tout droit à la clémence, à la générosité du Gouvernement[1].

Fortifications récentes. — Même aujourd'hui que les Anglais ont remplacé la protection illusoire de l'ancien fort par une respectable batterie de côte, ils ne croient pas que le port de Karrachie soit à l'abri d'une attaque sérieuse, car voici ce qu'écrivait à ce sujet le gouvernement de Bombay dans le Compte rendu pour 1861-62 : « En 1859, le ministère de l'Inde, à Londres, a repoussé la proposition de fortifier Karrachie; cependant la seule batterie construite à Mouara est insuffisante pour protéger le port. La rade est, d'ailleurs, complétement ouverte; et dans le cas d'une attaque, le cantonnement militaire étant éloigné, le moindre navire de guerre pourrait impunément détruire tous les bâtiments qu'il trouverait au mouillage. » Ce raisonnement est d'une telle évidence

[1] Voy. le récit de M. Ed. Eastwick, ancien agent politique dans le Sindhe, *Itinéraire de la Présidence de Bombay*.

qu'il triomphera tôt ou tard des idées préconçues en Angleterre. Les sacrifices que le ministère a décrétés cette année même pour fortifier Bombay sont un indice de ceux que l'Angleterre fera dans un prochain avenir pour fortifier Karrachie.

Travaux d'amélioration du port de Karrachie.

Déjà les Anglais, par leurs travaux hydrauliques, ont beaucoup amélioré le port, et chaque jour ils le rendent moins imparfait; ils sont encouragés dans leurs dépenses par les beaux progrès d'un commerce dont nous offrirons l'idée dans un moment.

Le grand événement de 1858, dit le Compte officiel du Sindhe pour l'année 1859-60, est le commencement des travaux qui doivent améliorer l'entrée du port de Karrachie. Depuis plusieurs années on admettait que par des chasses bien dirigées on pouvait rompre la barre qui s'étend en avant de ce port, afin qu'en faisant disparaître cet obstacle la profondeur de l'eau fût la même que dans la plus belle partie de la rade[1]. Quand les travaux que nous signalons seront accomplis, Karrachie deviendra l'un des ports les plus importants de l'empire indo-britannique : c'est, en effet, le seul port qui soit convenable pour faire communiquer avec l'Océan le commerce du bassin de l'Indus, commerce déjà si grand et qui s'accroît avec tant de rapidité.

Afin d'opérer en s'éclairant de l'expérience des ingénieurs européens, le Gouvernement a consulté l'ingénieur M. J. Walker, chargé d'exécuter les grands travaux du port de refuge à Douvres. On a publié son rapport, d'après

[1] Aujourd'hui, de basse mer, il n'y a sur la barre que $3^{m},5$ de hauteur d'eau. On espère pouvoir la franchir avec des navires tirant huit mètres.

lequel la dépense doit s'élever à 7,500,000 francs. La mise en exécution de son plan est l'événement remarquable que nous venons d'annoncer.

On s'est occupé, pour améliorer le port même, d'y construire une jetée; on y a fait aussi des bassins pour recevoir et caréner les navires.

Auprès de l'embarcadère est la station du chemin de fer qui conduit de Karrachie à Tatta, Haïderabad, etc.

Dans un temps peu considérable, le chemin, terminé entre Amritsir, Lahore et Moultan, sera continué jusqu'à la ville d'Haïderabad. Il ne restera plus qu'à parfaire avec énergie la principale voie rapide qui part de Calcutta, se déploie dans le Doab et doit être bientôt ouverte jusqu'à Delhi; elle sera continuée afin d'atteindre Lahore et prolongée certainement jusqu'à Peschawer.

Quand ces grandes entreprises seront terminées, le port de Karrachie aura reçu, du côté de l'intérieur, tous les secours qu'il peut espérer de l'art et de la richesse habilement employés par un gouvernement aussi puissant qu'éclairé.

Télégraphie dont Karrachie est un point capital.

Les lignes télégraphiques, infiniment moins dispendieuses que les chemins de fer, établissent les communications de la pensée entre Karrachie et les grandes cités que nous venons de mentionner. Du côté de la mer, un premier câble métallique établit la communication de ce port avec celui d'Aden; ensuite d'Aden, par l'Égypte et le port d'Alexandrie, avec Malte et l'Angleterre.

Les Anglais font des efforts incessants pour réaliser une seconde voie télégraphique, en longeant le golfe Persique, au moyen de plusieurs câbles établis de Karrachie jusqu'à Bassora; on remontera le long de l'Euphrate; on traversera la Syrie en aboutissant à la Méditerranée.

Le premier ministre de la Grande-Bretagne, en haine du canal de Suez, avait caressé la pensée qu'on pourrait avec plus d'avantage ouvrir un autre canal entre les côtes de la Syrie et le fleuve qui vient d'être mentionné. Dans un rapport que nous avons fait sur le canal de Suez à l'Académie des sciences de Paris, nous avons examiné cette grave question. Quand nous serons à Bombay, nous verrons notre opinion confirmée par la déclaration de la Chambre de commerce de ce grand port.

La ville de Karrachie, comme Bombay et Calcutta, est une création complétement britannique. Le cantonnement militaire, suivant l'usage, en est séparé par une certaine distance : cinq kilomètres. La maison même du gouverneur est isolée de la cité, qui s'accroît avec une merveilleuse rapidité.

Dès 1850, une agglomération d'humbles demeures qu'on pouvait à peine, dix années auparavant, appeler un bourg, comptait déjà vingt-cinq mille habitants; nous lui prédisons de bien plus grands progrès.

Les besoins du commerce et les travaux du chemin de fer ont attiré beaucoup de robustes Biloutchis, et l'appât du gain les retiendra sans doute; il sera facile de former ce peuple à la pratique de beaucoup d'industries européennes.

Belle entreprise de canalisation par un Biloutchi, près de Karrachie.

Pour montrer ce que peuvent les individus les plus éclairés de la race biloutchie, nous citerons un des leurs qui, dès 1860, dépensait un quart de million de francs pour de vastes travaux d'irrigation sur les bords d'une rivière voisine de Karrachie; il profitait d'une concession que le Gouvernement anglais s'était empressé de lui faire aux conditions les plus avantageuses. C'est probablement un des hommes adonnés aux progrès de l'agriculture qui, dans ces derniers temps, ont fait prendre à la *culture du coton*, dans les environs de Karrachie, un essor considérable. Le comité qui représente l'association de Manchester a dernièrement signalé ce progrès récent et digne d'éloge.

Commerce de Karrachie.

Dans le Compte rendu sur la situation officielle de l'Inde en 1859-60, je trouve un état important, mais qui pourrait induire en erreur les lecteurs inattentifs. Il présente comme *des tonnes*, de 1016 kilogrammes, les importations et les exportations, qui sont en réalité *des roupies* de 2 fr. 50 cent. Cette erreur incroyable étant corrigée et les roupies réduites en francs, nous avons dressé le tableau suivant, qui peut servir à faire connaître les proportions du commerce de Karrachie avec les diverses contrées de l'ancien monde et du nouveau :

VALEURS DU COMMERCE DE KARRACHIE : ANNÉE 1858-59.

NATIONS OU LOCALITÉS.	IMPORTATIONS.	EXPORTATIONS.
Inde : Bombay	29,146,462 f	11,217,157 f
Khelty	2,686,397	7,659,892
Moulmein	510,750	...
Catch	392,930	153,370
Kattiwar	272,547	304,722
Goudjerat	220,142	109,480
Malabar	114,760	1,312,637
Goa, Cochin, Demaoun	14,822	16,632
Concan	39,167	...
Sur-Gunda ?	92,922	261,007
Calcutta	...	37,207
Angleterre	8,486,960	911,490
Mauritius (île de France)	...	232,475
Australie	...	34,672
Golfe Persique	655,037	464,470
Mécran	48,185	80,315
France	8,772	891,240
TOTAUX	42,689,853	23,686,766
Commerce de Karrachie avec les pays britanniques	41,977,859	22,250,741
Commerce de Karrachie avec les pays étrangers.	711,994	1,436,025

A côté des valeurs monétaires du commerce de Karrachie, il est important de placer le tonnage de la navigation pour la même année 1858-59.

Nous regrettons que le Gouvernement n'ait donné que

les arrivages; mais, en somme, ils doivent peu différer des sorties.

Entrées des navires à voiles carrées ou à vapeur.	Navires.	Tonneaux.
Bâtiments venus d'Angleterre		24,285
Bâtiments venus de Bombay		15,497
Bâtiments venus de tous les autres lieux		3,617
Total des bâtiments à voiles carrées et navires à vapeur	83	43,399
Caboteurs indigènes		81,671
Total complet des arrivages		125,070

Le grand désert de sable entre l'Indus et le Radjahstan.

Ce désert, qui du nord au sud a deux cents lieues de longueur, surpasse en largeur le désert qui sépare l'Égypte et la Palestine. Sa frontière occidentale est hérissée de collines amoncelées par des sables mouvants, comparables aux dunes sableuses qui règnent au bord de la mer sur les plages les plus arides; mais elles sont beaucoup plus élevées, et quelques-unes n'ont pas moins de trente mètres de hauteur. Pendant l'été, des tourbillons de poussière brûlante, qui sont des sables volants, rendent vraiment périlleuse la traversée du grand désert indien. Ajoutons que la latitude moyenne de ce désert est plus rapprochée de la zone torride que celle des déserts de l'Afrique, à la hauteur d'Alexandrie et même du Caire.

Pour traverser ces solitudes arides et désolées, il faut, comme en Arabie, employer le chameau; lui seul peut résister aux souffrances extrêmes de la soif et de la chaleur.

Lorsque, dans ce désert, on veut chercher l'eau du sous-sol, il faut creuser d'autant plus bas qu'on s'avance davantage vers le midi; souvent on ne trouve de source qu'à cent mètres et plus de profondeur. Il est impossible d'employer pour l'agriculture une irrigation qu'il faudrait acheter en élevant cette eau de si bas par le travail de l'homme ou des animaux.

L'expédition d'Alexandre arrêtée par l'aspect du grand désert de sable.

Ce que nous avons dit, il n'y a qu'un moment, sur l'aride contrée qui sépare l'Indus et le Radjahstan explique aisément la terreur et le désespoir dont fut saisie la plus vaillante armée du monde, celle d'Alexandre le Grand, à la pensée d'affronter le grand désert de sable, et de l'affronter dans une saison dont les chaleurs sont au-dessus de la force de résistance des tempéraments européens.

Si le conquérant macédonien, au lieu de songer à traverser cette vaste solitude pour passer du bassin de l'Indus dans celui du Gange, avait pris soin de se mieux informer sur la nature des contrées qu'il voulait envahir, il aurait reconnu la nécessité de remonter vers le nord jusqu'à la hauteur de Lahore. En partant des bords de l'Hyphasis, dont il était maître, il aurait aisément atteint le pays de *Hariana*[1], que l'on trouve à l'occident de la Jumna et de Delhi, entre le 28e et le 29e degré de latitude, pays renommé pour le contraste de sa verdure avec l'effrayante aridité du désert. Il n'y a pas plus de trois siècles, cette contrée était encore remarquable pour le nombre et la prospérité de ses villes, et ses campagnes étaient renommées pour la multiplicité des troupeaux qu'elles nourrissaient. Entre l'Hyphasis et cet attrayant pays, on trouve la province pleine d'intérêt que nous avons décrite sous le nom de Cis-Sutledge; il suffisait de

[1] Dans la langue hindoustanie, Hariana veut dire *verdure*.

la traverser, puis les pâturages de l'Hariana, pour arriver à Delhi, dont la conquête livrait aux Grecs le Doab et le Gange. Telle est la route qui, montrée telle qu'elle était, aurait rassuré, disons mieux, aurait séduit les Macédoniens, au lieu de les épouvanter.

Sables salpêtrés du désert.

Presque partout, le grand et le petit désert indien présentent un sol imprégné de salpêtre. Les eaux pluviales qui s'infiltrent dans la terre en sont nécessairement chargées; ces eaux souterraines descendent vers le midi, pour aller à la mer; elles arrivent dans le vaste lac intérieur qu'on appelle le *grand Run*, contournent l'île de Katch et se perdent dans le golfe auquel cette île a donné son nom.

Le Radjahstan ou pays des Radjpoutes

Cette contrée égale en étendue la réunion des trois royaumes britanniques. Intéressante par sa grandeur et sa position, elle l'est encore davantage à nos yeux par l'origine et le caractère de ses habitants, par le rôle qu'ils ont joué depuis une haute antiquité et par leur importance actuelle. Nous présenterons avant tout quelques notions topographiques.

Même au milieu du grand désert de sable, des populations hindoues, bravant les périls du climat et du sol, se sont établies dans quelques rares oasis; les plus voisines du Sindhe, isolées et faibles, n'ont pas pu conserver leur indépendance, et les maîtres du bassin de l'Indus ont fini par les asservir. Tel fut le sort de la peuplade d'Amercot, assujettie par les Amirs.

Bhawulpour, ville radjpoute sur la rive gauche de l'Hyphasis, fut conquise par les gouverneurs de Moultan.

A l'orient du désert, qui cesse ainsi d'être une complète solitude, une première chaîne de montagnes secondaires se dirige du nord-est au sud-ouest, en inclinant à la fin vers le sud; elle s'étend depuis la province de Delhi jusqu'au sommet du golfe de Cambaie. Nous l'appellerons *la chaîne des monts Radjpoutes.*

Plus avant vers l'orient, une autre chaîne de montagnes part de la province d'Agra et vient, comme la précédente, se terminer au sommet du golfe de Cambaie : telle est *la chaîne des monts Vindyas.*

Depuis le bassin de l'Indus jusqu'à cette dernière chaîne sont établies des populations radjpoutes; nous donnons à ce grand territoire le nom général de *Radjahstan.*

Le nom même de ce peuple témoigne de son origine, et ce nom, comme beaucoup d'autres, a fourni des racines aux langues de l'Occident. Qui dit Radjpoutes veut dire *les enfants des rois, des Radjahs*, que les Latins appelaient *reges* en prononçant *redges* comme font encore les Italiens de nos jours; pour ceux-ci, les mots *il pouto* et *la pouta* [1] veulent dire les enfants.

Tous les habitants du Radjahstan ne pouvaient pas descendre des rois; mais presque tous descendaient de la tribu la plus illustre après les brahmanes, la tribu des guerriers.

Les déserts qui les couvraient du côté du nord les ont préservés jadis d'être asservis par Alexandre, et souvent les montagnes leur ont offert un refuge; c'est sur des hauteurs et dans les parties de l'accès le plus difficile qu'ils ont bâti la plupart de leurs forteresses. Ainsi protégés par la nature du pays, ils se sont heureusement et courageusement défendus contre les conquérants du moyen âge.

[1] Mots qui, bien entendu, s'écrivent en italien *il puto* et *la puta.*

Les Radjpoutes, sans former une confédération régulière, ayant des pouvoirs collectifs et par conséquent une action commune, étaient plutôt une confédération de fait que de droit et dépourvue de toute organisation. Cette race de guerriers, unie par la communauté d'origine, de religion, de mœurs et de langage, formait au milieu de l'Inde une aristocratie militaire dont les grandes familles étaient liées par des mariages qui, sans identifier les États, les rapprochaient politiquement et les disposaient de plus en plus à la défense commune.

Au xve siècle, lorsque la grande dynastie tartare des descendants de Tamerlan eut entrepris, par le nord, la conquête des pays ayant pour centre Delhi, puis Agra, puis Allahabad, ils se trouvèrent en contact immédiat avec la partie la plus vulnérable du Radjahstan. Ils cherchèrent moins l'asservissement de ce pays que la reconnaissance politique d'une simple suzeraineté. Ils surent apprécier la brillante valeur et l'intelligence des Radjpoutes. Ils respectèrent les mœurs, les fortunes et la nationalité de ces peuples chevaleresques. Les ayant appelés dans leurs armées, ils conférèrent des commandements élevés et des fonctions éminentes aux chefs des tribus principales, sans s'arrêter à la différence du culte des conquérants avec celui des Hindous. Cette politique fut suivie avec un parfait succès jusqu'au règne d'Aureng-Zeb, que la fortune châtia pour s'en être départi; son intolérance exaspéra tous les peuples du Radjahstan.

Lorsque les Mahrattes, peuples hindous que nous étudierons plus tard, à force de déprédations et de victoires, eurent triomphé des descendants d'Aureng-Zeb, les vainqueurs, sans afficher une vaine indépendance et songeant plutôt à cacher la réalité de leur puissance usurpée, firent donner à l'un de leurs généraux déprédateurs le titre de soubahdar des Radjpoutes; il n'exerça que le pouvoir féodal d'un chef hindou sur des populations hindoues, rapprochées de lui par le culte de Brahma.

Quand, plus tard, les Anglais vainquirent les Mahrattes et leur reprirent la personne du souverain de l'ex-empire Mogol, ils se firent céder par cette ombre de monarque le gouvernement des Radjpoutes : gouvernement dont il ne pouvait plus accorder que l'*investiture idéale*. Ils établirent une force militaire dans le district central que les empereurs avaient choisi et dont nous parlerons incessamment. Ensuite, les armes à la main et la politique aidant ils s'assurèrent sur les principautés radjpoutes le même protectorat qu'avaient précédemment exercé les musulmans et les Mahrattes. Ajoutons qu'ayant à traiter avec des princes et des peuples très-fiers et vraiment orgueilleux, les *résidents* anglais se montrèrent plus modérés, et même plus *déférents* qu'en d'autres parties de l'Inde. Nous en offrirons des exemples remarquables.

Pour donner une idée des forces dont peut disposer la *confédération* ou plutôt l'agglomération des États radjpoutes, nous avons eu recours aux documents publiés par la Cour des Directeurs en 1853, lorsque la Compagnie des Indes voulait faire renouveler *sa Charte vigésimale*. Voici le total des contingents exigibles :

Artillerie.	Cavalerie.	Infanterie.	Total.
2,173	16,808	53,020	72,001

Cette force est importante surtout par sa composition d'hommes empruntés à la race la plus fière et la plus belliqueuse parmi les nations hindoues.

Il est temps d'offrir le tableau des États du Radjahstan, tels qu'ils existent aujourd'hui sous la suzeraineté de l'empire britannique.

TERRITOIRE ET POPULATION DU RADJAHSTAN.

ÉTATS.	SUPERFICIE.	POPULATION.	HABITANTS par MILLE HECTARES.
DISTRICT IMPÉRIAL.	Hectares.	Habitants.	
Adjmir	533,160	224,891	420
ÉTATS FÉODAUX.			
1. Joudpour	9,243,850	1,783,600	193
2. Jeypour ou Jeynagurh	3,949,900	1,891,124	479
3. Odeypour ou Mewar	3,008,040	1,161,420	386
4. Bikanire	4,551,900	539,250	118
5. Kotah	1,123,260	433,900	380
6. Bhurtpour	512,280	600,000	1,171
7. Alwur	925,580	280,000	303
8. Boundie	593,340	229,100	386
9. Jhallawur	569,780	220,100	386
10. Keraulie	486,380	187,800	386
11. Touk et dépendances	482,760	182,672	378
12. Serohie	783,180	151,200	193
13. Pertabghur	377,350	145,700	386
14. Banswarra	372,940	144,100	386
15. Doungerpour	258,990	100,000	386
16. Jessulmere	3,242,550	74,400	23
17. Kischengurh	187,510	70,952	378
TOTAUX	31,202,750	8,420,209	270

District impérial d'Adjmir.

Avec leur instinct de conquérant, les empereurs de Delhi distinguèrent au milieu de la chaîne des monts

Radjpoutes une position culminante d'où l'on pouvait commander les États situés soit à l'orient, soit à l'occident de cette chaîne. Ils en firent le séjour de leur soubahdar, véritable vice-roi qui fut quelquefois le chef d'une des plus grandes principautés, et quelquefois un prince du sang impérial. Tel était le district d'Adjmir, qui prit son nom de la place forte où résidait le soubahdar.

Situation géographique d'Adjmir : latitude, 26° 31'; longitude, 72° 8', à l'est de Paris.

Dès 1616, la Compagnie des Indes britanniques établissait une factorerie dans cette ville, alors possédée par l'empereur de Delhi. C'était un centre naturel de commerce entre la mer d'Arabie et les trois grandes cités riveraines de la Jumna : Agra, Delhi, Allahabad.

Un siècle plus tard, les malheurs commençaient pour Adjmir. Lorsqu'en 1819 les Anglais en prirent possession, elle ne présentait qu'un triste spectacle de ruines. Depuis cette époque, quarante-cinq années de paix et l'action intelligente de l'administration européenne ont réparé bien des désastres; et, dans le même intervalle, la population s'est nécessairement accrue.

Le plus remarquable monument qu'offrent les environs de la ville est le tombeau de Khodja Moyin Uddin : un saint musulman si renommé, qu'il n'était pas seulement en vénération près des mahométans, mais encore près des Hindous. Le célèbre empereur Akbar, qui voulait à tout prix obtenir du Ciel un héritier, vint pieds nus en pèlerinage depuis Agra jusqu'au tombeau dont nous parlons; il espérait bien qu'un si grand hommage rendrait favorable à ses vœux le céleste Khodja, qui pouvait tout obtenir d'Allah. La crédulité musulmane était, à coup sûr, une illusion; l'espoir du fervent pèlerin n'en fut pas moins couronné de succès. Akbar eut un fils, qui fut

Jahânghire; par gratitude, sans doute, le monarque transporta plusieurs fois sa cour dans Adjmir.

Au sein de cette ville, on voit encore debout une partie du palais que l'empereur Schah Jahân, le fils de Jahânghire, a fait construire dans le XVIIe siècle; palais qu'il avait entouré de jardins.

A quatre lieues au midi de la ville, dans la position remarquable de Nusserabad, les Anglais ont établi *leur cantonnement militaire*, afin de tenir en respect tout le pays des Radjpoutes. De ce point, les forces britanniques peuvent avec facilité se porter soit à l'est, soit à l'ouest de la chaîne de montagnes qui divise, dans sa plus grande longueur, le vaste pays du Radjahstan.

Les cultures de la contrée d'Adjmir ont été favorisées par des barrages établis dans les hautes vallées pour accumuler les eaux destinées à l'irrigation.

Les industries pratiquées dans la ville n'offrent aucune supériorité sur celles qui sont exercées dans les autres capitales du Radjahstan.

I. — *État de Joudpour.*

On pourrait s'étonner de nous voir placer au premier rang des principautés radjpoutes celle de Joudpour, qui n'est qu'au second pour le nombre des habitants. Mais cet État surpasse de beaucoup les autres en étendue; de plus, il est la seule principauté considérable qui se trouve en contact avec le grand désert, du côté qui fait face au bassin de l'Indus d'où nous sommes partis pour avancer vers l'Inde centrale. Du côté opposé, cet État touche au territoire impérial d'Adjmir.

Situation géographique de Joudpour : latitude, 26° 18'; longitude, 70° 40', à l'est de Paris.

Joudpour signifie, dans la langue des Hindous, *la résidence de la guerre,* nom que justifie sa citadelle importante. Elle est aujourd'hui la capitale du pays qu'on appelait autrefois *le Marwar.* Quoique la principauté couvre un espace supérieur à neuf millions d'hectares, elle ne compte pas dix-huit cent mille habitants, parce qu'une grande partie de son territoire appartient au désert.

Aux environs de la ville, et dans un rayon assez considérable, la terre est bien cultivée, quoiqu'elle ne soit guère arrosée qu'avec l'eau retirée des puits, qui sont malheureusement très-profonds. On apprécie la qualité des froments et des cotons recueillis sur ce territoire.

Du côté de l'ouest, la principauté de Joudpour a pour frontière occidentale le Sindhe, ancienne possession des Amirs : si toutefois on peut appeler frontière une limite nécessairement idéale au milieu des solitudes qui séparent les deux contrées.

Entre le bassin de l'Indus et le pays de Joudpour, les transports sur des plaines sableuses ne se font qu'avec des chameaux et des bœufs; ceux de ces animaux qu'on élève dans le Joudpour sont fort estimés, surtout les bœufs.

Cet État rappelle à la fois l'ingratitude de l'empereur Aureng-Zeb, son intolérance et le châtiment qui s'en est suivi pour sa race. Jeswunt-Singh, radjah de Joudpour, était un des meilleurs généraux de ce monarque; néanmoins, quand ce chef éminent mourut, Aureng-Zeb, oublieux des services qu'il en avait reçus, ordonna que l'on convertît par force ses enfants à l'islamisme. En recevant cette nouvelle, ils prirent les armes. Après s'être vaillamment et longtemps défendus dans leur capitale, ils se réfugièrent dans les bois et les montagnes qui sont au sud-est de leur principauté; enfin, quand Aureng-Zeb termina sa despotique et longue carrière, le petit-fils de Jeswunt,

Adjit-Singh, profitant des troubles de l'empire, reprit possession du trône de son aïeul. Son premier soin fut d'abattre les mosquées que l'empereur avait bâties dans Joudpour, et qui s'élevaient comme les monuments d'une tyrannie à la fois politique et religieuse.

II. — *Principauté de Jeypour.*

La principauté de Jeypour, la seconde pour l'étendue du territoire, est la première pour le nombre des habitants; elle est digne aussi de ce rang par la splendeur de sa capitale et par l'avancement des arts dont cette ville est le séjour.

Le territoire s'étend à l'orient des monts Radjpoutes; vers le sud-ouest, ses frontières touchent au district impérial d'Adjmir, et celles du nord-est sont contiguës aux provinces d'Agra et de Delhi.

Les cultures qui prospèrent dans ce pays sont celles qui peuvent le mieux se passer d'eaux abondantes. Presque partout on est réduit à creuser des puits profonds, pour arroser à grand'peine les végétaux qui réclament les soins délicats des jardins. Le sol est généralement sableux; il abonde en sel marin efflorescent que les habitants vont recueillir et qu'ils exportent.

Les souffrances extrêmes dans le désert, et que nous avons mentionnées, page 109, quoique moindres dans le pays de Jeypour, y sont pourtant redoutables encore depuis le commencement de février jusqu'à la fin de juin. Pendant cinq mois, dit l'exact et judicieux Walter Hamilton, un vent impétueux souffle sans cesse; il soulève des tourbillons de sables brûlants, assez épais pour que le soleil en soit obscurci. Ce n'est pas seulement en plein air qu'ils sont le fléau du voyageur; leur effet est insupportable même aux habitants qui se tiennent renfermés dans leurs maisons : une poussière impalpable et suffocante y pénètre par les moindres fissures. Le *mistral* si redouté qui souffle dans la Provence en donne une faible idée.

Ce pays, si sévèrement traité par la nature, a souffert des maux infinis par les déprédations des Mahrattes et surtout des Afghans que le condottière Amir-Khan conduisait au pillage systématique. Vers 1816 et 1818, le pays entier ne semblait plus qu'une ruine; la faim et les épidémies, encore plus que le fer ennemi, diminuaient une population qui, même au sein de la paix, n'arrache à la terre qu'avec les plus rudes travaux le peu qui satisfait sa frugale existence.

Malgré tous ces malheurs, la principauté n'a point perdu son autonomie; elle possède un assez grand nombre de forteresses où l'art s'est joint à la nature pour présenter des moyens défensifs que la valeur des habitants a su rendre redoutables.

Dans les grandes invasions déprédatrices du XVIIIe et du XIXe siècle, on voyait souvent des généraux étrangers s'adresser à quelque chef des Radjpoutes, en le priant de garder leurs femmes et leurs enfants dans son château le plus imprenable, tandis qu'eux-mêmes couraient les chances de la guerre et de la fortune. A ce prix, ils lui promettaient d'empêcher qu'aucun ennemi ne le détrônât ou ne le réduisît en servitude. C'est ainsi qu'Amir-Khan avait confié la garde de son sérail au radjah de Jeypour, dont, par reconnaissance, il protégeait la souveraineté.

Depuis 1818, cette principauté, comme les autres États radjpoutes, est devenue tributaire des Anglais par un traité qui stipulait un accroissement dans la redevance à mesure que le pays se relèverait de sa misère. Près d'un demi-siècle de repos et la garantie obtenue contre les invasions de voleurs organisés en corps d'armée ont permis à cet État de cicatriser ses blessures. Le commerce a repris ses directions principales : à l'orient, vers Bénarès; au nord, vers Delhi; au midi, vers Surate et Bombay; à l'occident, à travers le désert, par Bikanire et Jessulmere, pour gagner les bords de l'Indus.

Jeypour, capitale de la principauté.

Situation géographique : latitude, 26° 55'; longitude, 73° 17', à l'est de Paris.

Jeypour, entourée de remparts et protégée par deux forteresses, serait vraiment imprenable pour d'autres assaillants que des guerriers européens.

La ville moderne doit être citée parmi les plus belles et les mieux bâties de l'Hindoustan. Ses maisons s'élèvent à deux et trois étages. Non-seulement elles sont construites en pierre, et par là durables; mais on ajoute encore à leur conservation, et surtout à leur beauté, par l'emploi d'un stuc qui, poli soigneusement, réunit l'éclat et la durée du marbre. Le voyageur surpris admire beaucoup de façades embellies par des portiques ornés de sculptures et de peintures à fresque. Il serait tenté de se croire transporté dans une ville d'Italie; mais les vastes balcons saillants, entourés de jalousies immobiles, mais ces jalousies taillées dans un beau marbre, offrant les ciselures à jour, délicates et charmantes que nous avons souvent citées, de telles décorations rappellent toujours le génie de l'Inde. Il faut expliquer ces contrastes.

Dans la première moitié du siècle dernier, un des princes radjpoutes les plus distingués par leur esprit et leur valeur voulut illustrer son règne en bâtissant une cité qui porterait son nom, et qui deviendrait sa capitale, au lieu de la vieille cité d'Amber.

Il fit choix d'un architecte italien, comme autrefois Schah Jahân avait fait choix de l'architecte français Augustin de Bordeux; un tel fait nous explique les souvenirs d'Italie qui nous ont frappé dans la décoration architecturale de Jeypour. C'est encore au génie européen que l'architecte italien a pris la pensée de construire une vaste place carrée où viennent aboutir quatre rues larges, droites et d'une beauté qui peut soutenir le parallèle avec les meilleurs quartiers des cités les plus régulières de l'Occident.

La façade du palais, qui concourt à décorer cette place, a des proportions grandioses. Elle est singulièrement décorée par des vitrages de couleur empruntés de Venise et qu'on fit arriver, il y a plus d'un siècle, en suivant la voie de Surate. C'était la première fois qu'on les introduisait dans les édifices bâtis par des princes indigènes.

Comme dépendance du palais on a créé des jardins tels qu'on en voit à Gênes, sur le penchant des Apennins, et dans la ville aux sept collines, avec des terrasses étagées les unes au-dessus des autres. Elles sont embellies par de grandes pièces d'eau qui seraient partout un ornement; mais dans le Radjahstan, pays de sable et de sécheresse, elles semblent un phénomène. Tels étaient, et je crois tels sont encore, les enchantements du palais. Ses dépendances renfermaient les plus vastes écuries pour les chevaux et les éléphants du prince; l'hôtel des monnaies se trouvait aussi dans l'enceinte royale. Enfin Jey-Singh avait honoré sa demeure en y construisant un observatoire. Plusieurs grands princes de l'Inde, imitateurs de ce prince, obtinrent ensuite de lui qu'il en ferait ériger de semblables dans leurs cités les plus splendides.

Ces faits nous apprennent que Jey-Singh aimait, dans ses États, à favoriser les sciences et les arts. La magnificence de sa cour était celle d'un monarque opulent et poli, qui, par les plaisirs de l'intelligence, donne un nouveau prix à l'art de déployer la richesse.

Les classes distinguées de son peuple se sont honorées par la culture de l'esprit. C'est dans la seule ville de Jeypour qu'un Anglais, le colonel Pellier, a pu trouver un exemplaire complet, et par là d'un prix inestimable, du texte sanscrit des Védas. Après l'avoir acquis, il en a fait présent au Musée Britannique, à Londres.

Cette civilisation supérieure chez une caste souveraine et militaire, celle des Kschatryas, assure aux princes radjpoutes une influence prépondérante sur les autres cours de l'Hindoustan; nous en montrerons l'heureux effet.

Les trouvères dans le pays des Radjpoutes. Infanticide; nobles efforts partis de Jeypour afin d'abolir ce crime.

Combien n'est-il pas à regretter que les princes radjpoutes, si jaloux de conserver leurs généalogies et les témoignages de leur noblesse personnelle, n'aient pas senti le besoin de conserver avec un soin religieux les annales de leurs principautés et de leur confédération! C'eût été vraiment l'histoire de la partie des races hindoues qui s'est conservée, depuis les époques antiques, avec le moins de décadence.

A défaut d'historiens, on doit regretter que les poëtes, qui du moins ne leur ont point manqué, n'aient pas eu la pensée de consacrer leurs chants aux plus grands souvenirs de la gloire nationale. Chose merveilleuse! il faut remonter à trois mille ans pour trouver des monuments immortels de la grande poésie brahmanique. Mais les poëtes, inspirés alors par une passion profondément religieuse, ne songeaient qu'à célébrer la gloire des dieux qu'ils croyaient présider aux destinées de l'Hindoustan; la gloire des hommes disparaissait à leurs yeux.

Plus tard ont paru de longs poëmes légendaires, où beaucoup de faits historiques sont racontés au milieu de fables incroyables, et le plus souvent dénuées de sens commun.

Plus tard encore, à la cour des princes hindous, et surtout des princes radjpoutes, se sont présentés des chanteurs plutôt que des chantres nationaux. Ils n'ont songé qu'à faire un misérable trafic de leur vile poésie, sans chercher à rien célébrer qui méritât l'admiration de la postérité; et, pourtant, ce n'étaient pas les sujets dignes de mémoire ni l'indifférence des auditeurs qui leur manquaient dans les cours chevaleresques du Radjahstan.

Ces guerriers, si sensibles à tous les nobles plaisirs, le sont surtout aux charmes réunis de la musique et de la poésie; ils veulent avoir leurs troubadours, leurs ménestrels, comme en possédaient les seigneurs européens du moyen âge. Nos princes et nos barons ne les surpassaient pas en générosité pour récompenser les joyeux enfants de la lyre; mais si jamais guerdon fut peu mérité, c'était celui qu'on prodiguait naguère dans les brillantes cours de l'Inde. Des mercenaires éhontés, unis à d'indignes brahmanes, chantaient, à prix d'or, aux noces des grands; ils n'avaient pas d'autre but que d'exalter la prodigalité sans bornes et de faire trembler la libéralité modérée, en menaçant de la diffamation et de la malédiction quiconque ne voulait pas répandre sur eux des largesses excessives.

On aura peine à le croire, après un contact de trois siècles entre l'Orient et l'Occident, les brillants seigneurs de l'Inde, les courageux et nobles Radjpoutes, il n'y a pas vingt-cinq ans, tremblaient encore devant ces honteux distributeurs de la flatterie et de la satire. La coutume, si puissante en ces contrées, exigeait qu'au jour de l'hymen les présents ruineux fussent tous à la charge du père de la fiancée. Le résultat d'un tel usage était que les familles éminentes regardaient comme un fléau la naissance d'une fille. S'enquérait-on près des parents sur le sexe d'un nouveau-né? Le mot « *Rien*, » prononcé pour toute réponse, avec un accent de tristesse, apprenait qu'une fille, au lieu d'un fils, s'ajoutait *par malheur* à la famille. En Orient, la dégradation des mœurs conduit promptement le sordide intérêt aux crimes les plus barbares; ainsi, pour éviter d'avoir à répondre ce funeste mot « *Rien*, » trop souvent la prévoyance des parents dénaturés les délivrait, par l'infanticide, des sacrifices ruineux qui les attendaient à l'époque des fiançailles.

Il y a seulement vingt années, le major Ludlow, Résident anglais auprès du radjah de Jeypour, fit servir une habileté diplomatique digne d'un plus vaste théâtre à détruire un usage si criminel. Il fit d'abord adopter en secret, par tous les agents britanniques Résidents comme lui près des confédérés radjpoutes, son dessein si favorable à l'humanité. Chacun de son côté marcha vers le but commun, par voie amiable et confidentielle, en s'adressant aux ministres de la cour près de laquelle il était accrédité. Ils eurent le bonheur d'obtenir que les gouvernements radjpoutes prissent d'eux-mêmes le parti qui leur était le plus avantageux. Ces gouvernements publièrent simultanément une loi somptuaire qui bannit à jamais les exactions exercées lors des fiançailles par des bardes impudents et corrompus. Un tel acte d'autorité, rendant impuni le plus doux sentiment de la nature, fit disparaître un genre de barbarie qui déshonorait le plus brillant des peuples de l'Hindoustan.

Mesures prises ensuite pour abolir le supplice des veuves.

Le crédit du major Ludlow, Résident de Jeypour, devint d'autant plus grand près des administrateurs du Radjahstan qu'il s'était plus effacé vis-à-vis des peuples. Il pensa qu'après avoir éloigné le crime et de l'hymen et du berceau chez les nobles Hindous, il pouvait aussi le bannir des funérailles. Il avait vu six ans auparavant, dans la ville d'Odeypour, à l'extrême admiration des brahmanes et de la vile populace, deux reines et six favorites brûlées, en plein jour, sur le bûcher d'un seul radjah. Si grande était chez l'autorité britannique la peur de blesser à cet égard les États indépendants, qu'en 1842 le gouverneur général Ellenborough, connu pour son caractère énergique et même aventureux, n'osa pas autoriser les efforts du Résident d'Haïderabad, qui promettait d'obtenir des princes hindous l'interdiction officielle de la funeste coutume.

C'est au milieu de ce découragement que Ludlow forma le projet d'arriver au but par une autre marche. Il conçut la pensée de mettre en action l'autorité religieuse. En s'effaçant, il fit agir comme d'eux-mêmes deux ministres du radjah, ses amis personnels. Ceux-ci montrèrent au grand prêtre des brahmanes des textes sacrés heureusement contradictoires, et qui par là se neutralisaient; le doute une fois introduit contre la sainteté du plus cruel des préjugés, ils eurent l'art d'intéresser jusqu'à l'honneur national : « Le supplice des suttis était indigne du peuple le plus illustre de l'Hindoustan; ce devait certainement être l'invention d'une race avilie, chez laquelle des épouses dégradées, quand le veuvage les rendait maîtresses d'elles-mêmes, ne rougissaient pas de répandre le déshonneur sur la mémoire de l'époux, à moins qu'on ne leur fît l'obligation cruelle d'un trépas prudent et préventif; certes, la renommée des Radjpoutes devait les élever au-dessus de ces indignes terreurs et d'une précaution si barbare! » Après six mois d'insistances habilement ménagées et très-discrètes, on obtint du grand prêtre des Hindous cette simple déclaration : « Le supplice volontaire de la veuve a moins de mérite, aux yeux de Brahma, qu'un veuvage entier sanctifié par la dévotion et la chasteté. » La déclaration fut communiquée, toujours avec le même secret, aux envoyés, aux vakils des diverses cours venus à Jeypour afin d'y traiter des intérêts de toute autre nature. Sur ces entrefaites, le grand brahmane mourut : il ne pouvait plus se dédire; et sa déclaration, rendue publique après son trépas, acquérait une autorité nouvelle.

Les esprits ainsi préparés, on obtint d'abord que trois États secondaires, sous l'influence de Jeypour, prendraient l'initiative, en publiant une même loi contre le supplice des veuves; elle fut bien accueillie.

L'opinion, marchant toujours, finit par l'emporter sur les appréhensions des gouvernements les plus circonspects. Dès le 28 août 1846, Jeypour déclara que la coutume si longtemps révérée *était criminelle;* il prononça des peines infamantes contre quiconque, auteur ou complice, commettrait encore cet outrage à la nature. Avant la fin de l'année, vingt-trois gouvernements, entraînés par la force de l'exemple, avaient proclamé la même défense.

En voyant l'admirable accord de tous les agents européens du Radjahstan afin d'obtenir, avec le concours des ministres indigènes, à force de zèle, de dévouement, de discrétion et d'habileté, un résultat si précieux pour la protection du sexe le plus faible, n'avons-nous pas eu raison de louer la Compagnie pour l'appropriation et l'excellence de ses choix dans la plupart des circonstances ?

Allons plus loin : disons qu'en suivant cette route ouverte, au milieu de l'Inde centrale, par la sagesse et l'amour de l'humanité, il n'est aucun changement moral que l'Europe ne puisse espérer de voir produire pour donner à l'Inde entière une civilisation digne des peuples les plus éclairés et les meilleurs de l'Occident.

III. — *Principauté d'Odeypour.*

La principauté d'Odeypour, que les habitants appelaient autrefois le *pays de Mewar*, appartient depuis des siècles à la famille hindoue la plus antique ; cette famille est la plus noble, aujourd'hui, parmi toutes celles qui conservent quelque autorité dans la péninsule.

Le territoire d'Odeypour, qui surpasse trois millions d'hectares, occupe la partie sud-ouest du Radjahstan ; il se trouve immédiatement au midi d'Adjmir.

Le pays, surtout vers l'est et le sud, est parsemé, et, dans certaines parties, hérissé de montagnes d'une médiocre hauteur. Un avantage le distingue de la plupart des autres États radjpoutes : les rivières n'y sont pas aussi rares et les cultures y sont moins ingrates ; la nature même du sol y laisse peu de chose à désirer.

Ce ne sont pas seulement des Radjpoutes qui cultivent le pays ; on y trouve un mélange de brahmanes, de Jauts et de Bhîls.

Ville de Chittore.

Chittore était le nom de l'ancienne capitale, construite plutôt comme un lieu de refuge et de salut que pour être l'habitation fortunée d'un peuple heureux et tranquille.

Situation géographique : latitude, 24° 52'; longitude, 72° 25', à l'est de Paris.

Qu'on imagine une succession de rochers; puis, sur leurs sommités, une enceinte très-irrégulière de remparts ayant au total un développement de 19 kilomètres, près de cinq lieues : telle est l'enceinte de la ville. Afin de rendre plus redoutable l'antique forteresse, on a taillé presque à pic le massif de rochers sur lequel on l'a bâtie, et la crête des remparts, ajoutée à cette défense naturelle, s'élève de 24 à 36 mètres au-dessus de la plaine environnante.

La ville renferme des temples hindous et des tours sacrées ou pagodes qui comptent jusqu'à neuf étages; ces monuments sont d'une haute antiquité. Leur architecture et leurs sculptures mériteraient d'être étudiées par les amis de l'art et de l'histoire.

Ville d'Odeypour.

C'est la capitale moderne de l'État, construite en des lieux moins sauvages que Chittore par un prince jaloux de lui donner son nom; et le nom de la nouvelle capitale est bientôt devenu celui de la principauté.

Situation géographique : latitude, 24° 35'; longitude, 71° 24', à l'est de Paris; *altitude,* 627 mètres au-dessus du niveau de la mer.

La ville s'élève au milieu d'un amas de monts escarpés, dans un espace où l'on trouve, à l'est, un lac naturel. Lors de la saison des grandes pluies, ce pourrait être un danger, sans la haute et large chaussée qui s'élève entre ce lac et la ville; elle est couverte de beaux arbres entremêlés d'édifices. Les palais érigés dans la ville et sur les bords du lac sont bâtis en marbre; il les a décorés de sculptures dont le travail est admiré et dont les dessins révèlent un goût délicat.

Lors des conflits sanglants suscités entre les Radjpoutes, les Mahrattes et les Pindarries, la capitale que nous décrivons présentait un déplorable spectacle de spoliations et de ruines; mais, depuis l'année 1818, ces fléaux ayant été repoussés et leur renouvellement rendu presque impossible, Odeypour et ses campagnes sont sorties par degrés de la misère. Pour prix de leur protection, les Anglais ont assujetti le maharadjah d'Odeypour à leur payer la plus grande redevance que se fussent appropriée tour à tour l'empereur mogol et les Mahrattes; elle s'élève aux trois huitièmes du revenu net. Dans les premières années, où tant de désastres étaient à réparer, les protecteurs ne parvenaient pas à toucher plus des deux huitièmes.

Dongerpour, séjour de la branche aînée des radjahs d'Odeypour. Dans les montagnes qui séparent les pays d'Odeypour et du Gouzzerat on trouve la petite ville de Dongerpour. C'est le chef-lieu d'un humble district qui n'aurait rien de remarquable s'il n'était pas l'unique héritage qu'ait conservé la branche aînée de la maison d'Odeypour, elle-même placée au premier rang des souverains du Radjahstan. Le Maharadjah qui gouverne la grande principauté honore sa propre famille en reconnaissant les titres de cette branche, maltraitée par la fortune. Aussi, dans les repas solennels donnés par ce fier souverain, la place d'honneur est-elle laissée vacante; et le chef de la famille, le radjah de Dongerpour, a toujours le droit de l'occuper.

Je cite ce fait parce qu'il est un exemple du soin avec lequel chacun des princes radjpoutes, fidèle à la mémoire de son rang et de ses droits, ne se montre pas plus jaloux de défendre ses titres honorifiques que de reconnaître ceux des autres chefs de sa race illustre; titres d'autant plus précieux aux yeux de ces princes, qu'ils se considèrent comme supérieurs à tous les radjahs non radjpoutes qui commandent aux populations hindoues.

Sacrifice odieux d'une princesse d'Odeypour.

Quoique le souverain d'Odeypour soit par l'éminence et l'antiquité de sa maison au-dessus de tous les autres princes de la confédération radjpoute, et qu'il porte les titres suprêmes de Maha-Rana, Maha-Radjah, il est devenu par degrés très-inférieur en puissance à ses redoutables voisins, les radjahs de Joudpour et de Jeypour. Cette infériorité, dans le siècle même où nous vivons, a produit une des afflictions et des hontes les plus grandes qu'un souverain puisse répandre sur sa renommée.

La plus noble famille des princes confédérés, qui sont les plus nobles de tout l'Hindoustan, n'avait pas cessé d'être celle d'Odeypour, et cette dernière avait régné sur tout le pays des Radjpoutes. Une si haute origine et la réputation extraordinaire de beauté que possédait la fille du maharadjah la rendaient le plus envié de tous les partis dignes d'occuper un trône parmi les familles hindoues. Sa main avait été promise au radjah de Joudpour, qui mourut au moment de voir cette alliance accomplie; son successeur, Maun-Singh, se flattait de succéder non-seulement au trône, mais au bonheur d'unir son sort à celui de la ravissante princesse.

C'est alors qu'un ennemi du nouvel aspirant s'efforce de pousser le radjah de Jeypour, le puissant Jagat-Singh, à se placer au nombre des prétendants; dès cet instant, la guerre éclate entre les deux princes rivaux.

Après de grandes vicissitudes d'expéditions et de combats, où l'on vit figurer le fameux Amir-Khan, originaire du Caboul, artificieux et féroce comme un Afghan, celui-ci, dans l'intérêt commun des Radjpoutes, prétendit obtenir une pacification définitive. Il proposa que les deux princes rivaux, pour mettre un terme à leurs conflits sans qu'aucun éprouvât l'affront d'un refus, renonçassent à l'alliance qu'ils avaient jusqu'alors si vivement poursuivie. Il demanda que l'un des deux épousât la fille de l'autre, et que ce dernier épousât la sœur du premier.

Pour rendre plus acceptable et plus sûre une telle combinaison, le barbare Afghan, comptant pour rien les droits de la nature et de l'humanité, résolut d'obtenir la mort de l'innocente et jeune princesse dont la possession, ardemment poursuivie, divisait les deux monarques radjpoutes. Parmi les plus vils courtisans du maharadjah d'Odeypour, il chercha des politiques assez pervers pour conseiller à leur maître de sacrifier sa fille à ce que nous appellerions *la raison d'État*, à la vanité d'une dynastie qu'un tel crime allait déshonorer, et qui la rendrait odieuse à tout le Radjahstan. « Comment, disaient ces perfides à leur prince, comment pourrait-on trouver un troisième parti qui soit digne de la princesse après qu'on l'aura vue dédaignée deux fois, et, pour ainsi dire, deux fois répudiée? Comment pourrait-on conclure cette alliance nouvelle sans faire une mortelle offense aux deux voisins les plus puissants, et tous deux écartés? Si nulle alliance matrimoniale n'était désormais possible, quelle honte, ajoutaient ces sophistes de l'orgueil, ne serait-ce pas pour la dynastie d'Odeypour de garder dans le fond du palais une princesse vieillissante, qu'on ne pourrait plus ou qu'on n'oserait plus unir à personne! La mort de cette infortunée, disaient les cruels conseillers, pouvait seule prévenir ces dangers et ce déshonneur. »

Le père, assure-t-on pour le laver de la plus hideuse infamie, ne put être conduit à cette résolution ni par des flatteries, ni par des prières, ni par des menaces. La sœur du radjah fut plus facile à convaincre; elle se chargea d'épouvanter sa nièce ou du moins de l'attendrir, en invoquant le plus doux des sentiments, la piété filiale. Elle lui présenta trois fois une coupe empoisonnée en réclamant d'elle l'abandon de la vie, afin d'assurer, osait-elle dire, la paix et l'honneur à l'État ainsi qu'à son père! Trois fois la victime accepta la mort; elle n'expira qu'au troisième essai du sacrifice de ses espérances et de sa vie.

De toutes parts un cri d'horreur et d'exécration s'éleva contre cette immolation de la beauté, de la jeunesse et de l'innocence, accomplie pour obéir aux vils calculs de la peur et de la vanité; on maudissait surtout un servile Adjit-Singh, dont les conseils avaient fait consommer ce crime.

La généreuse expression du sentiment universel fut manifestée par un des plus fidèles et des plus fiers feudataires d'Odeypour. A peine le belliqueux Sugwan-Singh a-t-il appris ce sacrifice détestable qu'il sort de sa forteresse lointaine, il accourt en toute hâte au palais du maharadjah, et, se précipitant au milieu de la salle du conseil : « La princesse! dit-il avec impatience, la princesse est-elle morte ou vivante? » Personne ne répond à la terrible demande. Alors Adjit-Singh, l'instigateur de l'empoisonnement, supplie à demi-voix le noble guerrier de respecter la douleur d'un père privé de sa fille. Sugwan-Singh, aussitôt, déboucle le ceinturon de son cimeterre, qu'il jette avec son bouclier aux pieds du souverain dénaturé; puis il ajoute : « Mes ancêtres ont servi les tiens pendant plus de trente générations. Je ne puis exprimer ici les sentiments d'indignation qui soulèvent mon âme; mais ces armes, mon bras ne les portera plus à ton service... Et toi, vil Adjit-Singh, conseiller de honte et de malheur, toi qui fais peser ce grand déshonneur sur le nom des Radjpoutes, puisse la malédiction d'un père tomber sur ta tête et puisses-tu mourir privé de tous tes enfants! » La malédiction s'est accomplie. Quant au magnanime Radjpoute, il se renferma dans sa forteresse héréditaire; il y vécut encore huit années, et jamais, par aucune prière, on ne put obtenir qu'il marchât sous les enseignes d'un maharadjah déshonoré.

IV. — *Principauté de Kotah.*

La principauté de Kotah est avantageusement située dans la vallée du Chamboul, au midi de Jeypour. La ville est bâtie sur la rive droite de ce cours d'eau.

Situation géographique de Kotah : latitude, 25°; longitude, 73° 25', à l'est de Paris.

Cette capitale, peu remarquable pour ses constructions, est grande, populeuse et très-commerçante; son palais est un château fort, et des remparts entourent les habitations des citoyens.

Habile et singulière administration d'un ministre absolu. — L'État eut à la fois la mauvaise et la bonne fortune de posséder un radjah très-médiocre et cependant assez sensé pour permettre à son ministre de gouverner avec un rare talent. Pendant plus de cinquante années, ce ministre éleva la principauté dans une situation de plus en plus prospère. Ajoutons que l'homme d'État, doué d'un mérite supérieur, sans cesse attentif et respectueux, rendait à son maître tous les honneurs que pouvait désirer un souverain petit d'esprit et grand de vanité.

Le sage Zalim avait placé de bonne heure la modeste principauté de Kotah sous le puissant patronage de l'Angleterre. La paix durable obtenue par ce moyen valait mieux qu'un léger tribut payé pour ce bienfait à la nation protectrice. Ainsi mis à l'abri de toute perturbation du côté de l'étranger, il a fait fleurir à la fois l'industrie, le commerce et l'agriculture. Ce personnage remarquable était âgé de quatre-vingts ans lorsque, en 1820, le général Malcolm le vit exercer encore un ministère qu'il dirigeait depuis un demi-siècle avec une rare supériorité. Il avait pourtant des défauts : il était avare et superstitieux; il consultait dévotement l'astrologie, mais il la corrigeait beaucoup en consultant aussi le sens commun.

Il était juste avec le peuple; cependant il voulait gouverner les cultivateurs avec un absolu pouvoir. Il tenait en réserve un grand nombre de laboureurs et de charrues qu'il faisait marcher à son gré. Au premier symptôme de résistance à ses volontés, et quand les ryots refusaient de payer les redevances au taux qu'il croyait convenable, ses charrues menaçantes allaient sans retard prendre possession des terres dont le revenu faisait difficulté; il réduisait par là les récalcitrants à la plus complète obéissance. En des temps ordinaires, et chez un autre peuple, ce moyen arbitraire et tyrannique aurait pu produire un soulèvement universel; mais le bonheur général empêchait qu'on éprouvât un trop vif ressentiment au sujet de ces oppressions particulières. Tandis que tous les États circonvoisins étaient en proie à l'invasion, au pillage, les campagnards du pays de Kotah jouissaient d'une tranquillité profonde; cela faisait affluer dans la principauté une foule de fugitifs auxquels Zalim assignait des terres jusqu'alors en friche. En même temps le ministre bâtissait des villes nouvelles, et les anciennes s'enrichissaient de plus en plus. On aurait pu surnommer Zalim *le despote bienfaisant.*

Observations sommaires sur quelques États de moindre importance.

Bikanire. — Bikanire est un État beaucoup plus considérable par le territoire que par la population; ce qui tient à sa position très-avancée du côté du grand désert.

Jessulmere. — Encore plus en avant, vers le midi de ce désert, se trouve le pays de Jessulmere. Quoiqu'il soit aussi grand à lui seul que nos cinq départements de Normandie, il ne compte pas soixante et quinze mille habitants; c'est une oasis au milieu de vastes solitudes, qu'on aurait tort de compter pour des dépendances.

Bhurtpour. — La principauté qui porte ce nom possède un territoire six fois moins étendu, mais huit fois plus peuplé que celui de Jessulmere. A peu de distance d'Agra, elle s'étend au voisinage de la Jumna, dans une contrée fertile, embellie par des cultures florissantes. La ville même de Bhurtpour est une place forte que les Indiens déclaraient imprenable, et qui n'a cédé qu'à la puissance britannique.

Nous ne pousserons pas plus loin ces indications sommaires sur les plus petits États radjpoutes; elles n'offriraient rien qui méritât l'attention du lecteur.

Les Radjpoutes à l'Exposition universelle de 1851.

Si quelque chose démontre le progrès qu'a fait l'influence des Anglais dans le vaste pays dont nous étudions la destinée, c'est le grand nombre de ses princes qui se sont empressés d'envoyer leurs produits dès la première Exposition universelle en 1851. Afin de complaire à la Compagnie des Indes, dix des principaux sont entrés dans ce concours. Ils ont surtout exposé les instruments auxquels ils ont dû leur puissance et la conservation de leur nationalité, c'est-à-dire leurs armes; elles étaient aussi variées que splendides... On remarquait les cottes de mailles et les casques, les boucliers et les haches d'armes, les flèches et les arcs, les massues et les épieux. A côté de ces instruments de guerre plus anciens que les autres, on voyait les armes à feu, richement ornementées, les poignards, les sabres damassés, avec des montures et des ceinturons aussi remarquables pour l'élégance des formes et pour la richesse des broderies que pour le travail des métaux employés. De l'ensemble de ces armes, dans le Palais de cristal, on avait fait des trophées resplendissants. A ces trophées s'ajoutaient les harnais somptueux des chevaux de bataille et ceux des chameaux : ces animaux si nécessaires pour traverser les déserts qui séparent le Radjahstan du bassin de l'Indus.

Les Radjpoutes ont également exposé leurs costumes élégants et riches. Ils n'ont pas non plus dédaigné de présenter plusieurs produits qu'ils savent obtenir aussi parfaitement que les habitants des autres parties de l'Inde centrale : l'attar de roses, les huiles fines d'aloès et de carthame, enfin l'opium, dont malheureusement s'enivrent avec délices un trop grand nombre de cavaliers du Radjahstan.

Le Jury international de 1851 n'a pas flatté les illustres exposants; il a donné seulement deux médailles de seconde classe à dix princes qui présentaient cette exposition splendide. Ces médailles ont été décernées, non pour des industries militaires, mais pour *des produits bruts* au radjah de Kotah et pour de l'*eau de rose* au puissant radjah de Jeypour. On n'a daigné récompenser ni le bon goût du dessin ni le fini de leurs plus belles armes.

États indépendants situés dans le pays de Malwa.

Depuis Singapore jusqu'à l'extrémité des monts Himâlayas, nous avons décrit l'empire indo-britannique, en avançant toujours vers le nord-ouest; nous avons ensuite descendu l'Indus, qui coule vers le midi. Quittant les bords du fleuve pour revenir du côté de l'orient, nous avons traversé le grand désert de sable, puis étudié les États du Radjahstan, qui ne sont arides et déserts qu'à moitié. Un pas de plus et nous trouvons une autre contrée, frontière de celle-ci dans toute sa longueur : c'est le vaste, le beau, le fertile pays de Malwa. Encore aujourd'hui ce pays est possédé par deux familles hindoues; toutes deux sont sorties d'un peuple peu nombreux, les Mahrattes, qui pendant plus d'un siècle ont poussé leurs conquêtes vers tous les confins de l'Inde, pour être envahis eux-mêmes de nos jours par une poignée d'Occidentaux, les Anglais. Autre spectacle encore plus étonnant, ce pays de Malwa que nous allons aborder, il va pendant un tiers de siècle nous présenter un règne de paix, de justice et de bonheur qui depuis mille ans paraissait impossible dans l'Inde et qu'on n'a plus l'espoir d'y voir renaître.

Il faut essayer, en quelques pages, de faire apprécier des changements à peine croyables; c'est un des spectacles à la fois les plus surprenants et les plus instructifs que puissent nous présenter les vicissitudes et les progrès de la force des nations. Parlons d'abord de la race perturbatrice.

Les mahrattes et leurs conquêtes dans la province de Malwa.

Pendant neuf cents ans, les envahisseurs musulmans

de la haute Asie, conduits par Timour, le Mogol, et par ses descendants, emmenant avec eux des Tartares, des Persans, des Afghans, finissent toujours par triompher des peuples hindous. Dans la seconde moitié du XVIIe siècle, la conquête embrasse l'Inde entière et compte au delà de cent millions d'aborigènes courbés sous un même joug.

A cette époque, dans les hautes régions qui s'étendent à l'orient des Cordilières occidentales de l'Inde, végétait un peuple robuste, hardi, peu civilisé, qu'on appelait *les belliqueux, les Mahrattes;* ils professaient le culte de Brahma, avec ses superstitions exagérées et peu de ses vertus premières.

Ce peuple, alors, ne devait pas compter plus de six à sept millions d'individus, qui subsistaient péniblement sur un vaste territoire imparfaitement cultivé, mais qui nourrissait un assez grand nombre de troupeaux et de chevaux; peuple sans raffinement, sans luxe, et conciliant une vie de privations avec de dures habitudes.

Chose étrange! ces populations hindoues avaient acquis ou trouvé naturellement sur leurs plateaux montueux les qualités, si nous osons employer ce mot, qui rendirent les races mogoles la terreur et le fléau des peuples occidentaux; une bravoure naturelle, inquiète, agitée, entreprenante, et jetant au loin ses regards, ainsi que la passion incessante des excursions à main armée, afin de remédier par le pillage à la pauvreté de la terre natale. L'ambition croissant avec le succès chez le peuple mahratte, un immense champ de bataille et surtout de déprédations se présentait à son avidité, précisément à l'époque où les musulmans de Delhi, énervés par leurs conquêtes sur l'Indus et sur le Gange, étaient devenus sédentaires, et lorsque, après avoir eu des nomades pour ancêtres, ils n'aspiraient plus qu'à s'endormir au sein de l'abondance et des voluptés.

Alors on vit dans l'Orient une lutte extraordinaire : ce fut l'invasion intermittente, progressive, et sans cesse plus redoutable, qui portait la vengeance et la dévastation chez les dominateurs indo-mahométans, par l'infatigable énergie d'une faible fraction des peuples vaincus.

Un guerrier ignorant et sauvage, mais intelligent, intrépide et sans foi comme sans merci, Sevadjie, avait commencé par ranger sous sa loi ou plutôt sous son glaive toute la race des Mahrattes. Un instinct commun les faisait se serrer autour de lui pour commencer, sous son drapeau, le pillage et l'affranchissement de l'Inde.

Sevadjie, n'ayant acquis aucune espèce d'instruction, quand il voulut former un gouvernement, appela comme ministres et comme conseillers les plus lettrés ou, pour mieux dire, les moins ignorants des brahmanes mahrattes.

Ceux-ci formèrent un conseil qui fut de prime abord héréditaire, comme le sénat de Romulus. La présidence de ce conseil se transmit elle-même, de père en fils, dans la main d'un premier ministre, qu'on appela *le Peschwa*. En deux générations, la postérité du fondateur de dynastie, réduite au rôle de rois fainéants, disparut de la scène politique; on la relégua dans une forteresse à l'extrémité du nouvel empire, à Sattara. Le conseil des brahmanes et son président le Peschwa, brahmane aussi, restèrent dans la ville centrale, dans Pounah. A partir de cette époque, on n'entend plus parler que de ce maire du palais et de son sénat, qui gouvernent le pays, dirigent les invasions et président aux conquêtes.

Le gouvernement dont nous venons de parler est d'un caractère à part et qu'il faut indiquer.

Ces brahmanes gouvernants, ambitieux et guerriers se

souciaient peu de théocratie et portaient moins haut leur ambition. Gouverner les hommes autrement que par la prière, et pour le lucre, tel était leur but. Ils étaient actifs, intelligents, courageux; mais souvent aussi, dans la conduite du gouvernement, ils mêlaient l'avarice à la trahison. L'autorité qu'ils exerçaient s'avilissait par la fourberie dès qu'il s'agissait d'intérêts politiques, au lieu de s'élever par la dignité mâle et probe, qui convient surtout dans un État grandi par la force des armes.

Il faut bien distinguer ces gouvernants des chefs militaires et de l'armée proprement dite.

Le peuple entier était guerrier. Le soldat mahratte, ainsi que l'officier, soit qu'il appartînt à la caste militaire des Kschatryas, ce qui ne l'empêchait pas d'être cultivateur, soit qu'il appartînt à la caste des Soudras, laboureurs ou pasteurs, lorsqu'il prenait les armes ne changeait pas plus ses mœurs que son costume des champs. Il conservait une simplicité dont Sevadjie, le fondateur de la puissance mahratte, avait le premier offert l'exemple.

Par son apparence modeste, ce soldat hindou différait complétement de l'orgueilleux et fastueux musulman; il se trouvait tout rapproché du paysan des États qu'il envahissait. A coup sûr, ce dernier aurait mieux aimé ne pas être pressuré par un visiteur si formidable; mais il l'était d'une façon marquée au coin de la bonhomie campagnarde, qui demande à partager de bonne amitié ce qu'on n'ose pas lui refuser. Un tel esprit n'ajoutait pas, comme chez le mahométan, le dédain et le mépris à la spoliation.

Quant à la façon de faire la guerre, le Mahratte, qui le plus souvent servait à cheval, était aussi prompt à la fuite qu'impétueux à l'attaque; il souffrait admirablement les intempéries des saisons, des jours et des nuits, la faim, la soif, la fatigue et par-dessus tout la course sans bornes. Il pratiquait ses invasions à la manière antique des Scythes ou des Parthes, à la manière des Tartares primitifs et des cavaliers modernes du Don. A leur exemple, il était surtout redoutable quand il avait l'air d'éviter le combat, et dans les surprises qu'il tentait au lieu d'attaquer à découvert. Ces troupes légères, toujours en action, toujours menaçantes, portaient la terreur plus encore sur les flancs et sur les derrières qu'en face de l'ennemi.

L'expression *kazzaki, kossaki,* d'abord empruntée des Tartares Mogols par les Moscovites, le fut ensuite par les Mahrattes. Dans la langue de ces derniers, elle signifie le pillage, et le *kazzak* est le pillard. Mais la déprédation qu'exerçaient les Mahrattes, *vrais cosaques de l'Hindoustan*, âpre à l'égard des musulmans, s'opérait contre les Hindous, en usant parfois de ménagements qu'on aurait pu croire incompatibles avec leur genre de guerre.

La grande imprévoyance de ces merveilleux partisans, imprévoyance qui finit par être pour eux une source de désastres, ce fut d'accueillir sans choix, pour grossir leur armée, des auxiliaires de toute origine, qui partageaient leurs défauts sans avoir leurs qualités, qui souvent n'étaient que des malfaiteurs, et qui les rendirent odieux.

Dans la pensée du gouvernement des Mahrattes, le grand objet, en mettant à contribution les pays envahis, était de créer des moyens de subsistance pour la troupe et de revenu pour un État qui possédait beaucoup de guerriers et peu de richesses. Une contrée consentait-elle à payer un certain tribut que les Mahrattes appelaient *le chout,* tribut qui servait à satisfaire aux besoins publics, cette contrée cessait à l'instant d'être ravagée. Dans l'origine, les sommes ainsi perçues étaient destinées, en poussant toujours plus loin les conquêtes, à grandir sans cesse les armements, pour accabler enfin l'ennemi mortel, c'est-à-dire le Grand-Mogol.

Lorsqu'ils poursuivaient ce dessein, les Mahrattes, afin d'affaiblir les résistances, s'attachaient à fomenter les dissensions parmi les personnages importants des provinces qu'ils voulaient soustraire à la puissance musulmane.

En définitive, ils avaient un caractère national différent de tous les autres peuples de l'Inde. Ils faisaient fi des honneurs et de l'honneur vis-à-vis des ennemis; ils se montraient sans orgueil, sans prétentions inutiles, et ne cherchaient que le profit. Partout ils préféraient la ruse à la violence et ne recouraient à la force qu'à défaut d'autres moyens de succès. Pour atteindre leur but, l'abaissement, nous dirions presque la bassesse, ne leur coûtait pas plus que la dissimulation et la patience. Ils commençaient par partager le pouvoir effectif et les revenus avec les principaux chefs du pays envahi; souvent même, ils occupaient volontiers chez le vaincu des positions subordonnées, pourvu qu'elles leur procurassent la réalité du pouvoir sur les populations. Ils laissaient au temps les moyens ultérieurs de leur procurer la part honorifique dont ils faisaient sans regrèt le sacrifice; ils ne s'en emparaient qu'au dernier moment utile, et ne s'en dessaisissaient plus.

Dans l'Inde centrale, les campagnards étaient flattés de voir que des guerriers, Hindous comme eux, fussent-ils élevés aux plus hautes positions, conservaient les simples coutumes de leur terre natale, et plaçaient avant les titres plus pompeux du gouvernement et de l'armée le simple nom de *Patel* ou *Patwari*, chef héréditaire ou simple comptable *d'un village*. Cet hommage aux souvenirs des champs, aux mœurs véritablement indigènes, faisait que les laboureurs, les pasteurs et jusqu'aux gens de métier de l'Hindoustan regardaient ces guerriers pasteurs ou laboureurs comme de vrais compatriotes. La même croyance religieuse et la même aversion passionnée contre l'oppresseur musulman étaient pour tous ces aborigènes des sources d'amitié.

L'organisation agricole et sociale des communes champêtres, probablement la plus ancienne institution de l'Inde, avait passé dans l'organisation complète de l'État mahratte. Au sein du village, les services les plus divers, ceux de comptable, de maître d'école, de barbier, d'astrologue, de garde champêtre, etc. tous se transmettaient de père en fils.

Il en fut ainsi dans le gouvernement mahratte, depuis le plus petit emploi public jusqu'aux plus hautes fonctions. A tous les degrés de l'ordre politique, ce fut un même esprit d'hérédité, une même aristocratie territoriale et guerrière, chez un peuple à la fois tout militaire et tout paysan.

Dans le pays des Mahrattes, un tel état de choses produisait souvent, comme en Europe au moyen-âge, des factions et des déchirements, mais sans que pour cela la nation, prise dans son ensemble, cessât d'être formidable aux ennemis extérieurs. En définitive, malgré beaucoup d'éléments de division, l'identité d'origine, de mœurs et d'organisation agissait sur toutes les tribus du peuple mahratte et les ralliait au moment du besoin contre un puissant ennemi.

Presque jusqu'au dernier moment leur respect pour la personne de leur Peschwa formait un lien qui rapprochait les membres épars de la confédération.

Nous pouvons maintenant comprendre les principales causes de succès des Mahrattes dans les conquêtes qu'ils ont faites et qu'ils ont gardées au sein de la région que nous abordons en ce moment.

La province de Malwa confine aux États radjpoutes dans toute l'étendue d'une ligne oblique dirigée du sud-ouest au nord-est, sur une largeur d'environ soixante lieues; elle est terminée par une ligne parallèle qui forme la chaîne des monts Saoutpouras. C'est à l'occident de cette chaîne et du côté du midi que s'étend immédiatement la contrée berceau des Mahrattes. On voit clairement, d'après cette indication, que le pays de Malwa, par sa beauté, sa fécondité, sa richesse et sa proximité, devait être un des premiers exposés aux incursions, puis aux invasions et finalement à la conquête, accomplies par des voisins si nécessiteux, si remuants et si redoutables.

Un quart de siècle n'était pas encore écoulé depuis la mort du puissant empereur Aureng-Zeb, lorsqu'en 1731 le Peschwa Badji Rao part de Pounah à la tête d'une forte armée et se rend maître des pays de Niemaur et de Malwa; il pousse l'invasion jusque dans les provinces de Delhi et d'Allahabad. Le Grand-Mogol, ainsi vaincu, n'obtient la paix qu'en conférant au vainqueur le gouvernement du riche pays de Malwa. Badji Rao et ses officiers victorieux se font plus déférents et plus humbles que jamais envers l'empereur musulman, ainsi qu'envers ceux des princes radjpoutes limitrophes dont ils ont saccagé les États.

En continuant leur système agressif, les Mahrattes avaient fini par obliger les descendants dégénérés de Timour à leur payer *le chout*, c'est-à-dire le quart des revenus publics, *dans tout l'empire;* ils laissaient en dehors de cette exaction les charges de gouvernement, que devait toujours supporter l'administration musulmane.

Les deux dynasties mahrattes des Sindia et des Holcar, dans le pays de Malwa.

Depuis près d'un siècle et demi, sous l'autorité nominale du Peschwa, le sort du pays de Malwa n'a guère été réglé que par deux familles mahrattes, qu'il est nécessaire de faire connaître : ce sont les Sindia et les Holcar.

La famille des Sindia : son origine et sa grandeur.

Ranodjie Sindia, respectable laboureur, était dans son village *maire héréditaire*, c'est-à-dire *Patel :* titre qui lui porta bonheur et dont il fut toujours fier, même au sommet de sa plus haute fortune. Dans ses idées d'Orient, autrefois communes aussi en Occident, il crut s'élever et ménager son avenir en obtenant le plus humble des emplois domestiques auprès du Peschwa, l'administrateur suprême des Mahrattes. En Asie, c'est un usage dont ne s'abstiennent pas les personnages les plus éminents, lorsqu'ils entrent dans leurs harems ou dans leurs zénanas, dans les salles d'apparat ou dans les temples, de déposer à la porte leur chaussure, qui reste confiée à la garde d'un serviteur. Tel fut l'emploi qu'obtint Ranodjie, nommé *garde-babouches du Peschwa.* Son maître, un jour, sortant d'une longue audience, trouve à la porte du durbar Ranodjie qui sommeillait à force d'attendre, mais qui serrait à deux mains sur sa poitrine la chaussure de son seigneur. « Eh quoi! même assoupi, cet homme veille ainsi sur ma chaussure! se dit le Peschwa; que n'en pourrais-je pas attendre, s'il lui fallait veiller sur ma personne! » En conséquence, il fait sur-le-champ de son garde-babouches un garde du corps. Cette fois, le sort cesse d'être aveugle.

Le nouveau cavalier aux gardes se montre à la fois intelligent, infatigable et par-dessus tout intrépide; en peu de temps, à force de vaillance et de mérite, il devient officier, puis commandant supérieur, puis général, et prend son rang parmi les chefs les plus éminents qu'ait possédés l'armée mahratte.

Prodigue envers les soldats, d'abord les compagnons, puis les instruments de sa fortune, il était sans cesse endetté; mais, par son dévouement, Ranodjie Sindia s'était acquis la bienveillance du premier des Holcar, commandant en chef des gardes du corps. Ce commandant, dès le principe, l'avait aidé de sa bourse, et plus tard était venu souvent à son secours dans ses embarras de fortune; chose plus rare encore, jamais le supérieur ne s'était montré jaloux, quand il avait vu son ancien soldat se rapprocher de son rang et devenir enfin son égal au milieu de l'armée. Les deux familles des Holcar et des Sindia contractèrent ainsi des liens d'estime et d'amitié qui servirent à leur mutuelle grandeur.

Madhadjie, successeur de Ranodjie Sindia, et les généraux français de Boignes et Perron.

Ranodjie Sindia avait eu deux fils légitimes et deux fils naturels; les deux premiers médiocres, les deux derniers supérieurs, surtout celui qu'on appelait *Madhadjie*. Ce dernier, par sa valeur et son génie politique, mérita d'être le chef effectif de la famille Sindia, dont il étendit la puissance et dont il accrut la renommée.

C'est Madhadjie qui, dans la partie la plus considérable du pays de Malwa, parvint à consolider la souveraineté de cette maison, qu'il eut l'habileté de faire reconnaître par les Anglais. Il devança Rundjit-Singh dans la découverte de ce secret de la fortune.

C'est encore lui qui le premier, chez les Mahrattes, eut le rare mérite d'organiser une véritable infanterie régulière, disciplinée à l'européenne. Si les Mahrattes n'avaient eu que leur cavalerie volante, ils auraient pu difficilement anéantir les forces musulmanes. Voilà ce que comprit Madhadjie; il sut accueillir un de ces Français qui cherchaient à se faire un sort vers les temps où la France, oublieuse de ses intérêts en Asie, avait perdu sa prépondérance dans le midi de l'Hindoustan. Un officier de fortune, de Boignes, aidé par ses services éminents, devint bientôt colonel, puis général au service du Mahratte. Il organisa successivement et guida dans les combats seize bataillons de cipayes[1], qui furent au milieu de l'armée asiatique ce qu'avaient été les dix mille Grecs au milieu des troupes du jeune Cyrus, c'est-à-dire invincibles. Avec cette force et l'artillerie formidable que Madhadjie joignit à sa cavalerie, le Mahratte vainquit l'empereur de Delhi. De succès en succès, il se rendit maître à la fin de ce monarque et de sa capitale. Il fit signer à son captif un firman qui nommait le Peschwa vice-roi de l'empire, et qui le nommait lui-même, comme délégué de ce vice-roi, *soubahdar* pour le pays de Malwa : comptant ainsi pour rien la vaine sujétion que supposait un pareil titre, et pour tout la réalité de la puissance.

Un historien de l'Hindoustan rapporte à ce sujet une scène qui peint merveilleusement cette partie des mœurs du peuple mahratte. Madhadjie Sindia, souverain réel de vastes pays situés entre le Sutledge et la Jumna, conquérant de la plupart des principautés radjpoutes, était commandant d'un ensemble de forces qui comptait deux divisions d'infanterie organisées à l'européenne, cent mille

[1] Perron, qui vint ensuite, a complété les brigades disciplinées par de Boignes; voyez le Mémoire de sir John Malcolm, vol. I, p. 137 et 138.

cavaliers et cinq cents pièces de canon. Lorsque ce personnage, au faîte de sa puissance, vint à Pounah présenter son hommage à l'adolescent revêtu du titre de Peschwa, il descendit de son éléphant, avant de pénétrer dans la forteresse, pour se rendre à pied au palais. Arrivé dans la grande salle d'audience, il se plaça de sa personne au-dessous de toute la noblesse héréditaire. Quand le Peschwa lui fit signe de s'asseoir au même rang que les autres grands de la nation, il répondit : « Je ne suis pas digne d'un tel honneur. » Alors, déroulant un mince paquet qu'il portait sous son bras, il en fit sortir *deux babouches* et les plaça devant le jeune Peschwa, en disant : « Voilà l'occupation que je tiens de mon père. » Il se montrait ainsi, non pas humilié, mais fier d'un point de départ qui ne rappelait que le dévouement, les illustres services et l'intrépidité de Ranodjie, le fondateur de la dynastie des Sindia.

Afin d'honorer le modeste berceau de sa famille, il avait fait acheter quelques terres pour les ajouter à celles que les laboureurs, ses ancêtres, possédaient dans le pays des Mahrattes; il témoigna le désir qu'on ne cessât pas de lui donner le titre d'officier municipal qu'il devait à son premier héritage. Voilà comment il se rendit de plus en plus populaire : aussi l'Inde entière répétait que Sindia s'était fait souverain d'un empire, en ne s'appelant que *le Patel*, c'est-à-dire *le maire de son village*.

Tel fut cet homme, toujours simple dans sa vie, ses mœurs, son costume, et qui ne cherchait la grandeur que dans sa vaillance, ses services et ses victoires.

Fortune du premier des Holcar.

Le premier de ce nom, Mulhar Rao, fils de laboureur,

comme les Sindia, avait commencé par être berger; il était né dans le hameau de Hol, en 1688. Plus tard, quand il devint un grand personnage, il prit modestement le surnom de Holcar[1], pour désigner une famille villageoise qu'il devait élever aux premiers rangs de sa nation. S'étant fait soldat, il eut le bonheur, dans un de ses premiers combats, de tuer de sa main l'un des généraux ennemis. Le Peschwa, sur le bruit de sa valeur, le prit à son service spécial; bientôt il lui donna cinq cents cavaliers à commander, et peu de temps après il le nomma général de sa garde. C'est lorsqu'il remplissait cette éminente fonction qu'il reçut, en qualité de simple cavalier, le premier des Sindia, dont il fit bientôt son ami : heureux rapprochement dont nous avons signalé l'importance.

Holcar se distingua surtout dans les invasions du Radjahstan et du grand pays de Malwa; il fut le premier chargé de l'administrer pour le Peschwa, qui lui donna dans ce pays d'amples possessions, qu'on pouvait dans le principe appeler simplement des Jaghires, et qui devinrent un royaume.

En 1761, Holcar assistait à la funeste bataille de Paniput où les Afghans, unis aux Indo-Musulmans, vainquirent les Mahrattes, commandés alors par un chef incapable et présomptueux. Après la défaite, que l'on n'aurait pas éprouvée si l'on avait suivi ses sages conseils, il se retira dans la province de Malwa; il y consolida son pouvoir, et sa famille conserve encore tous les territoires qu'il avait conquis. Il mourut à l'âge de soixante et seize ans. Ce guerrier, pendant les quarante dernières années de sa vie, n'avait pas cessé d'être un des chefs les plus éminents de la confédération mahratte. Non-seulement il était habile général et

[1] Selon sir J. Malcolm, le village de Holl s'appelait *Hull* et le titre de *Holcar* était proprement dit *Hulcar.*

renommé pour son courage, il savait régir avec bienveillance et modération les peuples conquis. Aussi, sa mémoire est-elle restée chère aux princes du Radjahstan qu'il avait soumis à sa domination, et pour lesquels il s'était plu sans cesse à témoigner de justes égards.

Succession de Mulhar Rao Holcar : la Princesse Ahalya.

Le chef éminent que nous venons de faire connaître, Mulhar Rao Holcar, six années avant d'achever sa carrière, avait perdu son fils unique, mort en combattant les Radjpoutes. Celui-ci laissait une veuve, sur qui le magnanime guerrier pouvait reposer ses plus hautes espérances : c'était la princesse Ahalya, chargée de veiller sur leur fils unique, Mallic Rao Holcar, héritier présomptif, et sur une fille qui, par son mariage, était devenue étrangère à la famille politique des Holcar.

Le petit-fils du fondateur de la dynastie succéda sans conteste aux États de son aïeul. Malheureusement ce jeune prince donna bientôt des preuves d'aliénation mentale, et, dans un accès de jalousie furieuse, il eut le malheur de souiller sa vie par un meurtre. Depuis cet instant, son imagination ne cessa plus de présenter à ses yeux le spectre de sa victime, qui pouvait à chaque moment apparaître, suivant les superstitions hindoues, pour saisir de vive force l'âme du coupable, l'emporter et la livrer aux vengeances célestes. Malgré les plus tendres soins de sa mère, qui restait nuit et jour auprès de lui pour le consoler dans sa douleur, apaiser ses terreurs et le ramener, s'il se pouvait, vers la raison, après neuf mois d'apparence de règne, il mourut en désespéré. C'était dans l'année 1765.

Comme sa sœur unique, en se mariant hors de la famille des Holcar, avait perdu tous ses droits à l'héritage de la dynastie, cet héritage, suivant la loi des Hindous, revenait à la princesse Ahalya; seule, désormais, elle avait le droit de disposer du trône ou de le conserver pour elle.

Cependant un brahmane, nommé jadis par le Peschwa ministre ou Diwan des États de Mulhar Rao Holcar, avait résolu de ravir le gouvernement à la princesse et d'établir, dans son intérêt égoïste, un ordre nouveau pour la succession. D'après ses plans artificieux, il aurait comblé de richesses la princesse Ahalya, qu'il voulait à tout prix éloigner du pouvoir. A sa place, il aurait mis sur le trône un très-jeune enfant, collatéral inconnu et fort éloigné, dont l'ambitieux brahmane serait resté pendant un grand nombre d'années le vizir, ou pour mieux dire le maître absolu. Afin d'aider à ce projet, un présent énorme, prélevé sur le trésor royal, avait séduit l'oncle du Peschwa mineur encore, et dont cet oncle était le tuteur; comme régent, il tenait dans sa main la direction supérieure des confédérés mahrattes.

Le personnage qui s'était laissé corrompre par cet or ne rougit pas de proposer à Madhadjie Sindia, dont nous avons expliqué la grande puissance, d'en faire usage pour anéantir les justes droits de l'héritière de Holcar. En cette occurrence, Madhadjie se rappela les services que son père avait reçus du premier des Holcar; il refusa de prendre les armes contre la plus digne représentante du bienfaiteur des Sindia. L'oncle du Peschwa, moins généreux, résolut de faire avancer ses propres troupes et de recourir, s'il le fallait, à la violence.

Alors les vétérans de Holcar firent éclater leur fidélité pour la princesse, qui personnifiait à leurs yeux le héros dont la vaillance les avait si souvent guidés sur le chemin de la victoire. Ahalya se montra digne d'inspirer de tels sentiments; elle voulut parler à l'imagination de ses défenseurs. Aux quatre coins d'un trône, porté par l'éléphant de combat qu'avait jadis monté le magnanime Holcar, elle fit suspendre quatre arcs et quatre carquois remplis de flèches. Montée sur ce trône, elle parut au milieu de ses troupes et déclara qu'elle venait combattre à leur tête, aussi longtemps qu'il lui resterait un seul trait à lancer contre l'ennemi. Cette attitude et l'enthousiasme manifesté par son armée déconcertèrent les projets formés contre elle. Le Peschwa lui-même, tout adolescent qu'il était, mais qui pesait déjà dans les conseils, se prononça pour les titres d'une princesse qui montrait si bien par son courage qu'elle était digne de régner. Dès ce moment, toute opposition disparut devant elle.

Ce que je voudrais montrer maintenant, c'est le caractère merveilleux du règne de la vertueuse Ahalya; règne dont le tableau le plus fidèle pourrait sembler incroyable, si je n'avais soin d'indiquer à quelle source authentique et pure j'ai puisé pour présenter la vérité.

Comment un général anglais, sir John Malcolm, a recueilli les documents qui pouvaient faire connaître le grand règne de la princesse Ahalya.

Dès 1816, sir John Malcolm avait fait partie de l'armée britannique envoyée dans le pays de Malwa pour y réprimer les Mahrattes et pour détruire leurs indignes alliés, les Pindaries, ces condottieri du vol et de la dévastation. La paix obtenue par la victoire et garantie par la destruction de tous les malfaiteurs armés, cet homme supérieur accomplissait avec un admirable succès la mission qu'il avait reçue d'établir l'ordre dans la belle contrée qui continuait à vivre sous la loi des Holcar et des Sindia. Ces deux maisons, dont nous venons d'expliquer le premier établissement, la Compagnie des Indes n'avait pas jugé qu'il convînt à sa politique de les troubler dans la possession de leurs États.

Judicieux observateur, sir John Malcolm faisait un examen approfondi des habitants et de leur pays. Depuis vingt ans, il avait consacré ses loisirs à l'étude de leur littérature et de leur histoire. Il ne connaissait pas seulement l'hindoustani et le dialecte des Mahrattes, il avait appris la langue primitive et sacrée, le sanscrit, dont il recherchait avec soin les monuments qui subsistaient encore. C'est ainsi qu'en 1820, étant venu visiter la tombe d'un saint musulman et la mosquée contiguë que gardait la famille pontificale de Lutfullah, il découvrit, incrustée au-dessous de la chaire, une tablette de marbre enlevée jadis à quelque temple brahmanique, et qui portait une inscription curieuse en langue sanscrite. Aussitôt il voulut acquérir et paya généreusement ce précieux débris d'antiquité, qu'un général moins scrupuleux, sans dépenser une roupie, aurait enlevé d'autorité.

Il n'étudiait pas avec un esprit moins attentif l'administration et les institutions que les édifices et les souvenirs artistiques ou littéraires. Dans ses explorations, lorsqu'il cherchait à connaître quel traitement éprouvaient les indigènes avant l'arrivée des Anglais, il entendait en tous lieux faire l'éloge du gouvernement d'une princesse qu'on lui peignait non pas seulement comme une reine éminente, mais comme un être supérieur à l'humanité; partout on lui disait que, pendant un tiers de siècle, elle avait fait le bonheur du peuple soumis à la dynastie des Holcar. Son cœur s'intéressait à des éloges unanimes et peu douteux au sujet d'une souveraine qui, depuis vingt-huit ans, avait cessé d'exister. Il interrogeait avec sollicitude les vieillards qui l'avaient connue, ou qui seulement étaient en âge de raison quand elle exerçait un si grand prestige et répandait tant de bonheur sur ses sujets. A son égard, il consultait surtout les principaux du pays, ceux qui l'avaient servie comme officiers publics; il leur demandait ce qu'ils savaient d'elle et de ses bienfaits, et des événements qui s'étaient accomplis sous son règne.

Après avoir fait avec un soin consciencieux l'étude approfondie du pays de Malwa, le général sir John Malcolm mit en ordre les principaux documents qu'il avait recueillis, sans oublier ses nombreux renseignements sur le règne que nous venons de signaler; il envoya ce travail à Londres, sous le titre de *Mémoire ou rapport officiel à la Cour des Directeurs de la Compagnie des Indes.*

Cette œuvre considérable, justement déclarée digne de voir le jour, fut imprimée en 1821 dans la métropole. C'est en la consultant que j'ai trouvé les faits les plus intéressants sur la princesse Ahalya, dont le règne avait été jusqu'alors absolument inconnu dans l'Occident; Macaulay même n'avait pas dit un seul mot de cette reine, illustre contemporaine de Warren Hastings, son triste héros. Il me semble aisé d'expliquer pour quel motif un règne si prodigieux n'a pas frappé, comme il le méritait, l'attention des lecteurs lorsqu'a paru l'important ouvrage de sir John Malcolm. Des faits qui méritent à juste titre d'attirer le suffrage universel se trouvent enfouis au milieu de deux volumes considérables, publiés sur l'Inde centrale, pour une époque assez circonscrite. L'ouvrage fait passer sous les yeux du lecteur un grand nombre de personnages dont la plupart restent trop peu de temps sur la scène, et rarement dans des circonstances propres à laisser d'impérissables souvenirs. Sous sa forme de Mémoire ou de Rapport, il contient beaucoup de matières techniques et d'un intérêt souvent local. Ces inconvénients, inhérents à la nature du travail officiel accompli par l'auteur, ont fait d'un ouvrage substantiel, instructif et consciencieux ce qu'il fut pour la Compagnie des Indes : un vaste répertoire à consulter[1], au lieu d'une histoire que les lecteurs de tous les pays puissent lire, dans ses diverses parties, avec le même intérêt et le même plaisir.

Tel est le document authentique et précieux, sur l'Inde centrale et le pays de Malwa, qui nous a fourni les faits dont nous allons essayer de resserrer l'enchaînement, pour présenter le tableau moral du règne qui s'est emparé de notre admiration.

Choix du général commandant les troupes de la princesse Ahalya.

Pour premier acte de sa royale autorité, la princesse avait à choisir le commandant de ses troupes. Elle arrêta son choix sur un des chefs mahrattes les plus distingués, sur Tukadjie. Cet homme de guerre, appartenant à la même tribu que les Holcar, mais non pas à la même famille, s'était distingué sous les ordres de Mulhar Rao Holcar, dont Ahalya voulait continuer, et, s'il se pouvait, perfectionner le gouvernement. Elle lui délégua son autorité sur l'armée et lui prescrivit d'ajouter à son nom celui de *fils de Holcar :* c'était le désigner comme héritier présomptif. La reine Ahalya conserva pour elle l'administration intérieure et le gouvernement des provinces de Malwa et de Nemaur.

Sans les rares qualités du général et de la princesse, un tel arrangement aurait conduit en peu de temps à des difficultés inextricables, à des conspirations et sans doute

[1] Voici le titre de l'ouvrage : *A Memoir of central India, including Malwa and adjoining provinces, etc. by major general sir John Malcolm. London, 2 vol. in-8°, 1821.*

à des crimes. Mais, d'un côté, grâce aux ménagements délicats et continuels de la souveraine, de l'autre côté, grâce au dévouement, à la reconnaissance, à la vénération de Tukadjie pour sa bienfaitrice, la plus parfaite harmonie n'a pas cessé de régner entre elle et lui pendant trente années. Durant cette longue période, le général protégea par son épée les États de la maison de Holcar; ajoutons que l'honneur d'être le chef militaire et l'héritier présomptif, désigné par la princesse dont l'Inde entière admirait les vertus, le rendait au moins l'égal des généraux mahrattes les plus éminents et les plus considérables.

Afin de montrer qu'une admirable harmonie, qui dura toujours, n'était jamais achetée, du côté de la reine, par des concessions dont pût souffrir l'austérité de ses principes, et que la protection de ses sujets n'était jamais abandonnée pour céder aux excès de l'autorité militaire, il nous suffira de citer le fait suivant.

Tukadjie, proclamé fils de Holcar, ne pouvait pas tout à fait changer son caractère national : en véritable Mahratte, il croyait pouvoir s'approprier une partie des trop grandes richesses accumulées par un financier d'Indore décédé sans postérité; il ne cacha pas ce dessein. La veuve du banquier, justement épouvantée, courut à Mhysir, capitale où résidait la princesse, et lui demanda sa protection pour la sauver de la ruine dont elle était menacée.

Il fut beau de voir la royale veuve, qui tenait le sceptre dans sa main, mettre à l'abri de la persécution et de la ruine la veuve d'un simple sujet. Elle ne voulut pas recourir à des interdictions offensantes, encore moins à des admonestations prématurées, afin d'empêcher une spoliation qui n'était pas même commencée ; elle ordonna simplement à Tukadjie de s'éloigner d'Indore avec ses troupes. Le général pénétra la pensée de sa souveraine, et cela suffit pour qu'il abandonnât toute idée de s'approprier la proie qu'il s'imaginait déjà tenir dans ses mains.

Le ministre choisi par la princesse Ahalya Holcar.

Ahalya restée maîtresse de son trône, et la question militaire résolue avec un si grand bonheur, la seconde question qui se présentait à résoudre était le choix d'un principal ministre, d'ordinaire tout-puissant au sein d'une cour asiatique, mais qui devait, cette fois, rester simple subordonné.

Avant tout, de quel châtiment ne devait-elle pas juger digne l'ancien Diwan de Mulhar Rao Holcar, ce brahmane sans scrupule et sans retenue qui s'était efforcé de la priver de la couronne et de l'expulser au besoin par l'emploi de la force? Quels exemples de rigueur et de vengeance n'aurait-elle pas pu trouver autour d'elle et jusqu'au bout des deux mondes! A Delhi, le souverain montant au trône aurait fait écraser un tel coupable sous les pieds des éléphants de la couronne, exercés à la cruauté; dans Pounah, la capitale des Mahrattes, on en nourrissait aux frais du trésor pour infliger ce genre de supplice. A Calcutta, Warren Hastings faisait pendre, au mépris des lois brahmaniques, le grand prêtre des Hindous, dont les dénonciations tendaient à le priver du gouvernement général. A Constantinople, on aurait expulsé le premier ministre, en faisant signe aux muets de l'étrangler quand il sortirait du Divan. A Téhéran, capitale plus avancée dans les raffinements d'une vengeance adoucie, l'autorité se serait contentée de faire passer devant les yeux du perfide vizir une lame d'or incandescente qui l'aurait privé de la vue. En Europe, et dans un beau siècle, sous les ombrages de Vaux, près des bords de la Seine, celui qu'on appelait pourtant

Louis le Grand ou le Magnanime, Louis XIV s'était fait un sombre plaisir d'emprisonner pour la vie un surintendant trop empressé de lui disputer, non pas la couronne, mais seulement la fidélité d'une maîtresse qu'il devait lui-même délaisser si vite, quoiqu'elle lui restât fidèle!

La princesse Ahalya ne suivit aucun de ces exemples. Domptant sa juste colère, un mélange odieux d'égoïsme, de bassesse et de trahison trouva grâce devant une pensée de bonheur national. Par intérêt bien entendu pour son peuple, sa clémence oublia tout. Dans ce conseiller quelque temps entraîné par l'ambition, elle ne voulut voir que l'homme d'État mûri par une longue expérience, connaissant à fond les affaires publiques, les hommes en général et, personnellement, les officiers de l'administration. Elle en fit son premier ministre, mais sous la condition perpétuelle d'exécuter seulement ce qu'elle aura vu par elle-même, jugé convenable à l'intérêt public et nécessaire à la justice. Voilà des conditions rarement imposées en Occident, et jamais en Orient.

Tableau de la vie et du gouvernement de la reine Ahalya.

Il est temps de suivre la princesse dans le système de gouvernement dont elle a cherché les règles pour elle-même et pour ses sujets : système qu'elle a suivi jusqu'à sa mort avec une constance inébranlable.

Le plus grand malheur des races hindoues qui n'ont pas subi le joug de l'étranger, c'est que leurs États sont privés d'institutions conservatrices. Tout change avec un nouveau monarque; tout subit l'influence de ses erreurs et de ses caprices. Aussi, pour peu qu'il soit incapable ou téméraire, l'édifice politique périt avec lui.

La princesse Ahalya ne pouvait trouver aucun secours

dans les traditions d'un régime hindou-mahratte qui s'était introduit par l'invasion à la suite du pillage, et qui s'était maintenu par la seule énergie de quelques chefs victorieux. Elle essaya de chercher en elle-même des appuis; elle en trouva d'incroyables. On dirait qu'elle découvrit, pour se les approprier, les meilleurs secrets du gouvernement le plus prévoyant, le plus sage de toute l'antiquité.

En méditant sur l'*Histoire universelle* de Bossuet, lorsqu'on étudie en particulier le troisième livre, qui signale en traits si profonds et si rapides les causes de la puissance et de la durée des principaux empires, une peinture frappe au premier abord: c'est le tableau de cette Égypte[1] où le législateur et les pontifes travaillaient chaque jour à perfectionner la vie même et l'intelligence des rois, pour les pétrir tous dans le moule sacré d'un gouvernement immuable. On procédait à l'égard des Pharaons suivant le même mode inflexible, qu'ils fussent ou non prédisposés par leurs facultés et leur caractère à remplir dignement le plus grand des rôles. Ce système a réussi pendant plus de trois mille ans et sous plus de trente dynasties.

Ici, nous ne pouvons nous empêcher de signaler par un exemple tiré de l'Inde centrale, et dans un siècle considéré pour cette contrée comme un siècle de décadence, ce que peut une nature d'élite afin d'arriver au même résultat sans employer de si sublimes artifices.

Nous venons d'indiquer les règles austères imposées par les lois à la vie des rois d'Égypte; Ahalya, sans conseiller officieux et sans Mentor impérieux, s'imposa des lois plus sévères encore. Les prêtres des bords du Nil exigeaient que les rois, avares du temps, se levassent au point du jour : au point du jour, Ahalya, maîtresse de son temps

[1] *Histoire universelle* de Bossuet, liv. III : les Empires; § 3, les Scythes, les Éthiopiens, *les Égyptiens.*

et d'elle-même, était debout depuis une heure, et méditait seule pour s'apprendre de plus en plus à bien régner. A chaque repas, on mesurait, on pesait aux Pharaons le boire et le manger; Ahalya, dans un climat plus méridional que Memphis et que Thèbes, se réduisait d'elle-même à la moindre quantité des plus simples aliments indispensables à sa vie. Dans la caste dont faisait partie sa famille, la nourriture animale était permise; elle s'en interdit l'usage, afin de faire à ses dieux l'hommage quotidien de cette privation : il n'était pas nécessaire que l'Égypte lui révélât l'avantage de vivre ainsi pour conserver la lucidité de son intelligence et la fraîcheur de ses idées, sous les feux de la zone torride. Chaque matin, les pontifes des bords du Nil assujettissaient le monarque à leur prêter attention pendant tout le temps qu'ils lui prêchaient, dans les temples d'Isis ou d'Osiris, les devoirs infinis de la royauté et la conduite qu'il devait tenir pour assurer le bon ordre et le bien-être du peuple; la princesse mahratte consultait d'elle-même les prêtres de son pays, qu'elle faisait librement appeler et qu'elle écoutait tous les jours avec respect. Cependant, plus capable qu'eux de donner des leçons sur l'art de gouverner un État, de sauvegarder un trône et d'avancer, à force de conscience, dans les voies du bien et de la sagesse, elle puisait toute seule à la source des Védas, dont elle avait appris à lire le texte sacré, les inspirations sublimes qui l'avançaient chaque jour et l'élevaient plus haut dans les voies du bon gouvernement et de la vertu.

Pour peindre en deux mots le genre de vie qu'avait adopté la princesse Ahalya, nous dirons qu'elle employait neuf heures, chaque matin, pour s'exercer à bien régner sur elle-même, et neuf autres heures, chaque après-midi, pour s'appliquer à bien régner sur son peuple.

Telle fut la règle dans laquelle sa volonté surhumaine enferma son existence, entre sa trentième et sa soixantième année. A ce terme de sa vie, épuisée par un travail qu'elle n'allégeait pas sous l'excuse de la vieillesse, exténuée par des jeûnes qu'elle observait avec une inflexible fidélité, elle ne cessa de vivre qu'en régnant, c'est-à-dire en veillant jusqu'à sa dernière heure à la prospérité de ses États.

Si digne que cette reine ait été de prendre sa part de la félicité toujours croissante qu'elle procurait à ses sujets, elle a pourtant éprouvé les plus grandes douleurs qui puissent accabler la souveraine, l'épouse et la mère.

Lorsqu'à peine âgée de vingt ans elle perdit l'époux tendrement aimé qui devait s'asseoir avec elle sur le trône, au lieu d'ambitionner par orgueil un supplice insensé, au lieu de sacrifier sans fruit sa vie sur un bûcher, elle voulut survivre au prince en lui gardant une éternelle fidélité. Elle se fit une loi de veiller sans relâche à former la jeunesse des deux enfants dont elle était mère et qu'il avait confiés à sa garde.

Afin de mieux remplir ce grand devoir, elle renonça d'elle-même à tous les plaisirs mondains permis chez un peuple qui, fidèle aux mœurs antiques des Hindous, n'avait pas reçu des musulmans l'odieux mépris, la reclusion et l'asservissement des femmes.

Quand elle monta sur le trône, elle n'accepta point, sous le prétexte accoutumé d'obligations politiques, les dissipations et les plaisirs d'une cour frivole; son palais resta la demeure sérieuse et simple d'une princesse déjà veuve, et qui ne voulait jamais cesser de l'être. En arrivant au pouvoir suprême, la princesse Ahalya n'eut garde d'oublier la fidélité sans bornes qu'elle avait vouée à la mémoire de son époux. Quoique cette perte datât déjà de sept années, elle n'avait jamais quitté le deuil sévère qu'elle avait pris le premier jour de son veuvage et qu'elle garda, même sur le trône, jusqu'au jour de sa mort. Elle portait une robe tout unie, sans couleurs voyantes, sans broderies et sans autres ornements. Loin d'étaler, fût-ce dans les jours d'apparat, les pierreries, les perles et les diamants, ces nécessités du faste de l'Orient, elle portait pour toute parure un petit et modeste collier sans travail et sans valeur. Les industriels de l'Asie la censuraient peut-être, en disant qu'elle entravait les libertés de la dépense et qu'elle avait l'esprit étroit. Bénarès avec ses brocarts d'argent et d'or, Cachemire avec ses châles admirés dans les deux mondes, Lahore avec ses joyaux, Dacca même avec ses voiles translucides, si propres à ne rien voiler, toutes les cités qui s'enrichissaient par les superfluités de l'orgueil et du luxe avaient le même droit d'éclater en plaintes contre l'héritière d'un trésor de cinquante millions laissés par Holcar, et qui néanmoins ne dépensait pas le moindre million *pour faire*, comme on dirait vulgairement en Europe, *aller les manufactures.*

Quand les hommes ambitieux de jouer le rôle de courtisan virent avec douleur qu'on ne pouvait entraîner la princesse vers aucune jouissance matérielle, ils imaginèrent, pour dernier espoir, de la rendre sensible aux séductions plus délicates d'une habile et dangereuse adulation. Ils la convièrent à goûter ces plaisirs de l'éloge délicat qu'Alexandre espérait d'Athènes pour prix du monde ravagé, et qu'Auguste, malgré ses proscriptions, a goûtés dans Rome, grâce aux écrits trop complaisants, mais enchanteurs, de Virgile et d'Horace. On alla chercher le poëte le plus renommé, qui charmait le mieux les cours polies des princes radjpoutes; on le chargea de célébrer, chose facile, les vertus de la sage Ahalya, dans l'espoir de lui faire perdre la plus admirable de toutes, la modestie sur le trône. On obtint de la reine qu'elle entendrait l'auteur du poëme, récitant lui-même ses vers. Elle les écouta sans laisser échapper aucun signe de satisfaction ni d'impatience. La lecture finie, elle se contenta de dire : « Je ne « suis qu'une faible femme, et je ne crois pas être digne de « ces éloges excessifs. » L'auteur remercié, et congédié, elle ordonna que son œuvre adulatrice fût jetée dans la Nerbudda, et jamais le poëte n'entendit parler d'elle. On conçoit avec quelle efficacité cette conduite fit cesser les panégyriques et les apothéoses, pendant un règne de trente ans, qui cependant les méritait chaque jour davantage.

Revenons encore sur les détails étonnants de sa vie, moins étonnants que sa constance à les répéter tous les jours dans le même ordre, avec la même durée.

J'ai déjà dit que la princesse Ahalya se levait une heure avant la pointe du jour. Bientôt après, elle se livrait aux prières, aux cérémonies de son culte brahmanique. Pendant un temps dont sa raison fixait la longueur, elle lisait ou se faisait lire quelques pages des Védas, de ces chants inspirés qui lui donnaient la plus haute idée de ses devoirs envers ses sujets et les dieux. Ensuite, pour entretenir son âme dans les doux sentiments de la pitié et de la charité, elle distribuait elle-même des secours, des aumônes et des aliments aux brahmanes nécessiteux, sans oublier les autres infortunés. Tous ces devoirs accomplis, elle prenait son léger repas du matin, auquel succédaient quelques instants de repos. Elle vaquait ensuite aux soins peu prolongés d'une toilette d'où les vains ornements, nous le savons, étaient bannis, mais qui commandait le respect par sa simplicité même. Ayant de la sorte mis un terme aux soins qu'exigeait sa personne, elle passait à la deuxième partie de sa journée.

C'était à deux heures après midi qu'elle se rendait au Conseil de ses ministres, pour le présider elle-même. Les séances ordinaires ne duraient pas moins de quatre heures, quoique ses États ne fussent pas plus étendus qu'un petit royaume européen; mais, comme elle en traitait tous les intérêts avec une patience, une attention religieuses, ce temps n'était jamais trop long.

De six à huit heures du soir, elle suivait avec ponctualité les derniers exercices prescrits par son culte, sans admettre que le trône servît de prétexte pour la dispenser d'un seul. Elle prenait ensuite un second repas, remarquable comme le premier par sa frugalité.

Le moment arrivait, enfin, d'examiner les affaires de l'État qu'elle seule devait connaître, celles qui demandaient ses plus graves méditations et l'appel silencieux fait à sa conscience. Ce dernier travail ne cessait guère qu'à la onzième heure du soir.

Une pareille existence, aussi régulière que celle d'un cénobite, ne subissait quelques changements que dans les jours de solennités civiles ou religieuses, et dans les circonstances gouvernementales extraordinaires.

Elle aimait sans injuste préférence toutes les classes de son peuple. Elle était pleine de douceur, de bon accueil et d'indulgence envers ses sujets vertueux et paisibles. Elle se montrait justement sévère avec les turbulents, les déprédateurs, les concussionnaires et les criminels; cependant elle n'avait garde d'oublier la commisération partout où sa bonté pouvait, sans danger et sans faiblesse, pardonner au repentir.

Elle a gardé toute sa vie le même ministre dont le désir le plus ardent avait été de l'écarter du trône, sans se dissimuler ses défauts, qu'elle corrigeait, mais sans rien oublier de ses qualités, qu'elle savait mettre à profit. Elle choisissait avec perspicacité les officiers de son gouvernement, et ne se croyait pas permis, en distribuant les emplois et les honneurs, de s'abandonner à son caprice plutôt que d'obéir aux droits du vrai mérite. Tous, une fois choisis, étaient tenus en éveil par sa vigilance; et, comme ils étaient jaloux de mériter ses éloges, presque jamais elle n'éprouvait le besoin de les destituer. Elle leur inspirait l'esprit qui l'animait; l'émulation les gagnait, et c'était à qui répondrait le mieux à ses vues, afin de faire aimer son gouvernement.

Le chef tout-puissant de la grande famille Sindia, le fils éminent de l'obligé du premier des Holcar, Madhadjie, professait pour Ahalya un attachement respectueux et chevaleresque. Dès les premiers moments, il avait pu lui rendre des services de la plus haute importance; dans tous les temps, ce guerrier redouté la garantissait contre des agressions qu'auraient pu tenter contre elle d'autres chefs, ou mahrattes, ou radjpoutes, ou musulmans. Posséder dans l'Inde centrale la renommée d'être l'ami de la sainte Ahalya, c'était un prix qui récompensait amplement la protection militaire qu'un grand radjah pouvait prêter au sceptre d'une femme.

Leurs territoires étaient enclavés les uns dans les autres; mais Madhadjie ordonnant à tous ses officiers de prêter main-forte au gouvernement de la reine, elle avait en réalité toute l'assistance matérielle de son formidable voisin, qu'elle payait en influence morale, et quelquefois par des services. Dans une grave circonstance, Madhadjie eut besoin d'un notable secours pécuniaire; aussitôt il reçut de la princesse, comme un prêt gracieux, sept millions et demi de francs, dont peut-être, en vrai Mahratte, il resta toujours redevable. Mais la princesse avait assez de grandeur d'âme pour ne jamais rien redemander à son ami; ce fut peut-être la première fois qu'une dette aussi pesante ne rendit pas le débiteur ennemi du créancier.

Cette femme supérieure traitait avec indulgence et les radjahs et les chefs moins considérables que les guerres précédentes avaient rendus tributaires de la maison de Holcar. Elle était facile à leur accorder d'amples délais pour payer leurs redevances, quand ils pouvaient en justifier la nécessité; mais, lorsque les retards ne paraissaient justifiés par aucun motif raisonnable, ses reproches, aussi sévères que pressants, inspiraient une crainte toujours salutaire et promptement suivie d'obéissance.

Par suite d'une anarchie longtemps prolongée, les États de la princesse étaient désolés par les exactions d'une foule de petits despotes radjpoutes qui s'étaient fait des revenus chez leurs voisins, à la manière des Mahrattes. Sur les peuplades peu distantes de leurs châteaux ils avaient établi des contributions qui représentaient *l'abstention du pillage;* c'était le *chout* asiatique, le *black-mail* des montagnards écossais. Sans repousser par la force des titres aussi peu justifiables, mais expliqués par le malheur des époques antérieures, elle aimait mieux traiter doucement avec les anciens déprédateurs, et racheter à l'amiable l'affranchissement pécuniaire de ses sujets. Cette heureuse politique était imitée même par le puissant Madhadjie Sindia, qui gagnait toujours à prendre la reine pour modèle. Ainsi le pays entier de Malwa, malgré ses bizarres découpures et les enclaves mutuelles de deux souverainetés, voyait disparaître une foule d'anciennes exactions, fruits de l'anarchie, et qui longtemps avaient causé l'appauvrissement des peuples.

Civilisation des Gonds et des Bhils par la reine Ahalya.

Disons comment la reine s'y prenait avec des tribus à demi barbares, avec les *Gonds*, qui pillaient les rivages de la Nerbudda, et les *Bhils*, dont les nombreuses tribus infestaient les régions montagneuses du pays de Malwa. Elle avait échoué dans ses premières tentatives de douceur et de bienfaisance; il fallut recourir à la rigueur. Elle fut obligée de faire arrêter et d'envoyer au supplice quelques-uns des chefs les plus criminels, qui ne voulaient pas cesser de répandre le sang de ses plus paisibles sujets. Elle n'employait de telles sévérités que pour inspirer à la plus mauvaise partie de ces peuplades barbares une terreur salutaire. Elle rendit presque impossible aux survivants de faire le mal avec impunité, en établissant des postes au milieu des défilés et auprès des gués les plus importants des montagnes et des rivières.

La sécurité publique assurée, elle cherchait à gagner ces demi-sauvages en conciliant, autant qu'il se pouvait, leurs mœurs et les habitudes de leur existence avec l'état d'une civilisation plus honnête et plus douce. Elle leur conservait le privilége, qu'ils possédaient depuis longtemps, de percevoir, mais en le modérant avec sagesse, un droit sur les marchandises qui traversaient les passages de leurs montagnes; elle les attirait vers l'agriculture par le don gracieux de terrains féconds et les excitait à les cultiver. En retour, elle exigeait qu'ils gardassent eux-mêmes les chemins dangereux, sur lesquels ils bénéficiaient de la sorte à double titre; chemins améliorés par degrés, qui traversaient les parties les plus sauvages et naguère encore les plus redoutées des voyageurs.

Vues de la reine Ahalya sur la félicité publique. Le gouvernement de la princesse n'ayant pas d'autre objet que le bonheur de ses sujets, elle croyait s'enrichir quand elle voyait s'accroître l'aisance des propriétaires et le bénéfice loyal des fermiers, la richesse des banquiers et des commerçants, le bien-être des artisans et des plus petits laboureurs. Elle ne pensait pas, comme la plupart des princes de l'Inde, que le progrès naturel du revenu des habitants, fruit de leur travail et de leur industrie, fût un motif nécessaire pour aggraver les impôts qu'ils payaient à l'État et pour inventer des charges nouvelles qui les tiendraient toujours dans la même pénurie.

La liste civile. La fortune héréditaire de la princesse Ahalya lui procurait un million de rentes par année : c'était sa liste civile. Par conséquent, pour ses dépenses personnelles, jamais elle n'avait besoin de demander un subside à son peuple; au contraire, une partie notable de son revenu, par des charités et des générosités de toute nature, était distribuée aux plus infortunés de ses sujets.

Le Trésor, accumulé par les invasions et les conquêtes des Holcar, s'élevait, comme nous l'avons dit, à 50 millions de francs. La reine s'était servie de ce dépôt pour aider soit à bâtir, soit à réparer des forteresses dont les unes étaient nécessaires à la paix intérieure, les autres à la défense des frontières. Ensuite, elle avait créé plusieurs grandes voies de communication; et l'on cite en particulier la route ouverte dans la partie la plus sauvage des monts Vindhyas, route qui présentait d'excessives difficultés et de grands avantages. Elle a fait construire des maisons hospitalières, appelées *Dharmsalas*, pour servir d'asile aux voyageurs dans les parties des grandes routes éloignées de toute habitation. Sur le bord de ces routes, elle ordonnait que des puits ou des fontaines fussent creusés et tenus en bon état, afin que les voyageurs et les animaux de leurs caravanes trouvassent toujours les moyens de se désaltérer près de l'abri qui leur était offert. Dans le même dessein, si les puits ou les fontaines étaient trop éloignés, aussitôt qu'arrivaient les fortes chaleurs d'un climat torride, elle employait des porteurs qui munissaient d'eau les stations les plus isolées.

Parallèle de deux règnes contemporains.

Avant d'aller plus loin, qu'il nous soit permis de présenter un rapprochement entre ces bienfaits et ceux d'un règne européen des plus célèbres, règne contemporain de celui dont nous essayons de faire apprécier les actes et le caractère.

Trois ans plus tôt que la reine Ahalya, une grande princesse d'Occident était montée sur le trône; elle n'avait quitté la vie qu'une année seulement après sa contemporaine orientale.

Cette femme forte et hardie, qui foulait sous ses pieds les lois de son sexe et surtout la pudicité, croyait tout effacer avec la gloire, ou plutôt avec le bruit et la renommée. Philosophes et lettrés d'un siècle peu scrupuleux, gagnés ou séduits par des largesses et des flatteries descendues d'un trône, ces faux amis de la sagesse et de la vérité célébraient en elle *la lumière qui vient du Nord*[1] et *la Sémiramis des temps modernes*. Ils le pouvaient! car elle avait, imitatrice trop fidèle, posé sur son front la couronne en effaçant de la vie le Ninus de ses États. Maîtresse d'un empire immense, elle aurait présenté le plus imposant des règnes, s'il n'en avait pas été le plus

[1] C'est du Nord, aujourd'hui, que nous vient la lumière. (VOLTAIRE).

imposteur. Elle a, non pas conquis, mais dérobé la plus chevaleresque des nations, dont elle a commencé l'agonie séculaire. Quand elle s'est emparée de la Tartarie européenne, le monde entier a retenti de la prospérité qu'elle était censée prodiguer à ses nouveaux asservis. Bientôt, le ministre-amant qu'elle avait choisi parmi ses officiers veut l'entraîner, de plaisirs en plaisirs, dans un voyage à jamais célèbre, et lui révéler les bienfaits qu'elle est censée prodiguer à ses sujets. Pour donner à Catherine la Superbe le spectacle d'une marche triomphale, il la conduit à travers la Tartarie européenne, envahie par les aigles moscovites depuis les rives du Volga jusqu'à celles du Borysthène, jusqu'au voisinage du Pruth, jusqu'au fond de la Crimée. Afin de montrer à la conquérante les *pas* qu'elle avait fait faire à la civilisation de ses nouvelles provinces, le courtisan audacieux parsemait la route qu'elle devait parcourir avec des apparences de villages et de villes, peuplés d'habitants momentanés; tous étaient employés à construire des arcs de triomphe érigés au milieu de bosquets formés d'arbres verts, abattus au loin, puis solidement implantés dans le sable, et qui ne pouvaient se flétrir qu'au bout d'un certain nombre de jours. Le dernier de ces arcs triomphaux, qui s'élevait à l'extrémité de la Tauride la moins éloignée de Stamboul, portait pour inscription césarienne : *Chemin de Byzance.*

Quand près de la zone glaciale une femme régnait ou faisait régner son favori avec ce faste, ce débordement et cet amour du mensonge, une autre femme, près de la zone torride, gouvernait sans pompe, sans faiblesses, sans vain bruit, et n'aspirait, si nous pouvons parler ainsi, *qu'à régner tout bas*, sur elle-même et sur son peuple. Elle aussi voyageait dans son royaume, mais pour voir au lieu d'être vue; mais pour savoir ce qui manquait à ses sujets et pour venir à leur secours. Lorsque la reine Ahalya visitait la partie la moins peuplée de ses paisibles États, elle y trouvait des villages véritables que de vrais colons, attirés par ses bienfaits et fuyant la guerre étrangère, avaient bâtis de leurs mains, et tout autour elle voyait des guérets véritablement défrichés sous ses auspices. Elle s'abritait dans les maisons hospitalières, dans les Dharmsalas, son ouvrage, et se désaltérait aux puits, aux fontaines, aux citernes qu'elle-même avait fait construire dans les lieux les plus déserts et les plus arides pour attendre et sauver les voyageurs. Elle s'assurait, en personne, que tous ces moyens de bien-être et de salut étaient préparés, accomplis, je dirais presque comme si la Providence en avait ordonné la création. Lorsque ses intentions se trouvaient réalisées, et presque toujours elles l'étaient, la reine passait sans rien trouver dans cet ensemble de bienfaits qui pût ôter quelque chose à sa modestie.

Nous ne faisons pas à nos lecteurs l'injure de leur demander à laquelle des deux souveraines, celle d'Occident ou celle d'Orient, ils décernent le nom de grande et de sublime ! Poursuivons la description du plus humain des deux règnes.

La charité brahmanique pour les hommes et les animaux.

Quand approchaient les froids de l'hiver, la reine Ahalya faisait vêtir à ses frais, dans une foule d'endroits, un grand nombre d'indigents. Avec une imagination et des sentiments dont on peut trouver la source dans les préceptes des Védas, elle étendait sa compassion et ses secours aux animaux qui vivent en liberté sur la terre, au sein des airs, ou dans les eaux. Elle voulait qu'une portion de ses champs fût destinée à satisfaire aux besoins des petits oiseaux qui venaient, sans craindre d'être détruits, sur les terres de la reine chercher un aliment que sur d'autres terres l'avide cultivateur ne leur permettait pas de soustraire à des moissons réservées en entier pour sa seule avarice.

Les monuments religieux construits ou réparés.

Continuellement attentive en faveur des hommes et des moindres êtres animés, la reine n'oubliait pas les dieux et le souverain Créateur; elle apportait des soins constants aux édifices consacrés à leur culte. Elle a bâti des temples nombreux et magnifiques dans Mhysir, sa capitale; elle en a bâti près des souterrains abandonnés d'Ellora, puis dans Indore, qu'elle avait trouvée bourgade insignifiante et dont elle a fait une cité grande, opulente, populeuse et bien ordonnée. Ses constructions, ses dotations, étaient dirigées vers la bienfaisance publique; ses nombreux présents, pour ajouter à la solennité des fêtes religieuses, ne s'arrêtaient pas aux frontières de ses États.

Depuis des siècles, les sectateurs de l'Islam avaient détruit le temple si révéré de Siva, qui dominait la mer sur le cap occidental du Gouzzerat : c'était *le temple de Sumnath,* où les pèlerins ne cessaient pas d'accourir, afin d'adorer au moins des ruines ! La seule Ahalya put obtenir des fanatiques musulmans la permission de rebâtir un monument, objet des regrets séculaires; et, seule, elle suffit à cette munificence.

Ses pieuses offrandes allaient embellir jusqu'aux extrémités de l'Inde les lieux les plus renommés et les plus chers aux sectateurs de Brahma : elles s'étendaient de Jaggernauth, sur les bords du golfe du Bengale, à Dwarracca, sur les bords du golfe Arabique, et de Ramisceram, non loin du cap Comorin, où l'Inde finit du côté du midi, à Kedarnath, au milieu des Himâlayas, où l'Inde finit du côté du nord. Enfin, au centre de la péninsule, à Gaya, sont érigées ses belles constructions : là, ses admirateurs ne peuvent voir sans éprouver un sentiment de gratitude et de vénération la statue qui la représente adorant le dieu Mahadeo.

Il ne manquait pas de personnes envieuses qui critiquaient les créations que nous venons d'énumérer, et les grandes largesses que faisait la reine Ahalya pour honorer les dieux dans les pays éloignés de ses États. Ses détracteurs auraient voulu qu'elle réservât tout son revenu pour les dépenses intérieures, bien ou mal justifiées, par lesquelles tant de gouvernements croient ajouter à leur splendeur, à leur puissance. Afin de répondre à ces blâmes satiriques, voici ce que disait un prudent brahmane à l'un des Européens les plus judicieux, à Malcolm :

« Lors même que la princesse aurait sacrifié pour payer plus de soldats ce qu'elle dépensait en charités de toute nature, en institutions bienfaisantes, en sacrifices pieux, en travaux pour les temples et pour les cérémonies sacrées, croyez-vous qu'elle aurait pu, pendant trente années, conserver aussi bien ses États dans la paix la plus profonde, paix obtenue par les moyens qui rendaient ses sujets heureux et qui la faisaient adorer? Tandis qu'elle agissait ainsi, personne, à coup sûr, ne lui supposait une vaine ostentation dans son culte envers les dieux; mais, quand elle n'eût possédé qu'une prudence mondaine, aurait-elle pu deviner d'autres moyens aussi sagement calculés pour obtenir un si précieux résultat? »

Le sage brahmane ajoutait : « Pendant les dernières années de son administration, je remplissais à Pounah, près du Peschwa, l'une des principales fonctions publiques; je puis vous dire quels sentiments d'admiration et quel dévouement pour la reine étaient excités aussitôt qu'on prononçait son nom dans cette capitale des États mahrattes. Parmi les princes de sa propre nation, on aurait regardé comme un sacrilége de se déclarer son ennemi, ou seulement de ne pas accourir afin de la défendre contre toute agression. L'Inde entière la contemplait d'un même œil et de faveur et de respect; le Nizam, dans le Deccan, et le sultan Tippou, dans le royaume de Mysore, quoique musulmans, témoignaient pour elle la même vénération que le Peschwa, le premier des princes mahrattes. On voyait les mahométans s'unir aux Hindous dans les prières qu'ils adressaient, chacun au pied de ses autels, pour la longue vie d'Ahalya et pour le bonheur de son règne. »

Les infortunes personnelles de la Reine Ahalya.

La princesse qui méritait à tant de titres d'être heureuse fut accablée par les plus grandes douleurs que son sexe puisse éprouver. Déjà nous savons qu'à peine âgée de vingt-trois ans, elle était devenue veuve de l'héritier du trône des Holcar. Nous avons vu que son fils unique, au sortir de l'adolescence, avait perdu la raison, et que, s'étant rendu coupable d'un meurtre, accablé par les remords, il avait fini ses jours dans les bras de sa mère désespérée. Un être seulement restait pour la consoler : c'était sa fille, dernier objet de toutes ses affections. Celle-ci, malheureuse comme sa mère, perd en peu de temps son fils unique et son époux; elle déclare aussitôt qu'elle veut quitter une vie sans consolations pour elle et ne pas survivre à son époux. Ahalya, par tous les efforts de sa raison, essaye de changer cette résolution funeste : elle fait valoir ses droits de mère et ses titres si doux à la tendresse de sa fille; elle invoque même son autorité de souveraine et les avis de la plus profonde sagesse. Quand elle reconnaît que tous ces moyens de persuasion sont impuissants, elle se précipite aux genoux de sa fille et la supplie, puisqu'elle révérait les dieux, de ne pas la laisser seule et désolée au milieu de ce monde où rien ne lui restera du fruit de ses entrailles. « Ma mère, lui dit sa fille, dont le cœur est endurci par le fanatisme du suicide, à l'âge où vous êtes parvenue, quelques années ne mettront que trop tôt un terme à votre existence. Mais, moi, j'ai perdu mon fils, j'ai perdu mon mari; quand vous les rejoindrez dans les régions du ciel, la vie, je le sens, ne me sera plus qu'un supplice, et j'aurai perdu la seule occasion de la finir avec honneur. Laissez-moi donc suivre en paix ma résolution inébranlable. »

Ne pouvant parvenir à vaincre cette opiniâtre détermination, la reine voulut du moins accompagner sa fille jusqu'en face du bûcher. Elle eut la force de la suivre; mais, quand elle vit les flammes s'élever, ses cris douloureux l'emportèrent sur la fermeté de son âme; elle se tordit les mains de désespoir, et tomba privée de ses sens au milieu des brahmanes qui composaient son cortége.

Plus tard, elle fit ériger à son gendre, à son petit-fils, à sa fille, qu'elle pleura toujours, un des mausolées les plus beaux et les plus achevés dans leurs ornements qui soient admirés dans l'Inde centrale.

Portrait de la reine. On se demandera sans doute quels étaient les traits et la physionomie de la souveraine incomparable dont nous n'avons dépeint jusqu'ici que l'âme, le caractère, les malheurs et les sublimes actions.

Son aspect n'avait rien d'imposant ni de majestueux. Elle était mince, délicate et de moyenne stature; elle n'avait jamais eu cette beauté qui passe si vite, et surtout dans le midi de l'Asie. La couleur de son teint était olivâtre; cependant sa carnation, délicate et transparente, laissait se refléter sur son visage les moindres nuances des affections, énergiques ou gracieuses, qu'elle éprouvait au fond de l'âme.

On rapporte qu'une princesse Anuntia, l'épouse aussi belle que vicieuse du Peschwa des Mahrattes, était dévorée d'envie contre la sage Ahalya, dont l'Inde entière admirait les vertus; elle envoya sa confidente intime pour savoir la vérité sur la figure de la femme dont elle était le plus jalouse. La messagère, ayant rempli sa mission, répondit à sa souveraine : « Ses traits ne peuvent pas être appelés beaux; mais une lumière qu'on dirait céleste rayonne sur sa figure, et sa grâce est infinie. — Ah! du moins, répondit avec dépit l'envieuse et méchante Mahratte, ah! du moins elle n'est pas belle!.... » Ce fut le seul mot de consolation qui vint expirer sur ses lèvres.

Il ne faut pas s'imaginer qu'au milieu des devoirs et des soucis du trône, la physionomie d'Ahalya n'exprimât jamais qu'une aménité douce et satisfaite, naturelle expression d'une âme toujours en paix avec elle-même. Lorsqu'elle était obligée de faire entendre des réprimandes austères ou d'ordonner des châtiments nécessaires au bien public, dans ces occasions pénibles, sa conscience soulevée et sa juste indignation, passant sur son visage en éclairs de feu, faisaient trembler jusqu'à ses serviteurs les plus confiants et les plus chéris. Terreur salutaire! qui prévenait, en faveur de son peuple, les exactions et les méfaits d'un nombre toujours trop grand de personnes privées et de fonctionnaires publics.

Quelques imaginations légères et dissipées se peindront peut-être sous des couleurs dépourvues d'agrément un règne dépourvu de cour, et, qui pis est, de courtisans; ils prendront une lugubre idée de l'état d'un pays où la suprême autorité vivait sans prodigalités et sans faveurs, sans distractions passagères et sans plaisirs toujours nouveaux, en un mot, sans spectacles et sans fêtes. Quelle ne serait pas leur erreur!

Tandis que la reine éloignait d'elle ces dissipations bruyantes et toutes ces réjouissances qui sont si peu de la joie, le peuple semblait s'approprier une festivité dont les abords du trône n'offraient pas même un simulacre. A vingt-quatre siècles de distance, on voyait briller en Orient un bonheur dont l'Occident avait présenté le spectacle sous le règne de Numa, qu'on pourrait appeler *le Prince Âhalya de Rome.* « On apercevait, dit Plutarque[1] en parlant de ce beau règne, un admirable changement dans les mœurs et dans la félicité générale de la ville de Romulus et de l'Italie tout entière. A la fureur de la guerre on voyait succéder le doux plaisir d'être heureux par la paix, de cultiver ses biens en sûreté, d'élever sans alarmes ses enfants et de servir sans inquiétude les divinités de la patrie. Sur toute la terre italique, ce n'étaient que fêtes et sacrifices en l'honneur des dieux, que jeux publics et festins, que plaisirs de gens qui, pour se voir et se recevoir, pouvaient aller les uns chez les autres sans aucune appréhension. En un mot, la sagesse de Numa semblait une source abondante et pure, d'où le bonheur, accompagné de la justice et de la vertu, refluait dans le cœur de tous les peuples et répandait dans leurs esprits la sérénité qui régnait dans l'âme du prince. »

Ce qui rend à nos yeux le règne d'Ahalya digne d'une attention particulière au milieu d'un livre consacré, comme le nôtre, à faire connaître l'Inde dans ses forces

[1] *Vies des Hommes illustres* : Numa.

et son génie, c'est qu'il est, et pour la forme et pour le fond, LE PLUS HINDOU DE TOUS LES RÈGNES. En effet, il met sous nos yeux un pays reconquis sur les musulmans par une race purement hindoue; un pays, au cœur de l'Hindoustan, gouverné par une princesse appartenant à l'une des castes pures, élevée dans la crainte et surtout dans l'amour de ces dieux qui, pour leur empire préféré, ont choisi les régions favorisées de tous les dons entre la mer et les monts Himâlayas; un pays où leur culte est rappelé vers une foi redemandée au texte et surtout à l'esprit des Védas, où la vie civile est régie par le code antique de Manou, où les brahmanes président à toutes les cérémonies religieuses, où l'un d'eux est premier ministre. Les temples, si longtemps dévastés par des persécuteurs mahométans, se relèvent et s'embellissent; et la même main qui porte le sceptre restaure les autels les plus chers à Vischnou. Si l'on relisait les poëmes sanscrits, mélanges de fiction et de vérité, seuls monuments des temps lointains, à travers les récits qu'ils font des règnes les plus admirés sur les bords du Gange ou de l'Indus, sur les côtes du Malabar ou de Coromandel, on retrouverait des éclairs et comme des apparences incomplètes d'un règne idéal; ce règne idéal est celui qu'a réalisé de nos jours la grande, la pieuse, la brahmanique Ahalya.

Les Hindous, dans leur mythologie, prétendent avec orgueil que leurs Dieux supérieurs n'ont pas refusé d'accorder à l'Inde le bienfait de leur présence, en prenant la figure de simples mortels, et parfois même en daignant emprunter celle des animaux les moins éloignés de l'espèce humaine; ils ont désigné ces incarnations sous le nom révéré d'*Avatars*. Or, voici que, de nos jours, les peuples de l'Inde centrale, émerveillés de la perfection, qui leur semblait surnaturelle, d'un règne dont tous les actes semblaient émaner d'un être supérieur, très-grand et très-bon, *optimus maximusque*, comme le Jupiter des Latins, y trouvaient les deux caractères que partout l'homme attribue au Dieu des dieux. C'est pourquoi ces peuples disaient, en parlant de la souveraine dont toutes les actions leur semblaient ainsi marquées du sceau de la divinité suprême : *Elle est le dernier de nos Avatars!*

Cette croyance n'est pas sortie du cerveau de quelque brahmane visionnaire ou de quelque politique intéressé; elle a pris naissance, comme un instinct, comme un sentiment naturel, au milieu des villages retirés de la destruction par les bienfaits de la reine Ahalya, au fond du cœur des malheureux secourus ou sauvés par sa charité et défendus contre les malfaiteurs. Cette croyance a germé d'abord en secret dans les âmes reconnaissantes; elle s'est agrandie sans cesse, et, d'humblement populaire, elle a fini par devenir la conviction des classes supérieures chez la nation hindoue.

Jamais superstition plus ingénieuse n'a décerné d'éloge si grand et si mérité à la vie d'une simple mortelle; et ce magnifique éloge ne pouvait être donné sous pareille forme que dans le pays de l'Inde, par des sectateurs de Brahma.

Sort du pays de Malwa après le règne de la princesse Ahalya.

La félicité sans exemple des États de la princesse Ahalya n'aurait pu se continuer que sous un règne où le souverain possédât la même force d'intelligence et de travail, et les mêmes vertus, et le même amour du peuple. En se concertant avec Tukadjie, qui devait si peu lui survivre, la reine et son héritier avaient pensé d'un commun accord que, des deux fils du guerrier éminent, l'un pourrait continuer le pouvoir militaire et l'autre l'autorité civile.

Mais, après la mort d'Ahalya et de Tukadjie, à peine les deux jeunes princes eurent-ils essayé ce genre de gouvernement, la discorde naquit et le système s'écroula.

Depuis trente siècles, le malheur de l'Inde est que ses prêtres, ses ministres et ses rois n'ont jamais connu le grand art d'établir ces institutions prévoyantes par lesquelles des pouvoirs, habilement pondérés, déterminent dans l'État un mouvement régulier qui se continue sans perturbation, même quand de nouveaux princes ne portent pas sur le trône la double supériorité du génie et de la vertu. Voilà pourquoi, dès la plus haute antiquité, les gouvernements de cette contrée ont présenté tant de révolutions, et des dynasties si peu durables, dans les lieux mêmes où les institutions religieuses, perpétuées de siècle en siècle par le secours de castes immuables, bravaient ainsi les invasions et les asservissements, en un mot, résistaient à tous les efforts qui brisent les lois politiques, sans pouvoir porter atteinte au caractère de la nation.

Après la mort de la reine, il restait au premier moment tous les agents de son pouvoir, accoutumés à gouverner sous ses ordres dans l'intérêt du bien public; mais, par degrés, ces flambeaux s'éteignaient. Tant qu'ils répandaient leur clarté, tant qu'ils dirigeaient les affaires, les traditions d'un grand règne et les préceptes d'une heureuse administration ne pouvaient pas en entier disparaître. Les gouvernants de talent médiocre, et de vertu plus médiocre encore, qui se succédaient dans le pays de Malwa, éprouvaient le besoin de se faire pardonner aux yeux des peuples leurs imperfections et leurs vices multipliés; ils s'efforçaient d'imiter par quelques côtés un règne dont les hommes sentaient le prix chaque jour davantage depuis qu'ils l'avaient perdu.

Vingt-cinq ans après la mort de la reine, le ministre du

nouveau prince qui siégeait à Gwalior disait au général Malcolm : « Quand nous pouvons démontrer à nos populations que telle mesure prise par nous est une de celles qu'avait adoptées la grande souveraine, aussitôt elle obtient l'assentiment universel. »

Vers la même époque, Lutfullah, très-jeune alors et né dans le pays de Malwa, est conduit dans la même cité de Gwalior par son beau-père, un gentilhomme musulman qu'on avait indignement dépouillé. Le jeune homme paraît à la brillante cour des Sindia; on admire sa précocité merveilleuse et sa connaissance du persan, la langue des seigneurs et des cours polies de l'Inde. Le Maharadjah, pour encourager cet adolescent de si rare espérance, lui fait présent d'un magnifique volume qui contenait les poésies de Hafiz et de Sâdi. A l'égard du beau-père, le prince ordonne avec équité qu'on lui rende les objets dont on l'a dépouillé; mais, ici, la faible volonté du chef de l'État échoue misérablement. Les justiciers auxquels l'opprimé s'adresse ne lui font rien restituer; bien plus, avec un air d'intérêt, ils finissent par l'engager au silence, s'il ne veut pas avoir à se repentir de ses réclamations, qui devenaient trop importunes. Le musulman Lutfullah, témoin de cette iniquité, comprenait l'avantage d'un règne où les sujets, quel que fût leur culte, obtenaient la même justice; aussi rien n'est plus concluant et plus touchant que l'hommage échappé de sa bouche et de son cœur pour honorer la mémoire de la souveraine hindoue[1].

[1] Lutfullah, nommé par le général Malcolm directeur des postes à Dharampour, sur les bords de la Nerbudda, s'exprime ainsi : « Les deux bords de cette rivière sont ornés de plusieurs temples hindous *bâtis par la célèbre princesse Ahalya*, qui gouverna les possessions étendues de Holcar avec talent, énergie et pouvoir absolu. Sa modération, son impartiale justice son mâle courage et sa pieuse libéralité conserveront longtemps sa mémoire. » (*Mém. de Lutfullah*, chap. v.)

Retour à la barbarie chez les Bhils des monts Vindyas.

Quand l'État eut perdu la princesse incomparable dont nous avons esquissé le règne, la même absence d'un pouvoir régulateur et bienfaiteur qui se fit sentir chez les peuples policés fut éprouvée par les peuples à demi sauvages, par les Gonds et les Bhils, qui peuplaient les monts Vindyas et les monts Saoutpouras.

Vingt ans après le temps où la princesse Ahalya civilisait les montagnards, on voyait, en pleine paix, un escadron de déprédateurs afghans traverser impudemment les hauts plateaux de Malwa; le jeune Lutfullah, comparable alors au futur Bachelier de Salamanque, mais plus belliqueux, aspirait à s'émanciper en courant les chances de la guerre. Séduit par le beau langage et par les promesses du commandant, il est nommé d'emblée officier comptable d'un corps de cavalerie qui doit accomplir, lui dit-on, les plus honorables services. On part, et bientôt on s'enfonce dans les gorges sauvages des monts Vindyas. On arrive enfin chez Nadir, un châtelain du plus mauvais moyen âge, et dont la forteresse est bâtie sur des rochers presque inaccessibles. Les Afghans engagés à la solde de ce malfaiteur féodal, ou plutôt ses partenaires en œuvres de piraterie, sont lancés tour à tour sur tous les chemins difficiles où l'on pourra piller en sûreté des caravanes et vers tous les lieux abordables où l'on pourra, dans la plaine, mettre à contribution des cultivateurs isolés, des villages, des bourgs, et parfois des villes. Le pauvre Gil Blas de l'Inde centrale, avec sa comptabilité imaginaire, reste consigné dans la forteresse; et c'est toujours en vain qu'il cherche à recouvrer sa liberté.

. . . .

Au bout d'un certain temps, les Afghans, rassasiés de captures et de méfaits, désirent emporter dans leur pays la riche part qu'ils ont conquise par le pillage, et par le meurtre au besoin. Le seigneur qui les tenait à son service, avant de les congédier, prétend leur donner une grande fête d'adieux. Des moutons entiers, rôtis comme chez les héros des temps antiques, le pilau le plus épicé que l'Inde puisse assaisonner, l'eau-de-vie de riz, le hatschich, en un mot, tous les irritants, tous les excitants et tous les somnifères leur sont prodigués. A la fin, quand l'orgie leur a fait perdre les sens, ils sont sans exception égorgés par les sauvages Bhils aux ordres du châtelain.

Par un bonheur providentiel, Lutfullah[1], qui brûlait de quitter un séjour de crimes et de recouvrer sa liberté, resté tempérant au milieu de cette orgie, s'était sauvé sans être aperçu dans le trouble de la fête, presque au moment où le massacre général allait commencer.

Tels étaient, au sein des montagnes, les crimes devenus non-seulement possibles, mais impunis, depuis la mort de la princesse Ahalya.

État matériel et productions du pays de Malwa.

Avant d'aller plus loin nous allons présenter, d'après l'état officiel de 1853, l'étendue et la population des deux pays qui se partagent encore aujourd'hui la région du pays de Malwa.

[1] C'est l'ingénieux écrivain qui nous a donné son auto-biographie, déjà citée.

TERRITOIRE ET POPULATION DU PAYS DE MALWA.

PRINCIPAUTÉS.	SUPERFICIE.	POPULATION.	HABITANTS par MILLE HECTARES.
	hectares.	habitants.	
Maison de Holcar..............	5,282,590	1,469,525	278
Maison de Sindia..............	8,577,470	3,228,519	376
ENSEMBLE DES PRINCIPAUTÉS....	13,860,060	4,698,044	339

Tous les trésors du pays de Malwa sont récoltés dans le vaste bassin qu'arrosent les deux rivières Nerbudda et Tapti. La plupart des produits de l'Inde y peuvent être recueillis en abondance; mais, depuis un siècle, deux plantes bien diverses, et de nature et d'usage, ont acquis une importance extraordinaire pour le commerce extérieur.

Opium. — Les pavots sont de plus en plus cultivés dans cette contrée, parce qu'ils donnent un produit très-estimé; les Anglais l'achètent pour le revendre aux Chinois, avec un bénéfice aussi considérable que honteux. En expliquant le commerce de la Chine, nous avons signalé les tristes progrès de ce commerce, que réprouve l'humanité.

Coton. — Une source de richesses qui ne coûte rien à la morale est la plantation du cotonnier, dont la culture réussit à merveille. On peut la développer, en quantités aussi grandes que le commerce le désire, dans les vastes plaines qu'arrosent les deux rivières dont nous venons de faire mention.

Malheureusement la cueillette des gousses qui renferment le précieux duvet n'est pas faite avec tout le soin et la propreté qu'il serait possible d'obtenir. Les moyens employés par les Indiens pour séparer de ce duvet les graines plus ou moins adhérentes sont loin d'égaler en puissance, en économie, le *saw-gin* : c'est l'instrument circulaire, *l'engin*, dont les engrenages donnent l'idée du travail de la scie, *of the saw*. C'est celui qu'on emploie si fructueusement aux États-Unis.

Quand les Hindous du pays de Malwa veulent conduire leurs cotons destinés à l'exportation, soit à Bharoche, soit à Surate, ils les chargent négligemment sur des chariots découverts, dans lesquels ces filaments délicats sont exposés aux injures du temps, à la pluie, à la poussière. Trop souvent la fraude mêle à ces cotons en laine des matières grossières et pesantes; on y cache jusqu'à du sable et des pierres.

Dans les beaux temps de leur prospérité, les fabricants de Manchester dédaignaient des produits presque toujours détériorés, ou, s'ils les acceptaient, c'était à trop vil prix pour que la culture du coton fût profitable à l'infortuné cultivateur des bords de la Nerbudda et de la Tapti.

Depuis que les États-Unis, ennemis d'eux-mêmes, refusent de plus en plus leurs cotons à l'Angleterre, la question a complétement changé de face pour les manufactures britanniques. Il faut à tout prix qu'en leur faveur l'Inde remplace la Caroline, la Georgie, la Louisiane et tous les autres États confédérés dont les immenses produits comprimaient, étouffaient les cultures analogues dans toutes les contrées du monde.

On verra bientôt quelles facilités nouvelles donne à l'exportation des cotons de Malwa l'exécution des chemins de fer, dont le point de concours et d'arrivée est le port de Bombay.

PRÉSIDENCE DE BOMBAY.

DEUXIÈME DIVISION, DITE DU NORD.

La division septentrionale de la Présidence de Bombay s'étend au nord du golfe de Cambaye et sur la rive orientale de cette baie.

TERRITOIRE ET POPULATION.

COLLECTORATS.	SUPERFICIE.	POPULATION.	HABITANTS par MILLE HECTARES.
	hectares.	habitants.	
Ahmedabad	1,140,070	653,730	573
Khéda ou Kaira	484,071	580,631	1,199
Bharoche ou Broache	341,621	290,984	851
Surate	421,911	492,684	1,164
Totaux	2,387,673	2,018,029	845
États dépendants	10,583,900	2,825,364	267

États dépendants rattachés à la division du Nord.

Nous croyons devoir commencer par faire connaître les faits principaux qui concernent les États dépendants ; ils jetteront beaucoup de lumière sur la division dite du Nord, que les Anglais en ont détachée par des traités ou des conquêtes.

Le Gouzzerat et Cambaye.

Dans le tableau qui précède, nous ferons remarquer la grande superficie et la faible population des États dépendants, qui sont ceux du pays de Goudjerat ou *Gouzzerat.* Pour la même superficie, les régions que l'Angleterre a soumises à sa loi, et qui composent les quatre collectorats, ont une population presque quadruple; ce qui fait supposer un meilleur territoire.

Cependant il est juste de faire observer que les États dépendants, et qui le sont très-imparfaitement, vivent dans une sorte d'anarchie à peu près perpétuelle, infiniment nuisible aux progrès de la population. Ils sont divisés en une foule de petites souveràinetés ou vassalités, parmi lesquelles une seule a de l'importance : c'est celle du prince mahratte qu'on désigne sous le titre de *Guicowar.*

Nous trouvons ici des races fort mélangées, et la plupart dans un état de civilisation très - arriéré. Les unes tirent leur origine des rives de l'Indus et de contrées encore plus occidentales; d'autres proviennent des pays radjpoutes; d'autres, et ce sont les aborigènes, sont les plus voisines de l'état sauvage. Parmi ces dernières on peut citer les Khoulis, dont nous parlerons incessamment.

Le Gouzzerat ou Kattiwar.

Le Gouzzerat forme une vaste presqu'île entourée du côté du nord par le golfe de Katch, au sud-ouest par l'Océan, au sud-est par le golfe de Cambaye.

Diù. A proximité du promontoire le plus avancé vers le midi, les Portugais occupent encore, sur la petite île de *Diù*, la forteresse qui couvre un mouillage autrefois très-important. Quoiqu'ils ne soient pas, comme les indigènes, réduits vis-à-vis de l'Angleterre à la condition de vassaux, ils ne trafiquent guère qu'avec la Présidence de Bombay.

Situation géographique de Diù : latitude, 20° 41'; longitude, 68° 47' à l'est de Paris.

La position de Diù est précieuse; elle a permis aux Portugais, dans leurs beaux jours, de développer un commerce actif et fructueux entre l'Inde occidentale, l'Arabie et le golfe Persique. La navigation qu'exigeait ce commerce s'était développée rapidement à partir de 1536, année où ces conquérants obtinrent la possession de Diù, qui leur fut cédée par le sultan du Gouzzerat; mais lorsque leur puissance déclina, la richesse et l'activité de ce port ressentirent les effets de la décadence. Aujourd'hui, dans les comptes annuels du grand commerce de Bombay, les marchandises de Diù figurent pour une si faible portion, que les importations et les exportations ne sont pas même indiquées séparément; elles sont confondues dans un total qui n'est lui-même que la neuf-centième partie du commerce de la riche Présidence.

Tôt ou tard les Anglais deviendront possesseurs de Diù : entre leurs mains, il pourra reprendre une importance qui rappellera les meilleurs jours du XVIe et du XVIIe siècle; mais il sera toujours infiniment surpassé par les deux grands ports de Bombay et de Karrachie.

Cambaye. La très-petite principauté de Cambaye, limitrophe du Gouzzerat, ne mérite d'être mentionnée que par ses souvenirs : dès la fin du XIIIe siècle, le Vénitien Marco Polo en faisait mention dans son célèbre voyage.

Situation géographique : latitude, 22° 21'; longitude, 70° 28' à l'est de Paris. Par l'effet de sa position au fond d'un vaste golfe, les marées, au pied de ses murs, s'élèvent et descendent jusqu'à douze mètres. Il résulte de là qu'en profitant de ces plus fortes marées, des navires de grandes dimensions pourraient mouiller près de la ville qui porte le nom de Cambaye; mais, à mer basse, la partie supérieure du golfe, dans une étendue de plusieurs lieues, est à sec, et les navires échouent.

Cette ville fut autrefois le port principal de l'État d'Ahmedabad, quand cet État formait un royaume prospère sous l'autorité du sultan Ahmed. Les exportations se composaient d'indigo, d'indiennes, de soieries, de brocarts et de pierres gemmes. Pour la majeure partie, ces produits n'ont pas pu soutenir la concurrence de l'industrie britannique. Aussi, les exportations ne sont guère aujourd'hui que des cotons bruts et du riz qui contribue à nourrir la population nombreuse et riche de Bombay.

Le Gouzzerat. — Arrêtons nos regards sur le grand pays du Gouzzerat, tour à tour possédé par les musulmans et par les Mahrattes. Ces derniers l'avaient appelé *Kattiwar,* et l'on donne encore parfois ce nom à la péninsule qui fixe notre attention. Elle est arrosée par de nombreux cours d'eau qui favorisent une végétation tropicale dont le spectacle, en beaucoup d'endroits, est d'une rare magnificence. Les naturels du pays ont pris plaisir à décorer par des noms qui parlent à l'imagination les lieux où l'on admire les plus beaux spectacles de la nature.

Dans un grand nombre de sites remarquables, les Hindous ont érigé des temples dont quelques-uns, tels que ceux de *Dvarraca* et surtout de *Somnath* sont restés célèbres; nous avons parlé de ce dernier et nous avons dit comment il fut relevé de ses ruines *par la reine Ahalya,* quand nous avons énuméré les actes principaux du gouvernement de cette princesse.

Lorsque lord Ellenborough, gouverneur général des Indes en 1842, recommençant la triste guerre du Caboul, eut reconquis la cité de Ghaznie, les vainqueurs y trouvèrent les portes du temple de Somnath, qu'au grand désespoir des Hindous les Afghans avaient enlevées il y avait déjà plus de sept siècles. Le comte Ellenborough les fit reprendre dans la mosquée-cathédrale, qu'elles décoraient comme un trophée de victoire et d'intolérance. Il voulut qu'elles fussent rendues au temple brahmanique qui les avait autrefois possédées dans le Gouzzerat. Il espérait par un tel acte acquérir un grand titre à l'affection des indigènes. Aussi, pour célébrer cet exploit, il fit paraître la proclamation la plus pompeuse; mais elle excita peu d'intérêt chez les Hindous, elle offensa les musulmans, et les Anglais en firent le sujet de leurs dérisions.

La tribu des Jahrejahs. — La principale des tribus qui peuplent le Gouzzerat est celle des Jahrejahs, que l'on croit originaires de la Perse, comme le sont les Parsis, et qui se seraient enfuis devant les soldats des premiers califes. Au lieu de garder intacte la religion des mages, ils ont fini par adopter un brahmanisme imparfait comme leurs mœurs. Ils ont néanmoins conservé l'adoration, ou, si l'on veut, la vénération du soleil, ce grand objet du culte des anciens Perses.

On trouve dans le Gouzzerat beaucoup d'autres tribus, plus ou moins ignorantes et barbares, entremêlées, comme nous l'avons déjà dit, de colonies radjpoutes; elles sont reconnaissables, en général, par de tristes côtés.

Parmi les Jahrejahs, l'infâme coutume de l'infanticide à l'égard des filles de grande famille est une des plus invétérées; ils l'ont probablement reçue des Radjpoutes et l'ont perpétuée pour les mêmes motifs d'avarice et d'orgueil. Dès que les Anglais ont commencé d'exercer une grande influence dans le Gouzzerat, ils se sont fait honneur en combattant ce crime héréditaire.

Les principaux indigènes commettent cet acte avec un sang-froid réfléchi, qui rend leur barbarie encore plus odieuse. Dès qu'une femme de distinction est sur le point d'accoucher, on prépare dans son appartement un vase rempli de lait, assez grand pour y noyer le fruit de ses entrailles, s'il est du sexe féminin. Dans nos mœurs, on craindrait qu'un infanticide ainsi commis sous les yeux de la femme qui devient mère ne la transportât d'une telle horreur, dans un moment où tout son être est ébranlé, qu'elle en perdît à l'instant la raison ou la vie : une résignation anticipée prévient de si fatales conséquences.

Non-seulement la nature n'était pas assez puissante pour empêcher de tels actes de cruauté, mais les sentiments qu'elle inspire étaient si complétement étouffés par l'avarice et par la vanité des pères que *le droit* de détruire leurs filles était à leurs yeux un privilége de haute naissance et comme la distinction honorifique d'une caste supérieure. Pour perpétuer leurs familles, ces hommes orgueilleux allaient demander des femmes à d'autres races distinguées, aux brahmanes, aux guerriers, etc.

Croira-t-on que la supputation la plus modérée, faite en 1807, n'ait pas évalué le nombre des infanticides perpétrés dans une année à moins de cinq mille, et qu'une autre, évidemment exagérée, en élevait le nombre à trente mille? La population du Gouzzerat tout entière n'aurait pas pu suffire à cette incessante destruction.

Malgré les plus louables efforts, il ne paraît pas qu'on ait réussi complétement à supprimer l'infanticide dans le pays de Gouzzerat.

Les Anglais ont honoré la suzeraineté qu'ils exercent sur les États dépendants par leurs efforts pour abolir les coutumes les plus barbares. Vers l'origine du siècle présent, d'après les instructions de M. Duncan, gouverneur de Bombay, le colonel Alexandre Walker, qui commandait dans le Gouzzerat les forces du contingent britannique, a fait signer, en 1807, par les chefs des grandes familles, un engagement formel de renoncer à la destruction de leurs filles. Après avoir longtemps exercé son autorité bienfaisante, lorsqu'il dut quitter le pays, les premières dames de la contrée vinrent solennellement en députation, pour lui présenter l'hommage de leur gratitude et leurs adieux pleins de respect.

D'autres efforts non moins recommandables ont eu pour objet de supprimer le supplice des suttis. Dans les principales maisons du Kattiwar, on trouve peu de veuves qui fassent le sacrifice de leur vie sur le bûcher de leurs maris; au contraire, les concubines réclament avec passion ce funeste privilége. C'est le sentiment opposé dont nous avons marqué l'existence en décrivant les funérailles du roi des Sikhs, Rundjit-Singh.

Lorsque des coutumes sont entrées depuis des siècles dans les mœurs, il ne suffit pas de les avoir une fois supprimées avec un succès qui semble complet et définitif; elles revivent plus tard, et sont un nouveau titre d'honneur à ceux qui les font une autre fois disparaître; mais, par degrés, on approche de l'époque où l'humanité s'en trouve enfin délivrée pour toujours.

Abus de l'opium. — Il est un dernier usage qui, sans être barbare, ne mériterait pas moins d'être détruit. Dans le Gouzzerat, l'usage de l'opium est déplorablement répandu. Sous forme de breuvage, on le présente avec grâce et cérémonie aux personnes dont on reçoit la visite : comme en Grèce, en Turquie, on leur offre le café. La consommation qu'en font les indigènes, et qui les énerve à la longue, détruirait promptement la santé d'un Européen.

Les Parsis du Gouzzerat.

Nous ne terminerons pas ces explications sur les mœurs du Gouzzerat et ses populations sans rendre hommage à la race indigène la plus heureuse et la plus civilisée.

C'est dans cette contrée, soit indépendante, soit soumise à l'Angleterre, qu'habitent en grand nombre les Parsis, qui vont souvent s'établir à Bombay, comme à leur centre de commerce. En 1815, on évaluait à cent cinquante mille le nombre de leurs familles.

Les Parsis, purs de mésalliance étrangère, ont conservé la constitution robuste, la taille élevée et la belle physionomie qui caractérisent leur nation dans les pays montueux d'où ils sont sortis. Parmi toutes les races qui peuplent l'Inde, comme ils n'ont ni les préjugés des musulmans ni les superstitions des Hindous, ils sont les plus aptes à s'approprier la civilisation européenne, et nous en offrirons des exemples dignes d'admiration.

Industrie du Gouzzerat. Excepté les brahmanes et les banyans, c'est-à-dire excepté les marchands et les financiers, presque tout le peuple est occupé de filature et de tissage. Aussi cette contrée est-elle une des provinces dont les habitants ont le plus perdu depuis que l'empire de Delhi n'existe plus, et que l'industrie nationale est privée des opulents consommateurs qui composaient l'aristocratie des indigènes. Tandis que la vente des tissus indiens diminue au dehors, les tissus anglais envahissent de plus en plus l'Inde elle-même; l'invasion est sans remède, et jusqu'à ce jour elle est sans compensation.

LES COLLECTORATS BRITANNIQUES.

Si nous reportons l'attention du lecteur sur le tableau

de la page 186, il remarquera combien les collectorats britanniques surpassent en population, pour une même étendue de territoire, les États censés dépendants.

Ahmedabad, chef-lieu du premier collectorat.

Sur le bord occidental de la rivière Saubermattie s'élevait autrefois la cité hindoue d'Aschâwat, dont la salubrité fit autrefois la renommée. Tout auprès, en 1412, le sultan Ahmed construisit un palais autour duquel s'éleva la capitale qui rappelle encore le nom de ce monarque.

Situation géographique d'Ahmedabad : latitude, 23° 1'; longitude, 70° 22', à l'est de Paris.

Au XVIIIe siècle, lorsque les Mahrattes poursuivirent leurs conquêtes vers l'occident et le nord, ils envahirent une partie du Gouzzerat et s'établirent dans Ahmehabad; mais, après la guerre soutenue en 1818 contre les envahisseurs et contre les Pindarries, les Anglais se firent céder cette ville avec le territoire qui forme aujourd'hui le collectorat dont elle est le chef-lieu.

Dans Ahmedabad, autrefois célèbre pour son opulence et sa splendeur, les souverains musulmans avaient construit un grand nombre de mosquées, de palais et de bazars, tels qu'il convenait d'en ériger pour une cité de cent mille âmes. Une partie de ces édifices et des habitations privées a beaucoup souffert lors du tremblement de terre de 1819, dont les ravages se sont étendus jusqu'au voisinage de l'Indus.

Les Anglais se sont occupés d'établir leur domination et de percevoir leurs revenus beaucoup plus que d'ériger des monuments d'architecture, soit dans Ahmedabad, soit dans les autres villes conquises. Ils ont introduit leurs idées d'administration et de justice, sans les modifier suivant l'état plus ou moins imparfait et le degré de richesse ou de pauvreté de leurs différentes provinces.

Lorsque, succédant aux Mahrattes, ils prirent possession des pays qui composent aujourd'hui, pour la Présidence de Bombay, la *division du Nord,* ils ne manquèrent pas de rester fidèles à leurs habitudes de gouvernement. Ce fut un mélange singulier de bien et de mal, d'équité d'un côté, de rigueur de l'autre, et trop souvent il en résulta de graves souffrances pour la population.

Un service important fut rendu par Mountstuart Elphinstone, l'éminent gouverneur de Bombay, dont nous aurons à mentionner beaucoup d'autres bienfaits. Il fit disparaître des tribunaux de la contrée que nous parcourons la langue persane, imposée jadis par les musulmans et que ne comprenaient pas les habitants du Gouzzerat; il décida que les jugements, les plaidoiries et les actes judiciaires s'accompliraient en adoptant la langue populaire.

Quoique les tribunaux civils et fiscaux, appelés *Adauluts,* aient reçu diverses améliorations, ils laissent encore infiniment à désirer. Les formes n'ont pas cessé d'être trop compliquées et les lenteurs excessives. Recueillons à ce sujet le témoignage du prélat Reginald Héber, qui n'a pas borné ses observations à des intérêts religieux; il les a dirigés aussi vers les intérêts sociaux et civils. D'un côté, selon lui, la mauvaise direction des tribunaux et, de l'autre, l'usure désolent la contrée. Souvent, ajoute-t-il, l'indignation la plus amère est soulevée par certains jugements ou par des déclarations de non-lieu qui semblent autant de dénis de justice. Dans le gouvernement des peuples chez lesquels le commerce prédomine, les juges sont entraînés par un désir louable à coup sûr, mais inexorable, de faire rembourser toute dette publique ou privée; ils ont recours à des rigueurs qu'aucun des gouvernements indigènes, quoiqu'à d'autres égards infiniment plus oppressifs, n'aurait jamais osé ni voulu mettre en usage. « Nos tribunaux, dit-il, obéissent à des règles inflexibles, sans être arrêtés par aucune circonstance; souvent, pour faire droit aux réclamants, ils dépeuplent des villages, ruinent des familles et renversent des maisons depuis longtemps habitées par des possesseurs héréditaires. Voilà pourquoi les juges sont haïs et redoutés par la grande masse du peuple. Sans doute, un bon effet est résulté des sévérités européennes; en rendant les créances plus faciles à recouvrer, elles ont abaissé l'énorme intérêt de l'argent. Mais c'est une mince compensation contre les maux nés d'un système qui, pour exiger le payement d'une dette contractée n'importe comment, arrache au tisserand sa navette et son métier, au laboureur sa charrue, et jette à bas le toit du chef féodal. Ajoutons qu'avec ce système, dès qu'une fois la famine a fait déserter un village, il est à peu près impossible aux habitants, plus ou moins endettés, de revenir habiter leurs maisons et de reprendre leurs cultures [1]. »

Le pays dont Ahmedabad est le chef-lieu présente une grande et belle plaine, où la terre végétale est profonde et sillonnée par la rivière Saubermattie. Cette terre est éminemment propre à la culture du coton; la récolte était d'ordinaire transportée soit à Cambaye soit à Bharoche, et de là par mer jusqu'à Bombay. On employait un cabotage, économique il est vrai, mais souvent incertain et dangereux, impossible même lors de la mousson du sud-ouest. Le désir d'obtenir des trajets plus sûrs et beaucoup plus rapides a motivé l'entreprise d'un chemin de fer depuis le chef-lieu du collectorat jusqu'à la capitale de la Présidence.

[1] Heber's Journal, ch. XXV, *Baroda to Bombay.*

La distance d'Ahmedabad à Bombay est de 125 lieues. Le chemin de fer qui relie ces deux cités passe par Khéda, Bharoche et Surate. Ouvert depuis 1864, il traverse des contrées susceptibles des plus grandes améliorations agricoles et commerciales.

Des Khoulis.

Dans le collectorat d'Ahmedabad, ainsi que dans les autres pays du Gouzzerat, un tiers environ des habitants sont des Khoulis, considérés comme la race aborigène, et qui, jusqu'à ce jour, sont demeurés dans un état très-imparfait de civilisation. Suivant l'opinion de quelques personnes, ce sont des Bhils à moitié sortis d'une condition presque sauvage, telle qu'on la trouve encore dans leurs forêts et leurs montagnes; cependant les brahmanes ont découvert chez les Khoulis certains vestiges de leurs propres traditions, et ne croient pas qu'ils soient, comme les Bhils, d'une origine complétement étrangère à la grande race des Hindous.

Ils s'adonnent volontiers à l'agriculture et n'obéissent guère qu'à leurs chefs territoriaux; en général, ils reconnaissent peu l'empire des lois, à moins que celles-ci ne leur soient imposées par la force. Classés avec raison parmi les tribus les plus turbulentes et qui respectent le moins la propriété de leurs voisins, de tels sujets exigent souvent l'action réunie des pouvoirs judiciaire et militaire exercés par les dominateurs européens. Aussi les fonctionnaires britanniques, contrairement aux usages qu'ils ont introduits dans les autres parties de l'Inde, placent-ils leurs bureaux (*coutcheries*) au sein des villes, afin d'être protégés contre des coups de main audacieux. Cependant, au milieu de leurs violences, ces hommes à demi civilisés ne versent le sang que pour leur propre défense et ne torturent pas les infortunés qu'ils dépouillent.

Soit par un besoin de protection personnelle, soit aussi par orgueil, les Khoulis ne vont jamais à quelque distance de leurs habitations sans être armés du sabre, de l'arc, des flèches et du bouclier s'ils sont à pied; les cavaliers portent, en outre, la hache d'armes et la lance. C'est par l'éclat de leurs armes que tous aiment à montrer leur luxe, et cela nous explique la recherche qu'ils apportent dans leur équipement militaire. Leurs carquois sont en cuir écarlate, resplendissant et brodé; leurs boucliers en peau tannée de rhinocéros, aussi légers que solides, sont décorés de bossettes d'argent; des anneaux du même métal fortifient et parent le bois de leurs lances; enfin, les haches d'armes des cavaliers sont ornées de riches incrustations. Soit pour cet amour de leurs armes, soit pour une partie de leur costume, et pour leurs expéditions déprédatrices, on peut les comparer à ce qu'étaient, il y a trois siècles, les montagnards écossais; mais ils ont moins l'aversion de la culture de la terre.

Services rendus à la population des Khoulis par un réformateur moderne.

Lorsque lord Héber visitait le pays que nous décrivons, et c'est d'après lui que nous donnons ces détails dignes d'être connus, un réformateur sorti du culte de Brahma, appelé *Swammie Narain*, avait entrepris d'adoucir les mœurs des Khoulis; il s'était proposé d'ouvrir leurs âmes à des croyances beaucoup plus élevées, et leurs sens à des mœurs plus pures que celles des Hindous anciens ou modernes. Il imposait à ses disciples le respect du sexe faible et la décence publique. Au premier rang de ses préceptes, il plaçait l'unité d'un Dieu suprême, dont la bonté ne fait aucune différence entre les classes inégales imaginées par l'orgueil des hommes. Cependant il appartenait à la caste la plus honorée, à celle des brahmanes; mais il avait deviné que son prestige le plus grand tenait précisément à son origine. Aussi, bien loin de la dédaigner et d'y renoncer, dès le jour où son jeune fils eut atteint l'âge fixé par les rites, il le conduisit à la cérémonie religieuse et politique où celui-ci reçut le saint cordon qui n'appartient qu'à la classe sacrée.

Les villages qui s'étaient convertis à ses préceptes, et qui précédemment comptaient parmi les populations les plus perverses, avaient fini par s'élever au rang des plus pacifiques et des plus estimables; c'était, à coup sûr, une admirable transformation.

Lorsque lord Héber traversa le collectorat de Bharoche, le réformateur qui produisait une telle métamorphose envoya six députés au prélat britannique. « Par notre organe, le sage Swammie Narain vous offre ses salutations, dit le principal d'entre eux; il se trouve aujourd'hui dans votre voisinage et son désir est de vous voir demain. » L'Anglais répond avec courtoisie qu'il connaît par la renommée tout le bien qu'a produit le docte Narain, le savant Pandit, et qu'il sera charmé de le recevoir.

Ce rapprochement, lord Héber l'avait lui-même désiré avec une ardeur qui, certes, aurait flatté le réformateur si ce dernier avait pu la deviner. L'entrevue nous présente un important tableau de mœurs, et nous allons en offrir l'esquisse. Swammie Narain arrive à la tête de deux cents cavaliers, la plupart armés de sabres et de mousquets; les principaux sont revêtus de cottes de mailles et quelques-uns portent la lance. A la suite d'un si brillant escadron marche un corps de fantassins, qui portent des boucliers, des carquois, des arcs et des flèches. Le prélat anglican, réfléchissant qu'il était lui-même à la tête de cinquante cavaliers et de cinquante soldats d'infanterie armés de sabres et de baïonnettes, ne put s'empêcher de sourire au premier abord; il éprouva l'instant d'après un sentiment d'humiliation et presque de remords en voyant deux instituteurs religieux qui se rencontraient à la tête de deux petites armées et faisaient retentir dans la cité, lieu de leur rendez-vous, le bruit des armes et le pas des chevaux de guerre. «Si nos deux troupes, dit-il, avaient dû se livrer combat, quoique la mienne fût de beaucoup la moins nombreuse, elle aurait certainement été supérieure par l'effet de ses armes et de sa discipline. Cependant, si l'on veut considérer la disposition morale, quelle n'était pas la différence entre la suite de l'Indien et mon escorte! Celle-ci ne me connaissait pas et ne prenait nul intérêt à ma personne; elle m'accompagnait passivement. A coup sûr, elle m'eût défendu avec bravoure, parce qu'elle avait reçu de ses chefs l'ordre de me protéger, et sa conduite en pareil cas aurait été la même pour garantir la sûreté de tout autre étranger d'un rang égal au mien. Mais les satellites de Narain étaient à la fois ses gardes du corps, ses disciples et ses admirateurs enthousiastes; tous étaient accourus, d'un élan spontané, pour entendre ses paroles et pour juger de la vénération qu'elles devaient, suivant eux, inspirer au grand personnage européen; fiers en ce moment de faire honneur à leur prophète, ils auraient avec joie combattu, en versant jusqu'à la dernière goutte de leur sang, pour empêcher que le moindre pli de ses vêtements fût touché sans respect par quelque main profane. Dans la circonscription diocésaine que je parcourais, peut-être quelques rares habitants éprouvaient-ils pour moi quelque sentiment pareil; mais, hélas, combien de temps ne doit-il pas s'écouler encore dans l'Inde avant qu'aucun de nos pasteurs missionnaires puisse espérer d'être à ce point aimé, suivi et révéré! Quelque chose pourtant doit encourager le labeur obscur et patient d'un ministre chrétien, c'est d'observer, dit-il, le succès de ces réformateurs asiatiques. S'ils peuvent faire écouter favorablement des doctrines à beaucoup d'égards en opposition aux croyances des Hindous, on doit certainement espérer l'arrivée de l'heure où nos efforts recevront aussi leur récompense et que notre Église, *jusqu'ici presque stérile* (*barren*), pourra remplir sa destinée et devenir l'heureuse mère de nombreux enfants. »

Je suis étonné que lord Héber n'ait pas semblé réfléchir sur la naturelle et prodigieuse influence d'un brahmane qui, cessant de consacrer aux Hindous ses enseignements héréditaires et d'exploiter en sa faveur des priviléges prétendus divins, prend pour sujets de ses enseignements et de sa tendre affection les descendants d'une race inférieure et dédaignée, formant un peuple à demi sauvage, et vient leur déclarer qu'au nom du Dieu suprême, dont il se dit le messager, il veut n'être que leur égal et les chérir comme un père.

Le réformateur Narain était un homme de taille moyenne, d'une physionomie ouverte et simple; son air était doux et paisible; dans ses regards et dans ses paroles rien n'annonçait un talent extraordinaire. L'entrevue fit bientôt voir combien il importait peu que sa personne eût un aspect imposant. Sur l'invitation de lord Héber, l'élite des deux cortéges s'assied en cérémonie; mais les principaux personnages de la suite de Narain n'acceptent cet honneur qu'en s'agenouillant d'abord avec dévotion et posant ensuite sur leurs têtes les pieds du réformateur!

Les compliments ordinaires échangés, « J'ai beaucoup

entendu parler, dit le prélat d'un ton plein d'aménité, de votre personne et de la doctrine salutaire que vous répandez chez le pauvre peuple du Gouzzerat. Voilà pourquoi j'ai vivement désiré vous connaître, et je serai très-heureux si nous pouvons converser ensemble malgré mon peu de savoir en hindoustani; mais, secouru par nos interprètes, je puis parvenir à connaître vos préceptes religieux et vous à comprendre les miens. Si même vous voulez me venir joindre à Kaira, où j'aurai plus de loisir, vous trouverez une de mes tentes dressée pour vous recevoir et vous traiter comme un frère. »

Swammie Narain, comme tous ses disciples, se montra très-flatté de cette invitation. Cependant, il répondit que les devoirs de sa vie lui laissaient trop peu de loisirs, qu'en ce moment même cinq mille de ses disciples l'attendaient dans les villages d'alentour et près de cinquante mille dans les autres districts du Gouzzerat; qu'ils devaient en très-grand nombre se rassembler la semaine suivante, parce que son fils arrivait à l'âge de recevoir le cordon des brahmanes; mais que, si le sahib européen restait assez longtemps dans la contrée pour permettre à lui, Narain, de faire droit à la plus flatteuse des invitations, il serait heureux de s'y rendre. « Alors, repartit le prélat, voulez-vous du moins aujourd'hui m'obliger en me communiquant quelque partie de votre doctrine ? »

C'était précisément ce que voulait faire le zélé réformateur, et ses disciples s'exaltaient à la pensée qu'il allait peut-être convertir à sa croyance le grand personnage anglais. Il commença par déclarer, dans ce pays de polythéisme sans bornes, qu'il croyait : à l'existence d'un seul Dieu, créateur de tous les êtres et dominateur de toutes les choses dans le ciel et sur la terre; à la puissance du Maître Suprême qui remplit tout l'espace et qui, plus particulièrement, habite les cœurs de ceux qui le cherchent avec un zèle sincère. Il ajouta que son Dieu, dans les temps antiques, était venu sur la terre; mais que des hommes pervers l'avaient mis à mort *en recourant à la magie.* Depuis cette époque, ajouta-t-il encore, on a répandu beaucoup de révélations mensongères, en préconisant une foule de fausses divinités... Le savant européen essaye à son tour de présenter au réformateur asiatique les idées du christianisme, exemptes des folies et des fables qui déparent toujours les théogonies des peuples de l'Inde.

Je ne puis m'empêcher de faire observer au lecteur que le prophète des Khoulis, comme celui des peuples du Pendjâb, n'a captivé ses nombreux disciples qu'en se rapprochant des croyances primitives des Hébreux ou de celles des chrétiens; c'est ce qu'il faudrait rendre sensible à leur intelligence, afin de les faire avancer jusqu'au dernier terme de cette carrière, et ce que je n'ai pas trouvé suffisamment indiqué par lord Héber.

Le résultat de l'entretien pouvait facilement être prévu. Le prélat européen, malgré son éloquence et son habileté pleine de grâce, ne convertit pas le réformateur, et le réformateur fut encore plus éloigné d'atteindre son but, c'est-à-dire d'attirer à sa croyance le primat des anglicans. La conférence néanmoins fut pleine de bon vouloir et de courtoisie. Lord Héber invita de nouveau Swammie Narain à venir le voir à Kaira, comme je l'ai mentionné. Son désir était de faire au Pandit hindou présent d'une bible traduite en langue du pays; il l'invitait même à l'accompagner jusqu'à Bombay, et là se promettait de le gagner par les douces captations de l'hospitalité. Charmé d'un accueil si flatteur, le prophète promit de faire tous ses efforts pour venir du moins à Kaira; mais j'ai déjà dit qu'il n'y vint pas.

Peut-être, un jour, la croyance propagée par ce réformateur produira-t-elle un effet comparable à l'innovation si mémorable d'où sortit le culte, la nationalité et l'héroïsme des Sikhs? Voilà pourquoi je n'ai pas craint de la faire connaître avec quelque étendue.

Collectorat de Khéda (Kaira).

Si nous quittons la rive gauche de la Saubermattie, et que nous passions sur la rive droite, nous entrons immédiatement dans le collectorat de Khéda.

En admettant qu'il n'y ait pas d'exagération dans le nombre officiel des habitants, on doit certainement être frappé de la densité de la population; nous ne l'avons trouvée nulle part aussi considérable depuis les bouches de l'Indus et de là, en remontant le fleuve, jusqu'aux monts Himâlayas. Cette densité est la meilleure preuve qu'on puisse offrir de la fertilité du territoire.

Khéda, chef-lieu du collectorat, est le point choisi pour un cantonnement militaire important, à sept lieues d'Ahmedabad. Cette ville ne compte pas plus de dix-huit mille âmes.

Situation géographique de Khéda : latitude, 22° 47′; longitude, 70° 28′, à l'est de Paris.

Collectorat de Bharoche ou Brouche.

Le collectorat de Bharoche commence à la rive gauche de la rivière Mhye et finit à la rive droite du grand fleuve Nerbudda.

Dans le tableau de la page 186, on a pu remarquer que la population de ce collectorat est d'une densité supérieure d'un quart à celle de la France. Une pareille supériorité s'explique par la fécondité du territoire; fécondité plus précieuse que jamais pour l'Angleterre, puisqu'elle s'applique surtout à la production de la plante textile dont les conquérants manufacturiers cherchent en tous lieux le produit, depuis que les États-Unis en privent les manufactures des Européens.

La ville de *Bharoche*, vulgairement appelée *Broache*, est peu considérable pour le chef-lieu d'un grand collectorat, et ne compte pas plus de douze à treize mille habitants. Elle offre un triste spectacle de délabrement et de ruines; elle a pourtant l'avantage d'être située au milieu d'un territoire dont nous avons fait remarquer la fertilité. Ses habitations s'élèvent sur les bords du fleuve Nerbudda, à douze lieues seulement de la mer.

Bharoche est une cité de l'antiquité la plus reculée. Le nom qu'elle conserve appartient aux antiques légendes: c'est celui que portait un des dix fils de Brahma, les premiers créés de tous les hommes. Les modernes érudits, qui remontent moins haut dans la chronologie des fables, se bornent à penser que cette ville n'est autre que la Baryzaga dont parlent Arrien et Ptolémée.

Lors de la conquête de l'Inde par les princes mogols, au XVIe siècle, elle passa sous le joug des mahométans; leurs monuments sont aujourd'hui les seuls qui n'aient pas complétement disparu de cette cité.

Dès l'année 1615, sir Thomas Rao se présente à la cour de Jahânghire; il obtient en faveur de ses compatriotes la permission d'établir à Bharoche une factorerie sur la côte occidentale, et pour coup d'essai, les Anglais envoient *cinquante-cinq mille pièces de drap*. Certes, les Portugais, au plus beau temps de leurs triomphes, ne pouvaient pas disposer d'un si puissant moyen d'échange; mais, malgré ce début si remarquable, quelqu'un aurait-il pu supposer que, deux siècles et demi plus tard, les Anglais compteraient leurs envois dans l'Inde non plus par simples milliers, mais *par millions* de pièces de tissus, fabriquées dans leurs manufactures, et, chose plus merveilleuse, fabriquées en grande partie avec des filaments empruntés à l'Hindoustan?

En 1685, la ville tomba dans les mains des Mahrattes, qui la perdirent plus tard. Longtemps après, la Compagnie des Indes, qui s'en était rendue maîtresse, en fit un don gracieux à Madhadjie Sindia. Cette compagnie était animée, d'un côté, par une juste reconnaissance pour les soins remplis d'humanité que ce prince avait eus des Anglais faits prisonniers à Warganao, de l'autre côté, par le désir de favoriser l'ambition du guerrier mahratte au moyen d'un traité qui, pour elle, avait une haute importance.

Dans la dernière année du siècle dernier, la famille des Sindia perdit Bharoche, et les Anglais s'en emparèrent pour ne jamais l'abandonner. Ils avaient trouvé cette ville si bien située et le pays d'alentour leur semblait si riche et si séduisant, que la Présidence de Bombay s'était employée avec une ardeur infatigable pour se l'approprier par des tentatives de toute nature; à cet effet, elle s'était permis des actes, lesquels, dit le candide et véridique Walter Hamilton[1], n'étaient pas véritablement honnêtes.

Le seul monument remarquable qu'on signale dans cette ville est la mosquée cathédrale avec les tombeaux de marbre qu'ont fait ériger dans cet édifice les anciens nawabs musulmans.

Les mines de cornaline situées dans le collectorat de Bharoche.

On trouve ces mines à sept lieues de Bharoche, du

[1] Voy. l'*East India Gazetteer*, par W. Hamilton.

côté de l'orient. A cinq kilomètres des mines s'élève un bourg appelé poétiquement *Rutanpour, la résidence des joyaux*. Les exploitations sont situées sur le penchant d'une colline; elles s'étendent dans un espace de six kilomètres, et près de mille travailleurs y sont employés [1].

Collectorat de Surate.

Au moyen âge, et jusqu'au milieu du XVIIIe siècle, Surate était célèbre pour son commerce et sa richesse; quoique infiniment déchue, elle est digne encore de fixer notre attention. Dans ses beaux temps, les principales nations maritimes y possédaient des comptoirs.

Il y a déjà cinq cents ans que des mahométans ont commencé de peupler les lieux où s'élève aujourd'hui cette ville. Depuis cette époque, elle a dû son importance principale à la circonstance que les Indo-Musulmans de toutes les parties de l'Hindoustan l'ont choisie

[1] Les galeries d'exploitation n'ont que neuf décimètres de hauteur sur douze de largeur; on les ouvre à travers une argile compacte où sont enchâssées les pierres précieuses. Plus les pierres sont dures et plus elles sont belles; meilleures elles seront lorsqu'on les brûlera; et plus elles seront noires en premier lieu, plus elles deviendront rouges. On amoncelle les pierres pendant toute une année, en les retournant tous les quatre à cinq jours. Plus on les laisse longtemps exposées au soleil, plus ensuite leur couleur est intense et brillante lorsqu'on les polit. Au mois de mai, les pierres sont brûlées dans des pots de terre ayant leur ouverture renversée. On perce un trou dans le fond du pot, et sur ce trou l'on pose un tesson. Du crottin de brebis séché est ensuite amassé sur les pots; on l'allume le soir, de manière qu'il brûle jusqu'au lever du soleil. Le matin, les pots sont examinés; si l'on y voit apparaître des points blancs, on les soumet une seconde fois au feu. D'innombrables quantités de *beads*, grains de colliers ou de rosaires, sont faits avec ces pierres, pour être exportés sur les côtes d'Afrique et d'Arabie. On façonne les grains avec un marteau sur une pointe aiguë en acier enfoncée dans le sol; ensuite on les arrondit en les roulant sur une grande pierre dure, après quoi elles sont polies et forées.

comme port d'embarquement afin d'accomplir leurs pèlerinages à la Mecque : aussi Surate était-elle appelée, dans leur langage figuré, *la porte de la Mecque.*

Lorsque les Portugais se présentèrent devant cette ville, en 1512, elle n'était pas fortifiée; ce qui leur permit de la piller sans éprouver de résistance. En 1573, l'empereur Akbar s'en empara; il en fit, dans le golfe Arabique, le port à la fois militaire et commerçant de l'empire mogol : elle acquit alors une prospérité nouvelle.

Dans les premiers temps du XVIIe siècle, en 1608, des navigateurs britanniques abordèrent à Surate. Bientôt l'empereur mogol permit à leur nation d'envoyer à sa cour un ministre résident et de commercer par ce port avec ses provinces intérieures. Les Anglais ne tardèrent pas à profiter de cette précieuse concession.

Les Français n'arrivèrent qu'en 1668 : c'étaient les agents de la Compagnie des Indes, fondée par le grand Colbert en 1664; ministre depuis si peu d'années, il guidait déjà le commerce français au bout du monde

A la même époque (1668), le grand chef mahratte Sivadjie, avec quatre mille cavaliers, surprend Surate, et pendant six jours il pille les indigènes. Les Européens l'engagent ensuite à se retirer. La ville amplement rançonnée, il ne trouvait plus aucun charme à l'habiter; mais il avait ouvert la route. Aussi, de 1668 à 1706, les Mahrattes, à quatre reprises, la laissent renaître et s'enrichir pour piller de nouveau ses trésors.

Jusque dans les premières années du XVIIIe siècle, cette ville était considérée comme le plus grand port marchand de l'Inde occidentale.

En 1712, le médecin Hamilton, grâce aux succès de son art, avait conquis à tel point la faveur du Grand Mogol, qu'il en obtint de nouveaux firmans pour assurer l'établissement des Anglais à Surate et protéger leur commerce sur toutes les côtes de ses États.

Bientôt nous les verrons changer de rôle, pour devenir, de protégés, des protecteurs et des maîtres absolus.

Comment les Anglais se procurèrent la souveraineté de Surate.

Pendant la première moitié du siècle dernier, les Mahrattes, les autres Hindous et les Arabes exploitaient à l'envi la piraterie dans la mer de l'Inde, la mer Rouge et le golfe Persique. Surate, quoiqu'elle fût le port du Grand Mogol, ne pouvait entretenir une marine capable de triompher de ces innombrables forbans. Pour porter remède à ce mal, en 1759, les Anglais obtinrent de l'empereur de Delhi le gouvernement du château de Surate et le commandement de la flotte chargée de protéger les côtes de ses États. Surate elle-même continuait d'être sous l'autorité du radjah, lieutenant ou nawab de l'empereur, et le pouvoir de ce prince était héréditaire.

Signalons, d'après James Mill, l'historien de l'Inde britannique, la triste série des disputes entre ce nawab et le Gouvernement anglais sur la partie des revenus attribués à la Compagnie pour la garde du château et pour le maintien de la flotte; griefs précieux à raison de la conséquence abusive qu'on se promettait d'en tirer.

Les discussions se traînèrent péniblement jusqu'au jour où le marquis Wellesley, résolu d'envahir l'immense empire de l'Inde, jeta les yeux sur la possibilité de s'emparer du port autrefois le plus célèbre et de la cité jadis la plus peuplée des côtes occidentales, c'est-à-dire de Surate.

Malgré les équitables remontrances faites en 1799 par les administrateurs de Bombay auprès du gouverneur général, il ne voulut pas qu'on se bornât à percevoir la seule part de tribut qu'il fût possible, *en n'épuisant pas les Indiens*, de lever pour les Anglais. Il trouva plus simple et plus fructueux de prononcer, sans aucun droit, *la déchéance du nawab*. Jamais, dit J. Mill, que je cite avec fidélité, les Anglais n'avaient encore détrôné de prince *avec aussi peu de cérémonie*, parce que jamais victime ne leur avait présenté si peu de puissance et si peu de renommée. Les justifications sur lesquelles on s'appuyait n'étaient pas moins remarquables que l'acte en lui-même. Au milieu d'une simple négociation, le détrônement n'aurait pas été consommé si, dès le principe, on n'avait pas trouvé pour prétexte, le dirons-nous, la possibilité d'un faible danger! « Les exigences du service public, dit le gouverneur général, pendant la guerre de Mysore qu'on venait de conduire à terme en 1799, et les ménagements qui s'en sont suivis, avaient mis notre gouvernement dans l'impossibilité de lever la force indispensablement nécessaire pour opérer une réforme dans l'administration de Surate; il fallait attendre, même en supposant que d'autres considérations n'eussent pas fait juger convenable de différer une telle réforme, jusqu'au complet rétablissement de la tranquillité dans toutes les parties de l'Inde britannique. »

Il est important de signaler encore une fois cette phraséologie *nébuleuse* et sans principes du gouverneur général. Détrôner un souverain complétement inoffensif, altérer la nature et les pouvoirs de son gouvernement, les transporter en des mains tout à fait nouvelles, quoique cela constitue la révolution la plus absolue qu'on puisse concevoir, ce changement révolutionnaire, aussitôt qu'on adopte le langage fallacieux imaginé par le marquis Wellesley, cela s'appelle *une réforme de gouvernement!*

Voici les sophismes et les mensonges à l'appui desquels ce politique sans pudeur réclame le droit d'opérer sa prétendue réforme. «En nous référant au traité de 1759, nous trouvons qu'il exprimait un engagement personnel avec le nawab de l'époque et qu'il ne s'étendait pas à ses héritiers. Indépendamment des termes du traité, la discussion qui s'est élevée en 1763, quand ce prince mourut, ainsi que la missive de la Compagnie datée du 25 mars 1790, quand son successeur vint pareillement à mourir, tout fait voir, comme sens général attribué à l'acte dont il s'agit, que ses conséquences devaient cesser à la mort du premier prince contractant. Ce n'est pas tout : l'autorité du Grand Mogol étant elle même éteinte, la Compagnie n'est plus obligée d'avoir égard à la fonction de nawab que cet empereur avait conférée au radjah, gouverneur de Surate; par conséquent, la Compagnie est libre d'en disposer comme il lui plaît.»

Ici, dit J. Mill, deux choses sont avancées : l'une, que les Anglais, au milieu du siècle dernier, n'étaient pas eux-mêmes liés par le traité qu'ils signèrent en 1759; l'autre, que, dans tous les cas où les Anglais ne sont pas enchaînés par un traité spécial, ils ont la liberté de détrôner selon leur bon plaisir quelque souverain que ce soit, ou, pour employer le langage du gouverneur général, «ils ont le droit de disposer *de la fonction*, c'est-à-dire *du trône*, d'un nawab comme ils le jugent convenable.»

Il importe de signaler le contraste qu'ont présenté les principes et la conduite des administrateurs de Bombay. Duncan, le gouverneur de cette présidence, et Seaton, l'officier civil en chef à Surate, commencent par attester, suivant leur intime conviction, le droit évident du nawab non-seulement à l'hérédité de son trône, mais à la protection des Anglais ses alliés, d'après un traité que les actes des Anglais ont sans cesse confirmé. Néanmoins ces administrateurs, lesquels se montrent justes aussi longtemps qu'ils ne reçoivent aucun ordre qui les oblige à ne plus l'être, à peine ont-ils reçu du gouverneur général le commandement de confisquer tous les pouvoirs du prince de Surate, cela leur suffit! Les voilà prêts à devenir les instruments de sa déchéance; ils y procèdent sans qu'ils osent émettre la plus timide objection pour remontrer, selon le cri de leur conscience, qu'un tel commandement ne cesse pas, à leurs yeux, d'être injuste...

Le marquis Wellesley continue la déduction de ses sophismes en affirmant que « l'administration, telle que le nawab la dirigeait dans Surate, *était extrêmement mauvaise.* » Non-seulement, affirme-t-il, la cité n'était pas en état de défense, mais son régime intérieur n'était pas jugé compatible avec le bonheur du peuple; il allègue les fraudes, les exactions et la mauvaise perception du revenu public, la corruption de la justice et l'inefficacité de la police. Évidemment, continue-t-il, ces objets importants, savoir : la sûreté de Surate et sa bonne administration, ne peuvent être établis à moins que la Compagnie ne prenne en main le gouvernement complet de la cité pour le civil et pour le militaire; conséquemment, c'est un devoir aussi bien qu'un droit pour la Compagnie de recourir à cette mesure.

Ici, dit encore l'impartial et vertueux J. Mill, ici nous voyons de nouveau très-clairement avancé avec la plus entière confiance, et comme base de conduite, que la mauvaise administration d'un prince souverain donne à l'Angleterre non pas seulement le droit, mais *le devoir* de le détrôner, soit en faveur de la Compagnie des Indes Orientales, en admettant qu'elle doive avoir *le monopole des déchéances,* soit en faveur de toute autre nation, si le privilége allégué doit se poursuivre aussi loin que se puisse étendre un semblable raisonnement.

Ce qui caractérise le plus l'hypocrisie préliminaire, et,

dirons-nous le mot, la déception du système imaginé par le marquis Wellesley, c'est qu'à peine le nawab a-t-il abandonné son autorité suprême, pour n'être plus qu'un vassal de la Compagnie, les autorités de Bombay célèbrent la cérémonie dérisoire de son élévation sur un trône qui n'est plus qu'un vain simulacre de puissance. On procède à son installation le lendemain même du jour où sa main dégradée a signé l'abandon des droits de sa royauté!...

Voulons-nous connaître les effets de cette absorption de tous les pouvoirs publics dans la cité de Surate, afin de faire cesser ce qu'on stigmatisait comme le plus mauvais gouvernement? Sans doute une prospérité inconnue jusqu'alors, une industrie régénérée, un commerce plus étendu, vont y répandre leurs bienfaits et procurer à cette ville une grandeur nouvelle et des richesses croissantes?...

Quelque temps avant les révolutions que nous venons de signaler, on affirme que Surate contenait *huit cent mille habitants*, nombre certainement exagéré; mais en le réduisant à sa juste mesure, on aurait encore trouvé qu'elle était alors la cité la plus peuplée de l'Inde. Or, sa décadence a continué, depuis 1800 jusqu'à ces derniers temps, avec une effrayante rapidité; et l'on ne comptait plus dans son sein,

En 1838, que......... 133,544 habitants;
En 1847, que......... 95,000

Voilà ce qu'a gagné Surate à n'avoir plus pour maître un prince indigène.

Après s'être rendus maîtres de cette ville, les Anglais, par le traité conclu dans le port de Bassein, ont obtenu que les Mahrattes renonceraient au droit du chout qu'ils prélevaient sur les revenus de ce port et du territoire circonvoisin : c'est qu'en effet l'Angleterre était trop puissante pour accepter, à la charge de sa nouvelle province, la continuation d'un tribut si honteux.

Depuis longtemps la Compagnie des Indes avait retiré de Surate l'administration du commerce qu'elle dirigeait sur toutes les côtes occidentales; elle a fini par ne plus faire aucun négoce dans cette cité. C'est à Bombay que sont venus se concentrer tous les intérêts et toutes les transactions.

Aujourd'hui, l'édifice où siégeait la factorerie britannique est divisé en deux parties dont la destination est très-différente : on a transformé l'une en *asile des Lunatiques*, l'autre est devenue l'hôpital des indigènes.

Suivant l'exemple des Anglais, les Hollandais ont abandonné la factorerie qu'ils possédaient à Surate sur la rive droite de la Tapti; le Gouvernement britannique a fait l'acquisition de leur comptoir et de leurs magasins. Un peu plus haut, et sur la même rive, on remarquait le comptoir des Français; il a cessé d'exister. Plus haut encore est le débarcadère propre au commerce maritime.

Ce qui réduit aujourd'hui Surate à n'être qu'un port de cabotage, c'est qu'il ne peut recevoir que des navires d'un trop faible tirant d'eau.

Lorsqu'il a fallu construire le chemin de fer Ahmedabad-Surate-et-Bombay, on a voulu dicter la condition que le matériel d'Angleterre serait débarqué dans le port de Surate; les armateurs anglais s'y sont refusés, vu la trop grande difficulté d'arriver à ce port et de débarquer leurs cargaisons : c'est à Bombay qu'ils les ont conduites.

La rivière Tapti, dont les eaux inférieures forment le mouillage de Surate, est sujette à d'énormes crues; elle couvre alors les remparts de la ville, élevés cependant de six mètres au-dessus du sol. L'inondation de 1827 détruisit six mille maisons, fit périr cinq mille personnes et réduisit à la misère soixante et dix mille habitants : tant elle anéantit de propriétés et d'objets divers!

Postérieurement à cette époque, les Anglais, à leur grand honneur, ont construit un canal qui détourne les eaux et diminue beaucoup le désastre des inondations.

Il faut citer à Surate la bibliothèque fondée pour la *station militaire* britannique par le respectable docteur Carr, qui fut, je crois, le premier évêque anglican de Bombay; c'est la plus riche des bibliothèques provinciales qu'on trouve aujourd'hui dans l'Inde.

Les Parsis de Surate. Admirable bienfaisance.

La ville contient un nombre assez considérable de Parsis, dont quelques-uns, par leur esprit d'ordre et leur industrie, ont acquis une richesse considérable; mais il en est beaucoup qui ne possèdent guère que leurs modestes demeures et leur travail manuel. Après un grand incendie qui date déjà de quelques années, le bienfaisant sir Jamsetjie Jijibhoy *fit rebâtir à ses frais la demeure de tous ses co-nationaux appartenant à la classe pauvre.*

Rapportons encore un autre acte de bienfaisance : deux marchands parsis ont consacré 150,000 francs à la création des écoles populaires dans la cité de Surate.

Plusieurs capitalistes de la même nation avaient offert à la Présidence de Bombay d'assainir et de féconder des marais abandonnés et pestilentiels riverains de la Tapti; ils ne voulaient d'autre faveur que de ne pas voir interrompre pendant quatre-vingt-dix-neuf ans leur courageuse entreprise : ils ont été repoussés. En Angleterre, les concessions à long terme sont pourtant considérées comme la source des plus grands progrès de l'agriculture.

De la culture du coton dans la division dont Surate est le port principal.

Le nombre des habitants de la division que nous venons de parcourir, avec les États dépendants, surpasse de très-peu la quarantième partie des habitants de l'Inde, et ce quarantième suffit pour envoyer à Bombay le quart des précieux filaments que cette immense contrée fournit à l'industrie britannique. Aujourd'hui plus que jamais, une si grande supériorité mérite d'attirer notre attention.

Ce sont les agriculteurs indigènes qui seuls plantent et récoltent le coton. Les Européens ne peuvent intervenir que pour exciter, pour éclairer leurs travaux, et surtout pour obtenir les filaments après la récolte. Nous allons citer à cet égard un bel exemple.

M. Landon et ses mécanismes propres à nettoyer le coton en laine.

Il y a près de vingt années, un Anglais entreprenant et capable résolut de se transporter dans le pays dont Surate est le port principal. Il fut frappé de voir combien étaient imparfaits les moyens qu'employaient les Indiens pour séparer la graine et les filaments de coton. Il établit une grande factorerie où la force motrice était donnée par la vapeur et faisait mouvoir des mécanismes imités des saw-gins américains.

Le système était si puissant et si bien entendu, qu'avec *trente ouvriers*, surveillants et conducteurs de ses mécanismes, il produisait autant de travail, et mieux exécuté, qu'avec *trois mille indigènes* employant leurs mécanismes imparfaits.

Malgré l'importance de son commerce, M. Landon ne soumettait pas seulement à ses moyens diviseurs et compresseurs les filaments de coton dont il fallait séparer les graines; il aurait trop souvent chômé si les indigènes ne se fussent pas empressés d'apporter leurs produits afin de les soumettre à la même opération. La rétribution qu'ils payaient était pour eux une économie considérable, et pour M. Landon un sensible bénéfice.

Il serait à souhaiter que beaucoup d'Anglais imitassent l'exemple que nous citons; ils deviendraient d'excellents intermédiaires entre les cultivateurs indigènes et les négociants qui se chargent d'envoyer en Angleterre les cotons nettoyés, pressés, emballés, dans un parfait état.

Aujourd'hui que l'exportation des cotons en laine récoltés dans l'Inde ne peut manquer de s'accroître avec rapidité, il faut que les mécanismes nécessaires achetés dans la métropole se multiplient de plus en plus au milieu des campagnes productrices.

Afin de montrer la grande importance du commerce cotonnier dans la division dont Surate est le marché principal, il nous suffira d'emprunter aux comptes officiels de la Présidence de Bombay les résultats suivants :

1.° COTONS ENVOYÉS À BOMBAY DEPUIS CINQ ANS PAR LES PORTS NON BRITANNIQUES DE KUTCH ET DU GOUZZERAT.

ANNÉES. — DU 1er MAI AU 1er MAI.	QUANTITÉS.	VALEURS RÉELLES A BOMBAY.	
		VALEURS.	PRIX DES 100 KILOGR.
	kilogr.	francs.	fr. cent.
1858 - 59	23,562,440	24,183,043	102 63
1859 - 60	34,275,620	31,177,066	90 96
1860 - 61	31,419,100	25,113,073	79 86
1861 - 62	16,283,060	19,540,445	119 83
1862 - 63	21,390,400	24,591,917	114 95

L'année d'un bas prix incroyable du coton, à peine 80 centimes le kilogramme, est celle où va commencer la grande perturbation du commerce américain; on a lieu d'être surpris que dans les deux années suivantes les exportations, au lieu d'augmenter, soient restées moindres que dans les trois années précédentes, et que les Anglais aient si peu fait participer les pays que nous signalons à la rapide plus-value qui finissait en Europe par *tripler* au moins le prix des cotons en laine.

2. COTONS ENVOYÉS À BOMBAY PAR LES PORTS BRITANNIQUES DU GOUZZERAT.

ANNÉES COMMERCIALES.	QUANTITÉS.	VALEURS.	PRIX DES 100 KILOGR.
	kilogr.	francs.	fr. cent.
1858 - 59	37,069,990	40,231,988	108 05
1859 - 60	41,871,600	40,842,300	97 50
1860 - 61	59,105,530	44,187,520	74 16
1861 - 62	55,037,700	70,972,133	124 37
1862 - 63	53,065,800	101,785,595	181 81

Ici, par une fatalité singulière, l'envoi des cotons cesse de s'accroître depuis avril 1861, époque où va commencer en Angleterre la disette du coton; la production que nous signalons, répétons-le, loin de s'accroître avec rapidité, n'atteint pas même à la troisième année le niveau de la première. Malgré de tels faits, il nous paraît impossible que les prix exorbitants offerts en 1862 et surtout en 1863 et 1864 aux agriculteurs indiens ne produisent pas dans la production un accroissement considérable.

Nous croyons utile que de pareils faits soient mis sous les yeux du lecteur, afin qu'il apprécie l'extrême difficulté qu'on éprouve à donner une impulsion grande et soudaine à la force productive du peuple de l'Inde.

La plus-value de la matière textile éprouve une élévation qui semble beaucoup plus naturelle, et que va surpasser encore celle des cotons récoltés *sur les bords de l'Indus;* par un contraste inexplicable, tandis que dans ces dernières années la production du coton a paru presque stationnaire dans la division du nord de Bombay, le total des cotons importés des rivages de ce fleuve offre des progrès admirables.

3. LES COTONS DE L'INDUS IMPORTÉS À BOMBAY.

ANNÉES.	QUANTITÉS.	VALEURS.	PRIX DES 100 KILOGR.
	kilogr.	francs.	fr. cent.
1859 - 60	"	"	"
1860 - 61	14,774	22,012	148 98
1861 - 62	971,414	1,167,777	122 17
1862 - 63	11,715,640	25,069,553	213 98

Voilà certes un magnifique accroissement qui s'élève, en trois années, depuis zéro jusqu'à près de 12 millions de kilogrammes, quantité dont la valeur surpasse 25 millions de francs comptés à raison de 214 francs le quintal métrique; c'est plus qu'aucun autre coton de l'Inde n'avait jamais été payé. Une aussi rapide augmentation ne peut être attribuée qu'aux grands travaux d'irrigation dont nous avons essayé de faire pressentir les conséquences en décrivant le Sindhe inférieur.

Pour plusieurs années mises en parallèle, et correspondantes à la crise américaine, les produits réunis du Sindhe et du Gouzzerat, britannique et non britannique, nous présentent le tableau suivant :

4. EXPORTATIONS TOTALES DES COTONS AU NORD DE BOMBAY ET DU CONCAN.

ANNÉES.	QUANTITÉS.	VALEURS.	PRIX DU QUINTAL métrique.	
	kilogr.	francs.	fr.	cent.
1858 - 59	60,632,430	64,415,031	106	23
1859 - 60	76,147,220	72,019,336	94	58
1860 - 61	90,539,404	69,322,605 [1]	76	56
1861 - 62	70,291,484	91,680,355	130	43
1862 - 63	86,171,320	151,447,065	175	75

DIVISION CENTRALE DE BOMBAY, DITE DE POUNAH.

La troisième division territoriale de la Présidence de Bombay, improprement nommée *division de Pounah*, devrait, ce nous semble, porter le premier de ces noms. Quoique l'île de Bombay soit loin d'égaler par l'étendue et la population les autres collectorats qui font partie de cette division, devant son importance politique et commerciale tout le reste s'efface. A partir de la capitale, qui constitue sa puissance et sa richesse, les voies de communication rayonnent comme d'un centre et portent de tous côtés la prospérité. C'est dans cet esprit que nous fixons l'ordre suivant lequel nous allons classer et décrire la troisième division.

[1] En 1860 éclate la lutte sociale des États-Unis; en 1861, comme conséquence, l'Angleterre éprouve la grande perturbation du commerce des cotons. Les brusques changements des prix consignés dans notre tableau sont un effet de cette révolution industrielle.

TERRITOIRE ET POPULATION.

POSITION.	COLLECTORATS.	TERRITOIRE.	POPULATION TOTALE.	HABITANTS par MILLE HECTARES.
		Hectares.	Habitants.	
Nord-est.	Kandesche........	3,128,081	785,844	251
Nord-est.	Ahmednagur......	2,610,101	1,002,723	384
Nord.	Concan septentr[l]...	1,398,546	874,570	625
CENTRE.	BOMBAY	5,179	520,758	100,550
Sud-est.	Pounah..........	1,359,697	698,587	514
Sud-est.	Sattara..........	2,847,890	1,219,673	428
TOTAUX...............		11,349,494	5,102,155	450

Collectorat de Kandesche.

Le collectorat de Kandesche s'étend au sud-est de celui de Surate et, dans sa plus grande longueur, il est traversé par la rivière Tapti, dont Surate est le port; les monts Saoutpouras le limitent vers le nord. Ce grand pays était partagé entre trois princes mahrattes, les Holcar, les Sindia et le Peschwa, maîtres du Concan. Lorsque les Anglais firent la guerre à ce dernier, ils s'emparèrent de tout le territoire qu'il possédait dans le pays de Kandesche et firent de cette conquête un collectorat spécial.

Une partie considérable du territoire a beaucoup de fertilité; elle est arrosée par de nombreux cours d'eau, dont les Indiens réglaient le régime par un bon système de chaussées. Le pays était prospère et ses cultures florissaient, lorsqu'en 1802 Jeswount Rao Holcar, un des plus indignes successeurs de la reine Ahalya, commença la dévastation de cette contrée. Vers la même époque, des corps de partisans, soit afghans, soit arabes, avaient choisi les monts Saoutpouras pour foyer de leurs brigandages; ils attaquaient de vive force les caravanes du commerce et portaient au loin la désolation dans les campagnes. De pair avec eux, les sauvages Bhils recommençaient leurs meurtres et leurs pillages. L'infortune fut au comble lorsque des nuées de cavaliers pindaries, les plus sauvages des déprédateurs, se précipitèrent sur le plat pays et portèrent partout la désolation; le premier bienfait de la puissance britannique fut d'exterminer ces malfaiteurs. Qui pourrait peindre l'état de la contrée au sortir de tels ravages?

Vers les commencements du siècle dernier, des colons venus d'Arabie s'étaient introduits dans les campagnes du Kandesche; ils servaient en même temps comme soldats au service des petits seigneurs féodaux répandus dans la contrée. Quand les chrétiens, les armes à la main, se rendirent maîtres de la province, les Arabes refusèrent de leur obéir et finirent par la révolte; ils furent défaits, et, malgré leur vive résistance, le vainqueur les conduisit au delà des mers, dans leur pays primitif.

A la même époque, les Bhils, plus ou moins sauvages, qui s'étaient répandus dans le Kandesche furent refoulés dans les monts Vindhyas. Un recensement approximatif qu'on avait essayé de faire dans ces montagnes, sans doute avant le retour que nous mentionnons ici, ne les portait qu'à *vingt-quatre* habitants par mille hectares de terre; leur territoire était presque un désert.

A présent faisons connaître en quel état se trouvait le pays de Kandesche à l'époque où les Européens s'en emparèrent. Parmi les ruines des travaux utiles on comptait plus de cent digues importantes, précédemment établies au fond des vallées pour recueillir, exhausser les eaux et les distribuer par des irrigations : telle était alors leur dégradation qu'elles ne pouvaient plus rendre ce service à l'agriculture. Les mêmes eaux, qui cessaient d'être un élément de fécondité, devenaient stagnantes et putrides; des épidémies mortelles en étaient la conséquence. Dans une foule d'endroits, le peuple, que les spoliateurs avaient privé de son bétail, ne pouvait plus continuer le labourage, et la famine l'obligeait à fuir sa terre natale. Des jongles à l'état sauvage couvraient de leurs broussailles des terres auparavant assainies et fécondées par la charrue; ils servaient de repaire à des tigres, devenus les dévastateurs d'un pays que l'homme était contraint d'abandonner : le plus cruel des animaux avait multiplié sa race avec une incroyable fécondité.

Depuis l'instant où le Kandesche a pris rang parmi les provinces soumises à la Présidence de Bombay, ces causes de dépopulation et de ruine ont par degrés disparu. De nouvelles invasions sont devenues impossibles dans un pays soumis à la loi toute-puissante de la Compagnie, que remplace aujourd'hui la Reine. La confiance et la paix ont rappelé dans chaque village abandonné les habitants que la terreur et la faim avaient dispersés. Ils ont petit à petit recommencé leurs cultures et n'ont plus trouvé d'autres ennemis à redouter que les animaux sauvages et carnassiers. Ils leur ont fait une guerre dont les résultats ont été si considérables, qu'à ne compter seulement que les tigres, ils en ont détruit dans les premiers temps jusqu'à soixante par mois dans un seul collectorat.

Nous avons décrit la situation du Kandesche telle qu'elle était à l'époque où le commissaire général Mountstuart Elphinstone en a fait le rapport à la Compagnie des Indes. C'est de ce point qu'il est parti pour opérer la restauration de ce pays, qui forme aujourd'hui l'une des provinces les plus importantes de la Présidence de Bombay. Deux administrations consécutives, qui n'ont pas duré moins de seize années, celles d'Elphinstone et de sir John Malcolm, ont contribué puissamment à ramener cette province vers sa première prospérité; mais il faudra beaucoup d'années pour que la population se multiplie et parvienne à la même densité qu'en d'autres parties de l'Inde aussi favorisées de la nature et moins maltraitées par un long brigandage.

Collectorat et forteresse d'Ahmednagur.

Cette contrée formait en 1660 un État indépendant constitué par *Ahmed* Nizam Schah; ainsi que son nom l'indique, il fut le fondateur de la forteresse d'Ahmednagur. Des familles nombreuses s'établirent à l'entour et formèrent une ville qui surpassa bientôt en importance toutes celles que la contrée possédait à cette époque.

Dans le siècle qui suivit la formation de cette principauté, les empereurs mogols s'en rendirent maîtres et la conservèrent aussi longtemps que vécut Aureng-Zeb. Peu de temps après la mort de cet empereur, les Mahrattes en firent la conquête; et, pendant près de cent ans, ils la conservèrent au nombre des États de leur Peschwa.

La forteresse était formidable pour d'autres assaillants que des Européens. En 1803, elle fut prise par le général sir Arthur Wellesley, dans sa brillante campagne contre les confédérés du centre de l'Inde. Dix-sept ans plus tard, cette ville contenait encore vingt mille habitants.

Situation géographique d'Ahmednagur : latitude, 19° 5′; longitude, 72° 35′, à l'est de Paris.

A peu de distance se trouve la source d'un des principaux affluents du Krischna; on ne compte pas moins de deux cents lieues à vol d'oiseau entre cette source et l'embouchure de ce fleuve. La hauteur nécessaire à l'écoulement des eaux dans un si long parcours adoucit beaucoup les ardeurs d'une région tropicale; elle rend le séjour de cette ville un des plus sains et des plus tempérés qu'on puisse trouver dans l'Hindoustan.

En 1829, le général sir John Malcolm, déterminé par la salubrité de cette position élevée, a choisi la forteresse d'Ahmednagur pour quartier général et pour résidence de la brigade d'artillerie que possède l'armée de Bombay.

Dans cette contrée, une partie des causes de dévastation et de dépeuplement avait agi comme dans le Kandesche avant sa réunion définitive à l'empire britannique. Après la conquête, ce pays a fait quelques pas vers une prospérité depuis longtemps disparue; cependant, combien ne reste-t-il pas encore à réparer?

Il est juste pourtant de faire observer qu'aujourd'hui, pour une même étendue de territoire, la population est presque double de celle du Kandesche; mais le revenu public n'est plus élevé que d'un cinquième.

Collectorat du Concan septentrional, ou de Thannah, dans l'île de Salsette.

Le Concan septentrional, dont la superficie est d'environ 1,400,000 hectares et dont la population approche de 900,000 habitants, comprend tout le bas pays que l'Océan baigne de ses eaux depuis Surate jusqu'à quelques lieues au midi de Bombay. Du côté de l'orient, il est limité par les deux grands collectorats que nous venons de décrire.

Dans le Concan septentrional, ainsi que dans le Concan méridional, un grand nombre de rivières descendent des hautes montagnes. Lorsque arrive la mousson du sud-ouest, elles deviennent des torrents considérables; mais, dans les autres parties de l'année, la plupart ne présentent plus que de maigres filets d'eau. A leur embouchure, on trouve une foule de petits ports qui, malheureusement, ne peuvent être fréquentés que par des navires du plus faible tirant d'eau.

Dans les siècles derniers, les habitants de ces ports ne s'occupaient guère d'un cabotage honnête et peu productif; ils lui préféraient le brigandage maritime. Lorsque les Mahrattes formèrent une puissance et que, franchissant les montagnes, ils s'emparèrent du bas pays et de la côte, leur piraterie continentale se maria merveilleusement avec celle de la mer. D'un autre côté, lorsque la Compagnie des Indes avait acquis Bombay, puis dominé Surate, sa marine militaire avait fait une guerre d'extermination aux pirates du Concan, ainsi qu'à ceux du golfe Persique et des côtes orientales d'Arabie. A la fin ses efforts ont été couronnés d'un succès complet, et l'on peut dire que, depuis les premières années du siècle présent, le fléau du brigandage maritime a cessé d'exister. Par conséquent, les *marins hindous*, les *lascars*, sont réduits à s'occuper exclusivement d'une paisible et modeste navigation de cabotage.

Damaon, port des Portugais. Sur la côte du Concan, au nord de Bombay, ces Européens ne sont plus maîtres que du port de Damaon : latitude, 20° 24'; longitude, 70° 38', à l'est de Paris. La rade est ouverte et d'assez grands navires peuvent mouiller près du rivage, pourvu que les vents de l'ouest ne soufflent pas avec trop de violence. Lors de la mousson du sud-ouest, les eaux de la rivière de Damaon montent jusqu'à six mètres; mais, alors, les bâtiments indigènes n'osent pas sortir et s'aventurer en pleine mer.

La principale industrie de ce port est la construction des navires, faits avec l'excellent bois de teck, tiré des forêts qui bordent la chaîne des Ghauts.

Le chemin de fer qu'on termine en ce moment, et qui longe la côte du Concan depuis Surate jusqu'à Bombay, rendra plus insignifiante encore qu'elle ne l'est aujourd'hui la navigation des petits ports extérieurs.

Ville et rade de Bassein.

Bassein était une ville considérable à l'époque où florissaient les Portugais; dès l'année 1531, ils avaient obtenu que le sultan de Cambaye la leur concédât. Elle s'élève au nord d'un havre intérieur, que couvre au midi l'île de Salsette, dont nous parlerons plus tard. La rivière de Ghora-Bandar, qui contourne le nord de cette île, est successivement grossie par beaucoup d'affluents qui prennent leur source au pied de la chaîne des Ghauts. A l'époque des pluies occasionnées par la mousson d'été, elle servait à conduire jusqu'à Bassein, par le flottage, les bois de teck avec lesquels étaient construits les navires de Damaon, bois dont la plus grande partie est aujourd'hui transportée dans l'arsenal de Bombay.

Les environs de Bassein sont bien cultivés, et les habitants, qui dans l'origine ont été convertis par les Portugais, n'ont pas cessé de rester fidèles à la religion catholique.

Dans la première partie du XVIIIe siècle, les Mahrattes, ayant dirigé leurs armes vers le Concan septentrional, s'étaient rendus maîtres de Bassein; mais, au commencement du siècle suivant, les Anglais leur ont enlevé cette position maritime.

Les Portugais, dans les meilleurs temps de leur domination, avaient rendu la ville de Bassein assez peuplée pour qu'ils eussent éprouvé le besoin d'y construire sept églises destinées à leurs coreligionnaires; aujourd'hui la solitude a remplacé cette nombreuse population. L'air pestilentiel des marais environnants, que l'administration mahratte avait négligé de combattre par l'entretien des travaux d'assainissement, doit être compté parmi les causes d'un dépeuplement si regrettable. Les Anglais ne semblent faire aucun effort pour réparer de tels désastres.

La rade de Bassein est abritée par la petite île de Dravi ou de Haravi, la plus avancée à l'occident, et par une île plus étendue, voisine elle-même de Bombay.

Petit archipel de Bombay.

Au sud-ouest et fort près du Concan septentrional, la nature semble avoir pris plaisir à disposer un groupe d'îles qu'autrefois Arrien avait désigné sous le nom d'*Heptanésie*, le groupe des sept îles; il est aujourd'hui le plus important que présentent les mers de l'Inde. La valeur de cet archipel, œuvre des Européens, appartient tout entière à l'île la plus avancée vers le midi, à Bombay, par laquelle nous allons commencer notre description.

L'île, la ville et le port de Bombay.

Je voudrais pouvoir montrer au lecteur tout ce que la nature avait fait, dans l'île de Bombay, pour en éloigner l'habitation des hommes, et tout ce que l'art a fait pour y rassembler et rendre à la fois puissants et riches le plus grand nombre d'habitants qu'une égale superficie ait jamais présentés, au milieu d'incroyables obstacles.

Vers la côte occidentale du vaste golfe d'Arabie, qui porte aussi le nom d'Océan Indien, qu'on imagine deux lignes de rochers parallèles au littoral de la terre ferme et dirigées du nord au midi, celle qui borde la mer ayant seulement 9 kilomètres de longueur et celle de l'intérieur à peu près le double en étendue. Ces deux lignes forment, si je puis parler ainsi, l'ossature de l'île; entre elles s'étendait un marais large de 3 à 4 kilomètres, couvert parfois des eaux de la mer, et, quand il était découvert, aussi peu salubre que les marais Pontins en Italie. Après des travaux importants, exécutés afin de rendre moins malsains ces bas-fonds pestilentiels, les Européens obtinrent, pour premier et bien modeste succès, de pouvoir y subsister, terme moyen, *trois ans avant d'y mourir.* Tel était encore l'état du pays il n'y a guère plus d'un siècle.

Mais entre le continent et la ligne interne des rochers de Bombay, prolongée à près d'une lieue vers le midi par une espèce de brise-lame composé d'îlots rocheux, nous voyons se déployer à perte de vue une admirable nappe d'eau, qui peut recevoir des flottes nombreuses composées des plus gros vaisseaux; quelle que soit la direction des vents, les navires y trouvent des mouillages sûrs et faciles. Tout ici présente les avantages que peut désirer une grande puissance maritime et commerçante.

Dans les beaux temps de leurs découvertes et de leurs conquêtes, les Portugais ont les premiers reconnu la valeur de cette position sur un littoral qui, même en négligeant les sinuosités, surpasse cinq cent cinquante lieues en longueur; ce littoral, depuis le cap Comorin jusqu'aux bouches de l'Indus, ne leur présenta que deux rades qui leur parussent à la fois sûres et spacieuses, celle de Goa et surtout celle de Bombay.

En s'avançant, à partir du cap de Bonne-Espérance, les navigateurs partis de Lisbonne se mirent d'abord en possession du premier des deux ports naturels; ils reconnurent aussi la valeur du second et l'appelèrent par excellence *Bom Bahia*, la bonne baie : c'était Bombay.

Sur un promontoire intérieur que l'île présente, assez près de l'entrée du port, ils érigèrent un petit château, que les Anglais appellent simplement *the Castle*, et qu'ils ont transformé; les Portugais bâtirent quelques maisons, commencèrent une très-modeste colonie et ne poussèrent pas plus loin ce premier établissement. La destinée d'Albuquerque, grâce à de trop peu dignes successeurs, est d'avoir tout ébauché dans l'Orient, tandis que celle des Anglais est de beaucoup entreprendre et de ne s'arrêter qu'après avoir tout accompli.

Lorsque l'apathie, la tyrannie et l'impéritie eurent à l'envi sapé le pouvoir du Portugal en Asie, Bombay cessa de présenter le même intérêt aux yeux de cette puissance. Le souverain qui donna sa fille en mariage à Charles II, roi d'Angleterre, lui concéda, comme un simulacre de dot, l'île à peu près déserte qui portait le nom de Bombay. On lui croyait si peu de valeur, que le plus insouciant parmi les princes de la dynastie des Stuarts la vendit à la Compagnie des Indes pour un modeste revenu de deux cent cinquante francs par année.

Si l'on calculait aujourd'hui la valeur des édifices privés et publics, en y joignant tous les trésors accumulés par la culture et le commerce dans une île fort exiguë, on ne trouverait pas moins de deux cent cinquante millions. Ainsi, en deux siècles, chaque franc de rente primitive s'est transformé en un million de capital.

Deux ans après la chute des Stuarts, l'île destinée à de si vastes progrès comptait déjà seize mille habitants; cent soixante ans plus tard, les Anglais avaient réuni sur le même point, par le concours volontaire des hommes qu'attirent le commerce et la liberté, la moitié d'un million d'hommes..... Telle se montre ici la puissance productive de la nation britannique.

Les deux rades de Bombay.

Rade extérieure, ou *Back-bay.* — Entre les deux caps méridionaux les plus avancés, on trouve d'abord une rade extérieure, sans protection du côté du sud; elle a plus d'une lieue d'ouverture et moitié moins de profondeur. Cette rade secondaire, que nous appellerions naturellement *une avant-rade*, les Anglais une fois débarqués, et les regards tournés vers l'immense rade intérieure, accordent par dédain à la première le nom de *Baie de derrière, Back-bay.* Les navires qui s'y trouvent mouillés sont défendus contre les vents du nord et du nord-ouest, mais ils ne le sont pas contre les vents du sud et du sud-ouest.

La grande rade intérieure. Notre attention tout entière est absorbée par la rade principale. Quel spectacle plein de majesté frappe les navigateurs lorsqu'ils pénètrent, par une entrée de deux lieues et demie de largeur, dans une mer intérieure dont l'étendue longitudinale n'est pas moindre de huit lieues!

L'île de Bombay ne suffirait pas à couvrir du côté de l'Océan un si grand espace; mais l'île de Salsette, contiguë et deux fois plus longue, la protége en avançant vers le nord. Afin que les vents et la mer ne fassent pas sentir leur perturbation entre ces deux premiers remparts, une troisième île, appelée *Trombay,* couvre intérieurement le chenal qui séparait les deux premières et qu'on a fini par intercepter au moyen d'une chaussée.

Ile d'Éléphanta.

Il y a déjà plusieurs siècles que les brahmanes se sont emparés d'une île moins grande, mais située au centre de la baie, pour y creuser dans le rocher, vers le sommet d'une étroite vallée, un temple qui surprend les voyageurs par la grandeur de ses proportions. Depuis l'époque où de savants Européens ont étudié ces antiquités, le temps a multiplié ses ravages avec une rapidité désolante. Vers la plage où l'on débarque en venant de Bombay s'élevait un éléphant sculpté dans la pierre, avec un de ses petits, debout sur le dos de la mère. Cet accessoire ne présentait plus qu'un débris informe dès 1764, lorsque Niebuhr, l'ancien, visita l'île. Cinquante ans plus tard, la tête et le col du grand éléphant se détachèrent du tronc, et le corps même, sillonné par une profonde fissure, menace aujourd'hui de tomber en ruine. Ainsi disparaît le monument d'après lequel les Portugais ont désigné l'île sacrée d'Éléphanta, qui, dans la langue sanscrite, était appelée *Gharapouri*, « le séjour de la purification. » Les chrétiens auraient dû construire au sommet d'une des deux collines qui dominent cette île, et qu'on aperçoit de toutes parts, un monument religieux qui rappelât leur croyance et leur puissance; monument vers lequel les marins eussent adressé leurs prières au départ, leurs actions de grâces au retour. Revenons à des intérêts purement humains.

Établissements commerciaux maritimes et militaires.

Transportons-nous à l'entrée de la grande baie, comme si nous étions embarqués sur un navire arrivant d'Europe. Sur notre droite, à l'orient, nous apercevons le bas pays du Concan, et dans le lointain la grande chaîne des Ghauts; elle se prolonge à perte de vue comme un rempart resté, pendant des siècles, infranchissable aux transports commerciaux. Sur notre gauche se développent, dans une longueur de deux lieues, tous les établissements de la marine et la cité de Bombay.

Nous doublons deux longs rochers qui s'élèvent au-dessus des eaux; le premier, et le plus considérable, est celui de Kolaba, puissant brise-lame qui semble érigé par la nature pour ajouter à la tranquillité des eaux intérieures. Un poste militaire est établi là comme une avant-garde.

Au sommet de l'île s'élève un phare qui sert à guider les vaisseaux lors de leur arrivée. C'est à ce phare qu'on rapporte la situation géographique de Bombay : latitude, 18° 57'; longitude, 70° 37', à l'est de Paris.

Les presses hydrauliques pour le coton, établies à Kolaba. Au pied des rochers, près d'un quai qu'accostent avec facilité les plus grands navires marchands, remarquons un édifice qui contient un bel ensemble de presses mécaniques. Elles nous annoncent la source du plus opulent commerce de Bombay; elles servent à comprimer les balles de coton, et suppléent à l'insuffisance des presses établies précédemment dans la même ville.

Vers la fin du siècle dernier, l'ingénieur anglais Bramah fit passer dans l'industrie ses applications de mécanique désignées sous le nom de *presses hydrauliques* : applications fondées sur le principe de l'égalité de pression qu'il est possible d'exercer, avec la moindre force active, sur des parois qui renferment hermétiquement un fluide tel que l'eau. Cette machine pouvait rendre les plus grands services afin de comprimer les cotons en laine, en premier lieu pour qu'ils n'occupassent pas de trop grands espaces dans l'intérieur des navires; en second lieu, pour que les précieux filaments devinssent moins sujets à l'action de l'humidité durant les voyages par mer.

Cet emploi spécial de la presse hydraulique avait été

l'objet d'une patente prise à Londres par West. Dès 1798, ce mécanicien vint à Bombay dans le dessein de l'offrir au commerce d'une ville si favorablement située pour l'exportation des cotons bruts de l'Inde. Croira-t-on qu'au lieu d'accueillir une telle innovation avec faveur et gratitude, les marchands de ce grand port l'aient opiniâtrément repoussée? L'infortuné West se vit obligé de démolir ses machines, malgré leur perfection, et d'en vendre à vil prix les matériaux.

Plus tard, on employa des pressoirs à vis mus par des cabestans aux barres desquels il fallait appliquer un nombre d'hommes qui, dit-on, n'était pas moindre de 240 pour chaque vis.

Par le moyen d'une force si grande, 680 kilogrammes de coton étaient réduits à ne plus occuper que l'espace d'un mètre cube et quatre dixièmes; c'est-à-dire que le coton, ainsi comprimé, était encore moitié moins pesant qu'un égal volume d'eau douce.

En 1819, vingt et un ans après la première disgrâce qu'il avait éprouvée, West a pu faire adopter dans Bombay sa presse hydraulique, qui demandait trente-deux fois moins d'hommes pour produire autant de pression qu'avec la vis.

Malgré l'emploi d'un moyen qui n'agit que par des effets graduels avec un moteur très-réduit, il ne faut pas plus de sept minutes et demie afin de comprimer chaque balle de coton et de la rendre prête pour l'embarquement : la balle de Bombay pèse 173 kilogrammes.

Les fortifications. La partie de l'île la plus avancée vers le midi contient la cité primitive et tous les établissements de la marine. Ces établissements et la ville sont couverts, du côté de l'occident, par une enceinte de remparts qui suffisait pour les protéger, tels qu'ils étaient en 1760, lorsque commençait le règne de Georges III, de ce roi qui put être privé deux fois de la raison et qui n'eut jamais un grand génie, sans pour cela que son gouvernement cessât d'être un des plus sensés et des plus prospères qui de nos jours aient dirigé des nations de premier ordre. L'ouvrage à couronne érigé vers l'extrémité septentrionale porte le nom de *fort Georges*.

Sept fronts bastionnés, développés sur un croissant dont la flèche est courte, constituent la défense extérieure; l'étroitesse de l'île, en cette partie, ne permettait pas d'enceindre une plus grande superficie, que les habitants, s'ils avaient pu l'obtenir, auraient payée au poids de l'or.

Le même défaut d'emplacement n'a pas permis d'établir du côté de la rade intérieure, avec de larges terre-pleins, un front continu vraiment défensif.

Les Anglais disent avec orgueil que mille canons peuvent être mis en batterie dans les ouvrages de Bombay. Mais combien de parties sont encore vulnérables!

Quoique les travaux militaires dont nous venons d'offrir une idée laissent infiniment à désirer, ils sont pourtant les seuls ayant une véritable importance que l'Angleterre ait préparés, jusqu'à ces derniers temps, sur la côte occidentale de son vaste empire de l'Inde.

Effrayé des progrès modernes de l'artillerie que portent des navires cuirassés presque invulnérables, le Gouvernement anglais a décidé, dans le cours de 1863, qu'on ajouterait considérablement aux moyens de défense de Bombay, par des fortifications et des batteries nouvelles. Lorsqu'il a pris cette mesure pleine de prudence, on doit s'étonner de son refus d'obvier au dénûment presque absolu de protection que nous avons signalé lorsque nous avons décrit le port de Karrachie, ce port qu'on peut appeler *le Bombay de l'Indus*.

Établissements de la marine.

Immédiatement après les travaux qu'exige la défense, nous plaçons les établissements propres à la marine.

Du côté de l'entrée, en avant des fortifications, une jetée ou brise-lames, qu'on appelle *la jetée de Wellington*, s'avance du nord-ouest au sud-est pour protéger le *Dock-yard*, l'arsenal des constructions de la marine militaire. Cet arsenal offre d'abord plusieurs formes de construction sur le bord de la mer; en arrière s'élèvent les ateliers et les magasins : tous sont en avant d'un front bastionné qui fait face au sud-est, pour protéger par quelques feux l'entrée de la grande baie.

En arrière de ce court front de mer, on trouve les principales formes de radoub, puis un bassin de flot ou *darse* de figure triangulaire; il est bordé par un quai de la ville et deux jetées qui, dirigées obliquement, se rapprochent pour ne laisser au sommet du triangle qu'une étroite ouverture. On assure ainsi la complète tranquillité des eaux.

La *douane* est située près du quai. Par une exception sans exemple, il y a vingt ans, un indigène, *un Parsi*, était le directeur général de cette importante administration.

L'arsenal maritime. Le grand avantage d'obtenir en abondance le teck, excellent bois de construction, que les insectes ne rongent pas sous un climat où nulle autre espèce de grands végétaux ne résiste à leur voracité, cet avantage et celui du bon marché ont fini par déterminer le Gouvernement britannique à faire exécuter dans le port de Bombay des constructions navales importantes.

Primitivement, c'était à Surate que la Compagnie faisait construire les médiocres navires dont elle avait besoin pour courir sus aux corsaires des Arabes et des Mahrattes;

elle a trouvé plus sûr et plus avantageux de transférer les travaux de ce genre au chef-lieu de la Présidence,

Un constructeur parsi. Dès 1735, pour organiser et pour diriger dans ce dernier port les travaux d'architecture navale, la Compagnie a fait choix d'un maître constructeur, le meilleur qui fût à Surate : c'était le Parsi Lowji Nausiwangi. Depuis cette époque jusqu'à nos jours, la famille de cet ingénieur industrieux, actif, plein de zèle et d'une probité à toute épreuve, n'a pas cessé de diriger les travaux de l'arsenal britannique, toujours avec le même talent, toujours avec la même intégrité. Vers la fin du siècle dernier, le petit-fils de Lowji construisit pour la Compagnie une frégate avec tant de succès, que l'amirauté résolut de faire exécuter à Bombay de grands bâtiments de guerre pour la marine royale. En 1805, on augmenta l'arsenal, le Dock-yard, et, dans ces dernières années, l'établissement a fini par couvrir une superficie de huit hectares. De 1810 à 1812, trois vaisseaux de 74 furent entièrement construits *par des ouvriers parsis*, et plus tard trois vaisseaux de 84 à 86 canons. Après la paix de 1815, la Compagnie a fait creuser et bâtir deux vastes formes de radoub, indépendamment de quatre belles cales de construction pour de grands bâtiments de guerre.

Marine militaire de l'Inde britannique.

A Bombay se trouve le centre de la marine spéciale des Indes orientales, laquelle forme un corps distinct de la marine royale européenne. Son origine remonte presque aux temps où cette île fut concédée à la Compagnie. Elle a rendu des services essentiels dans les diverses guerres d'Orient, et fini par détruire les pirates qui désolaient le golfe Persique, la mer Rouge et les côtes de l'Hindoustan.

Dans ces derniers temps, on doit citer le rôle important que cette marine a joué lors des expéditions entreprises contre la Chine, contre les Birmans et contre la Perse. Au commencement du siècle, c'était elle qui transportait à Suez le corps d'armée que les Anglais joignirent aux troupes du Grand Seigneur pour attaquer les Français dans le cœur de l'Égypte.

La marine indo-britannique est commandée par un commodore, huit capitaines de vaisseau, seize capitaines de frégate, appelés *commandeurs*, et des lieutenants.

Le nouveau matériel de la marine indo-britannique, ayant son centre à Bombay, comptait il y a peu de temps vingt-quatre navires à vapeur, dont quelques-uns de 1,450 tonneaux, et neuf bâtiments à voiles.

L'armée de Bombay.

A Bombay réside aussi l'état-major général des forces de terre qui, pour la Présidence de ce nom, forment une armée distincte. Lors de la dernière rébellion, cette armée a fourni des détachements très-utiles pour tenir en respect les États de l'Inde centrale et pour envoyer des secours sur les bords de la Jumna. Voici quel était l'effectif de l'armée de Bombay en 1856, année qui précédait l'insurrection :

	Infanterie.	Cavalerie.	Artillerie et génie.	Totaux.
Troupes royales européennes. .	4,424	723		5,147
Troupes européennes de la Compagnie	2,904		1,930	4,834
Troupes indigènes	30,780	3,928	2,153	36,861
Vétérans				933
Médecins				336
TOTAL GÉNÉRAL				48,111

A cette armée régulière on ajouterait, au besoin, des corps irréguliers d'infanterie et de cavalerie. Il faut en outre compter deux corps de police armée; ce qui compose un contingent auxiliaire de dix-huit mille hommes.

En définitive, sur le pied de paix, l'armée régulière de Bombay représentait par million d'habitants deux mille neuf cent cinquante-sept défenseurs, dont sept cent vingt-cinq Européens. Il est possible qu'aujourd'hui la nécessité de faire des économies conduise à des tentatives pour réduire encore cet effectif d'une armée ayant à surveiller dix peuples différents, au milieu d'un pays qui n'a pas moins de douze cents lieues de frontières, soit de terre, soit de mer. Nous ne croyons pas que, sans imprudence, les réductions puissent être considérables, surtout en comparant le petit nombre des Européens au grand nombre des indigènes. La dernière rébellion est une leçon sévère qui démontre aux dominateurs la nécessité de maintenir à tout prix une protection puissante.

Quant à la fidélité de l'armée de Bombay, elle est en réalité d'autant plus assurée, qu'on prend soin de recruter chez des populations très-différentes par les races et par les cultes, au lieu de rechercher les *brahmanes* avec prédilection, comme on l'avait fait pour l'armée du Bengale. Cette diversité, d'ailleurs, rend beaucoup moins difficile d'employer les indigènes à des expéditions d'outre-mer; expéditions contre lesquelles les Hindous, quand ils composent en majorité les régiments natifs, se prononcent avec un esprit de résistance insurmontable.

Le port de commerce. A partir du bassin triangulaire, où peuvent entrer des navires soit de l'État, soit des particuliers, si nous avançons vers le nord, nous trouvons, au delà du château, les quais, les embarcadères et les établissements privés affectés à la marine du commrece.

Les presses érigées dans le port de commerce pour comprimer les cotons bruts destinés à l'embarquement. Indépendamment des presses perfectionnées établies au mouillage de Kolaba, il en existe d'autres annexées au port, et qui maintenant ne laissent rien à désirer. Quelle que soit leur efficacité, le commerce de Bombay devrait exiger que tous les cotons en laine fussent comprimés et emballés sur les lieux mêmes de production, mais en procédant avec la surveillance nécessaire pour empêcher qu'on y mêle des matières étrangères et de nulle valeur. Ajoutons qu'aujourd'hui de louables efforts sont faits dans le dessein d'arriver à ce résultat.

Le *Chintz-bazar* est à l'extrémité du port, vers la partie de la baie intérieure occupée par les navires indigènes. Là sont étalés tous les produits de l'Orient, de l'Inde, de la Perse, de l'Arabie et de l'Afrique. A proximité, l'on a placé les écuries où les Arabes offrent aux cavaliers anglais ou natifs les chevaux les plus renommés de l'Asie.

Il faut à présent pénétrer dans la ville européenne, qui touche au littoral que nous venons de parcourir.

Établissements de la ville européenne.

La citadelle ou château. Les Portugais avaient profité d'un tertre exigu qui fait saillie dans la baie pour y placer leur colonie, que protégeait une enceinte défensive; c'était le château déjà mentionné, aussi petit que l'était, il y a deux siècles, le commerce des Portugais à Bombay!

Ce château, transformé comme il l'est aujourd'hui, peut être considéré comme étant la citadelle de la ville *européenne* : expression qui veut dire la ville *britannique*, par opposition à l'autre ville, toute peuplée d'Asiatiques.

Lorsque la Compagnie des Indes vint prendre possession

de l'ancien château portugais, elle n'y trouva qu'une maison médiocre, entourée d'un simple jardin. Le fort, d'un site habilement choisi, mais peu redoutable, n'était défendu que *par quatre petits canons.* Ce simulacre militaire prit bientôt un autre aspect entre les mains des Anglais. Ils bâtirent une enceinte à quatre bastions, dont l'un s'avançait le plus possible dans la baie et deux autres sur le port. Ils purent ainsi battre la rade par le feu des deux fronts qui commandent, l'un au nord-est et l'autre au sud-est.

Le nouveau château fut armé d'une artillerie de *cent vingt bouches à feu d'un puissant calibre.* A cette force s'ajoutèrent quatre batteries de mer dominant les quais du commerce, et dressées sur des remparts irréguliers, pour compléter la protection du port et de la ville européenne. Comptons enfin le fort Georges, qui commande la terre et la mer au nord de Bombay.

La grande place publique de la ville européenne. A l'occident du château, dans une ville où l'espace occupé par les habitations est si limité, on voit, sous la forme d'un croissant irrégulier, se développer une place remarquable pour sa vaste étendue; elle est décorée d'une verte pelouse circulaire, qu'on appelle par excellence le Boulingrin de Bombay, le *Bombay Green*, ornement d'un luxe précieux et rare au milieu de la zone torride. La place que nous décrivons, bizarre dans sa forme et ses contours, est enrichie par de grands édifices publics, disséminés sans aucun ordre : ainsi l'étaient autrefois ceux du Forum, dans la capitale du monde romain.

Les principaux monuments que nous venons d'indiquer sont la Cathédrale, la Monnaie, le Secrétariat du gouvernement présidentiel; citons surtout le Palais municipal de la seule cité qui, dans l'ouest de l'Inde, ait sa charte et ses libertés. Pour elle, ce sont les gages de la grandeur et de la vie, comme le sont, en Europe, les chartes et les libertés de Londres, d'Édimbourg et de Dublin.

Outre la cathédrale anglicane, qui s'élève auprès du *Bombay Green*, il faut mentionner les édifices disséminés dans la capitale, consacrés à des cultes très-divers, qui tous s'exercent sans aucune espèce d'obstacle ni d'offense : les temples, les *Kirks*, érigés pour les Écossais presbytériens et pour les protestants américains; puis les chapelles catholiques et les maisons de charité, pour les Irlandais, les résidents français et les Indo-Portugais. Les Hindous ont leurs pagodes. Les musulmans ont leurs mosquées avec leurs minarets, d'où le muezzin annonce à grands cris l'appel au culte du dieu de Mahomet. Enfin, les Parsis ont leurs temples, dans lesquels ils entretiennent, avec les bois odoriférants les plus précieux, un feu qui ne s'éteint jamais, et les sombres *tours du silence*, réceptacles de leurs morts. Chaque jour, quelques moments avant l'aurore, les Parsis accourent sur la grande esplanade qui se déploie au delà des remparts de la ville européenne; ils viennent saluer et révérer le soleil levant, qui pour eux est le sublime symbole du Tout-Puissant qu'ils adorent. Revenons au *Bombay Green*.

L'*hôtel des monnaies* s'élève au nord de l'ancien château; on y trouve aujourd'hui des moteurs et des mécanismes très-perfectionnés, qui peuvent suffire à frapper par an pour 200 millions de francs; les pièces sont presque toutes en argent, comme les Indiens *les préfèrent*.

Le moderne *hôtel de ville* mérite d'attirer toute notre attention; il est situé dans la partie méridionale de la place centrale. Ce vaste édifice fut construit, il y a déjà trente-quatre années, par M. Forbes, colonel du génie. L'architecture en est régulière et nul ornement de mauvais goût ne la dépare, chose à noter dans un monument britannique. La façade est ornée d'un portique imposant, dont les colonnes monolithes ont été taillées en Angleterre et transportées, comme simple lest, dans la cale des grands navires de commerce; cette colonnade, sévère d'aspect, est empruntée à l'ordre dorique des premiers temples d'Athènes. Pour décorer les intérieurs, on a réservé les ornements plus riches et plus délicats de l'ordre ionique et de l'ordre corinthien.

Il faut remarquer, au rez-de-chaussée, les salons de la Société de géographie, ainsi qu'une collection d'antiquités réunies par la Société asiatique de Bombay, émule de celles que nous avons signalées dans Londres et dans Calcutta. A l'étage supérieur, qui forme vraiment l'étage d'apparat, l'architecte a construit, pour les fêtes et pour les assemblées gouvernementales, une salle carrée plus spacieuse que n'est, dans le palais des Tuileries, la salle des Maréchaux. De plain-pied avec cette salle majestueuse, on trouve la bibliothèque, le musée et le lieu des réunions de la Société asiatique.

Les citoyens de Bombay ont voulu que leur palais municipal fût décoré par les statues des hommes illustres auxquels le gouvernement de la partie occidentale de l'empire indo-britannique doit sa grandeur et sa prospérité. Au pied du principal escalier ils ont placé la statue du général sir John Malcolm, qui fut tour à tour guerrier et diplomate, historien véridique et d'une rare érudition, éminent administrateur et l'un des meilleurs amis des peuples de l'Inde. Dans la pièce qui conduit à la salle des grandes séances publiques, on a transporté la statue de lord Cornwallis, qui commença, dès le XVIIIe siècle, l'*ère des gouverneurs généraux intègres*, et qui fit des lois favorables à la propriété des indigènes. A l'endroit le plus apparent de la grande salle, la place d'honneur est occupée par la statue de Mountstuart Elphinstone, le gouverneur de Bombay qui, dans l'Inde occidentale, a laissé les plus illustres et les plus doux souvenirs; nous ferons bientôt connaître ses travaux, ses écrits et sa vie politique.

En applaudissant à ces justes hommages, nous regrettons que le corps municipal ait oublié le modeste et sage Duncan, le premier des gouverneurs, d'un mérite supérieur. Pendant seize années, de 1795 à 1811, il a développé dans son premier germe la fortune de Bombay [1].

Louons, en revanche, les habitants de la grande cité commerçante pour avoir uni, dans leurs plus nobles hommages, deux citoyens dépourvus des prestiges du pouvoir.

Le premier est *sir Charles Forbes*, le fondateur de la grande maison financière à laquelle le commerce de Bombay doit une partie très-considérable de ses progrès. Ce qui l'a distingué parmi la foule des gens d'affaires et d'argent, c'est qu'à l'époque même où le commerce de l'opium, pratiqué si largement avec la Chine, était pour des trafiquants sans scrupule et sans pudeur l'objet d'une fortune immense, le vertueux Forbes repoussait loin de lui cet odieux moyen d'amasser de l'or par la démoralisation et l'empoisonnement d'une nation dont la Compagnie des Indes osait se prétendre l'amie.

La statue d'un Parsi créé baronnet d'Angleterre. Que des Anglais aient honoré celui de leurs compatriotes qui manifestait si noblement sa supériorité morale, nul ne saurait s'en étonner. Mais un sujet de surprise inexprimable est de les voir placer dans la salle de leurs assemblées solennelles la statue d'un individu qui n'avait pas dans ses veines la moindre goutte de leur sang, qui n'était pas même Eu-

[1] Les amis de Jonathan Duncan ont érigé un monument en son honneur dans la cathédrale de Bombay.

ropéen et qui n'a pas rempli la plus médiocre fonction gouvernementale, le modeste représentant d'une race proscrite depuis des siècles sur sa terre natale, en un mot, un simple Parsi! Voilà le miracle, et c'est à la vertu que nous devons l'attribuer. Jamschidji-Sidjibhoy a comblé de ses présents la cité de Bombay. Il a dépensé deux millions pour lui donner des hôpitaux et des écoles, pour construire des chaussées et d'autres monuments d'utilité; il a doté le passage le plus désolé des Cordilières hindoues d'un hospice ouvert aux voyageurs, comme l'avait fait avant lui la sublime charité des chrétiens au mont Cenis, au mont Saint-Bernard. Un immense incendie ayant détruit la portion de Surate où résidaient en grand nombre ses coreligionnaires, il a fait rebâtir à ses frais, je l'ai déjà dit, les maisons de tous les Parsis qu'accablait la pauvreté. Sa bienfaisance a franchi les mers; elle est venue jusqu'en France. Lors des inondations extraordi naires de 1856, où tant de Français des bords du Rhône et de la Loire étaient réduits à la même misère que les Parsis de Surate, Jamschidji s'est empressé d'envoyer sa généreuse offrande, afin de secourir les infortunés d'une nation à laquelle il n'avait rien à demander, d'une nation que jamais il n'avait visitée, mais qu'il admirait, lui Parsi, à cinq mille lieues de distance!

Le Cabinet si fier de Saint-James n'a pas pu rester indifférent à cette vertu sans égale; ce qu'il n'avait fait dans sa vaste conquête pour aucun musulman, pour aucun Hindou, il l'a fait pour ce Parsi, qu'il a créé *baronnet héréditaire*. Enfin, les habitants de Bombay, voulant perpétuer dans leurs murs le souvenir d'un concitoyen si généreux, ont fait exécuter en beau marbre blanc sa statue par le plus grand artiste que l'Angleterre ait possédé.

De plain-pied avec la salle qui rappelle de si nobles

témoignages de gratitude nationale et municipale, on trouve d'un côté les salons où le gouverneur et le commandeur en chef de l'armée peuvent, dans les grandes circonstances, tenir leurs levers solennels, leurs durbars. On a réservé l'autre côté du premier étage pour les sciences et les arts, pour le Conseil supérieur de l'instruction publique, pour les sociétés littéraires et savantes qui sont l'honneur de Bombay; enfin, pour la bibliothèque magnifique, dont la fondation ne date pas d'un demi-siècle. Cette fondation est l'œuvre de *sir James Mackintosh.*

Signalons une conception digne du Gouvernement britannique. Dans l'Inde, il accorde certains emplois, énormément et justement rétribués, à des talents du premier ordre auxquels il manque, en Angleterre, une fortune suffisante pour offrir aux yeux de tous les administrés la garantie d'indépendance et de respectabilité que demandent chez ce peuple sérieux, et qui ne veut pas être officiellement volé, l'investiture et l'exercice des plus hautes fonctions. On exige qu'ils soient placés au-dessus de toutes les tentations, quand ils président aux affaires d'un gouvernement dont les membres ont souvent à prononcer sur les plus grands trésors du monde. Au bout de quelques années, après avoir acquis l'expérience des immenses intérêts d'outre-mer, la loi leur accorde une pension perpétuelle qui les dispensera de songer aux besoins de leur avenir lorsqu'ils auront en main les affaires publiques de la mère patrie.

Le motif que nous indiquons fit envoyer, à trente années d'intervalle, deux littérateurs accomplis, deux orateurs éminents, et tous deux sortis d'Édimbourg, l'Athènes du Nord : sir James Mackintosh vint à Bombay, et lord Macaulay vint à Calcutta. Tous deux ont dignement payé leur dette à l'empire indo-britannique : le dernier en rédigeant un code général pour traiter en égaux, avec les balances d'une même Thémis, les conquis et les conquérants; le premier en introduisant la réforme et les perfectionnements dans les lois, *les régulations* de la Présidence de Bombay, en donnant un double essor à l'instruction publique des Européens et des indigènes, en cherchant le moyen d'accroître chez les hommes faits l'amour des lettres et l'étude des mœurs jointe à celle des monuments.

Mackintosh a commencé la bibliothèque dont nous venons de faire mention, aujourd'hui certainement la plus complète de l'Asie, car elle réunit les richesses littéraires de l'Occident à celles de l'Orient. Il s'est occupé de l'accroître avec un zèle infatigable, d'assurer des ressources aux acquisitions que réclamerait l'avenir. Ses efforts ont obtenu de si grands résultats, qu'aujourd'hui cette collection ne compte pas moins de *cent mille volumes*.

Lorsque cet homme éminent a quitté les citoyens de Bombay, il leur a laissé son goût éclairé pour les trésors littéraires. Aussi remarquons-nous, cinquante ans plus tard, ce fait vraiment digne d'éloges : depuis la suppression de l'école d'Aylesbury, en Angleterre, où l'on préparait les sujets destinés au service civil de la Compagnie des Indes, la Présidence de Bombay s'est empressée d'acquérir pour son université la bibliothèque de ce collége, riche à la fois en livres, en manuscrits orientaux.

Le nom de Mackintosh n'est pas étranger à la France. Dès le commencement de notre première révolution, lorsque Burke, dans tout l'éclat de sa renommée, publiait les célèbres *Lettres* qui prédisaient avec tant de profondeur et de génie les crimes et les malheurs que devait réaliser un avenir trop prochain, le jeune publiciste y répondait par ses *Vindiciæ gallicæ*, *la France vengée :* œuvre d'un lutteur vigoureux et d'un esprit favorable à tous les bienfaits, à toutes les espérances de la liberté.

L'esplanade et la Ville Noire.

Au sud, à l'ouest, au nord des remparts de l'ancienne ville, on trouve un espace considérable dépourvu d'habitations; son objet est de laisser efficace et libre, dans toutes les directions, la défense de la ville européenne. Cinq des fronts bastionnés qui couvrent celle-ci peuvent diriger leurs feux sur *la Baie-de-derrière*, au sud-ouest. Près de la rade intérieure s'élève, en regardant vers le nord, l'ouvrage à couronne qui porte spécialement le nom de *fort Georges*, et que nous avons déjà mentionné. Au besoin, ce fort dirigerait ses feux contre la partie de Bombay que peuplent les Asiatiques : c'est la *Ville Noire*, qu'on trouve irrégulière, mal bâtie, malpropre, et par-là malsaine, comme le sont toutes les villes indigènes.

Embarcadère du chemin de fer. A l'orient de la Ville Noire, l'autorité militaire a permis, et c'est un grand sacrifice qu'a fait à ses règles le génie des fortifications, d'établir sous le fort Georges l'embarcadère central de chemins de fer dont l'importance est capitale pour la prospérité, disons aussi pour la défense de l'Inde occidentale.

Embarcadère des cotons. Depuis qu'en Angleterre l'envoi des cotons bruts de l'Inde a pris rang parmi les objets de première nécessité pour les filatures, il a fallu s'occuper d'agrandir l'emplacement où sont déposées les volumineuses balles de coton destinées à l'exportation. L'espace manquait du côté de la terre; on y supplée, aux dépens de la mer intérieure, par des remblais qui s'avancent en gagnant sur l'eau de la rade. Ce moyen est celui que les Français ont adopté pour agrandir les bassins de Marseille en créant le port et les quais de la Joliette.

Au nord de l'embarcadère du chemin de fer et de la

grande esplanade, on a placé les casernes qui servent au cantonnement des troupes indigènes. De l'autre côté de l'esplanade, au midi, s'élèvent les casernes des troupes européennes; leur enceinte occidentale est presque au bord de la Baie-de-derrière.

Établissements situés au delà de la Ville Noire.

La partie de l'île qui nous reste encore à décrire, au nord de la Ville Noire, est embellie par de gracieuses villas, au nombre desquelles les admirateurs du *sentimentalisme* aimaient autrefois à citer celle du mari peu chéri d'Élisa Draper.

Nous préférons, pour rappeler de meilleurs souvenirs, la magnifique demeure du fondateur des deux hôpitaux dont nous avons mentionné la création, et qui n'en sont pas éloignés.

Il est une autre merveilleuse maison des champs à laquelle il faut nous arrêter pour l'honneur qu'elle fait au nom anglais : elle est appelée le *château de Lowji.* Le marchand parsi qui l'a fait construire était en communauté de beaucoup d'affaires importantes avec sir Charles Forbes, dont la statue décore l'hôtel de ville. Peu de temps avant de mourir, dans une spéculation particulière, Lowji subit une perte de cinq millions; ses biens vont être vendus, et ses enfants ruinés. Alors sir Charles Forbes, sans être effrayé par la grandeur de la responsabilité, répond de tout pour la famille de son ancien ami, fait suspendre les expropriations, met les orphelins en état de reprendre les affaires et, sous sa tutelle, de recouvrer la fortune de leur père.

Au milieu des riches villas, qu'entourent de charmants jardins, on a construit pour le gouverneur de la Présidence une habitation magnifique sur un tertre entouré de beaux ombrages : tel est le palais de *Parel*. Il fut commencé par Mountstuart Elphinstone en 1820 et, huit ans après, complété par son successeur sir John Malcolm. Cet édifice, quoiqu'en dehors des deux villes, est devenu la résidence d'apparat du gouverneur.

Collége de médecine appelé Grant. Dans cette institution, de si grande utilité pour les Européens, une instruction médicale est donnée gratis aux indigènes; elle répandra chez eux des connaissances qui jusqu'à ce jour leur ont été complétement étrangères. Près de là se trouvent les deux hospices de sir Jamschidji, fondés par le généreux Parsi dont ils portent le nom; l'un est réservé pour les femmes en couches, l'autre est un hôpital général. Ce dernier n'a pas coûté moins de 425,000 francs, et l'on y peut traiter trois cents malades.

Le *jardin botanique*, un peu plus loin vers la campagne, doit être naturellement cité après les établissements sanitaires que nous venons d'indiquer. Il ne contient pas seulement les plantes réclamées, à titre de simples, par la pharmacie; c'est en même temps un jardin d'acclimatation, riche en végétaux ainsi qu'en arbres de choix empruntés à tous les pays.

Au delà des belles habitations que nous avons parcourues, en avançant vers le nord, on a desséché, assaini, des bas-fonds et des marais; on s'est pour cela servi de digues éclusées qui rappellent les travaux de la Hollande. Les anciens marais sont aujourd'hui de riches jardins.

Si nous rétrogradons, pour nous rapprocher de la grande rade et de la ville européenne, nous trouvons quelques institutions dignes d'être mentionnées. C'est ici le lieu de jeter un regard sur deux établissements qui sont l'honneur de Bombay.

I. L'*Université* a été créée depuis peu d'années, pour

enseigner les sciences et les lettres non-seulement aux Anglais, mais aux indigènes. A ce sujet, il faut citer la munificence de deux négociants parsis : le premier, pour avoir donné plus de cent mille francs afin de concourir à l'érection du bâtiment des écoles; le second, pour avoir offert une large récompense en faveur du premier de ses coréligionnaires qui, gagnant au concours ses grades universitaires, prendra place *au barreau de la Cour anglaise*, à Bombay. Un pareil exemple devrait être imité par les musulmans et par les Hindous les plus opulents.

Je ne crains pas de fatiguer le lecteur en produisant à dessein les titres d'un peuple peu nombreux, mais vraiment digne de notre admiration. Partout où se présente quelque bien à produire et qui demande un esprit élevé, ingénieux à deviner ce bien, à le réaliser, nous trouvons des Parsis; quand nous descendons à la pratique des affaires, pas un négociant anglais ne les surpasse pour l'activité, le sang-froid, la fermeté, la haute intelligence et la probité. Xénophon, dans sa *Cyropédie*, a loué justement des ancêtres dignes de pareils descendants.

II. *Collége Elphinstone.* C'est la seconde institution, et tout à l'heure nous la mentionnerons avec un éloge mérité par ses fondateurs, et pour le nom qu'elle porte. Le moment est venu de rendre un juste hommage à l'homme d'État qui fit tant d'honneur à la Présidence de Bombay, et dont ce collége doit rappeler la mémoire.

Administration et travaux du gouverneur Mountstuart Elphinstone.

En 1778 naquit Mountstuart Elphinstone, le quatrième fils du onzième lord Écossais qui a porté cet illustre nom. Cinq ans avant la fin du siècle dernier, il achevait à Londres de premières et brillantes études, mais qu'il ne lui fut pas donné de parfaire au sein des grandes universités. A peine sorti d'un collége privé, la faveur bien inspirée de la Compagnie des Indes l'appelait au service civil de la Présidence du Bengale. Il quittait sa patrie pour n'y revenir qu'après trente-trois ans d'absence; il la quittait au moment où brillaient toutes les gloires d'une époque à jamais mémorable, où Burke, Fox et Sheridan avaient égalé l'éloquence de Cicéron, en attaquant la barbarie et la cupidité des Verrès gangétiques, pour inspirer du moins à leurs successeurs un salutaire effroi; il partait au moment où Watt commençait à peupler les grandes cités d'Angleterre avec ces géants de la vapeur qui, prêtant leur puissance aux fuseaux les plus délicats d'un Arkwright, préparaient une victoire qu'alors on n'osait pas espérer sur les industries d'Orient, jusque-là sans rivales dans l'univers. Elphinstone quittait le théâtre de tant de succès dans les arts, les sciences et les lettres, où peut-être son génie aurait conquis une noble place entre tous ces contemporains que couronnait la renommée.

Cependant, dès 1797, le marquis Wellesley, éminent par la profondeur de la politique autant que Wellington, son frère, allait l'être par le génie de la guerre, Wellesley, nommé gouverneur général, non pas de toute l'Inde orientale, mais d'un quart à peine des Grandes Indes, Wellesley se prépare à tout dominer. Il y parviendra moins encore par des victoires sanglantes que par des traités à longue portée qui renfermeront, comme un secret de l'avenir, des chaînes cachées sous chacun de leurs articles. Cet homme d'État cherche partout des sujets d'espérance, pour seconder les desseins qu'il a conçus et pour composer la brillante pléiade qu'il parvient à réunir.

Le jeune Elphinstone est un des premiers qu'il distingue; afin de le former à la diplomatie, il le place auprès du Résident britannique à la cour du souverain qu'on appelait le Peschwa des Mahrattes. Moins d'un demi-siècle avant l'époque où nous sommes arrivés, cette cour, ce prince et ce peuple répandaient la terreur dans toute la péninsule; et, quoique déchus, ils jouaient encore un rôle considérable au centre de l'Hindoustan. Tel est le théâtre où vont se former les talents du futur homme d'État.

Plus tard, le gouverneur général l'adjoint à l'expédition que dirigeait le général Arthur Wellesley, qui sera duc de Wellington. Par le concours des armes et de la diplomatie, il s'agissait de dominer l'Inde centrale en se concertant avec le Peschwa; on voulait contraindre les Sindia et les Holcar à se ranger parmi les puissances qui déjà reconnaissaient la suzeraineté de la Compagnie des Indes.

En 1808, lorsque l'Angleterre, portant ses vues vers le nord de l'Asie, veut former une quintuple alliance et s'en servir afin de l'opposer aux desseins présumés de la France et de la Russie, Elphinstone est choisi pour obtenir le concours de Schah Souja, roi de Caboul. Il réussit à conclure avec ce prince un traité dont les suites, imprévues alors, conduiront, quarante ans plus tard, à la conquête du bas Indus, conquête qui complétera pour la Grande-Bretagne la possession des mers d'Asie depuis le golfe Persique jusqu'au détroit de Malacca.

En accomplissant cette nouvelle mission, le diplomate étend ses regards observateurs non-seulement sur le difficile et vaste pays des Afghans, d'où les musulmans étaient tant de fois partis pour prendre, puis quitter, puis reprendre l'Inde, mais sur les États circonvoisins de Hérat, de Perse, de Balk, de Boukhara et de Samarcande; partout il cherche à connaître le commerce et les arts, les mœurs et les lois. Le résultat d'une pareille étude, commencée sur les lieux et complétée par de longues recherches, a produit un ouvrage plein d'intérêt et de nouveauté sur ces contrées et sur les nations qui les habitent[1].

En récompense de sa mission, à son retour du Caboul, Elphinstone est placé comme Résident ou ministre près du Peschwa, devant lequel il avait paru douze années auparavant comme simple attaché. Un certain temps s'écoule et l'on arrive au moment où l'alliance de la plupart des princes mahrattes avec les Pindaries, qui répandaient partout la terreur et la dévastation, réclame les plus grands efforts du Gouvernement anglais et la plus active surveillance de ses agents diplomatiques. Au milieu des événements de cette époque, le Peschwa Badji-Rao, entraîné par un ancien radjah son ministre, ennemi déclaré des Européens, éprouve de si grands revers, qu'il se voit réduit à n'être plus qu'un vassal de la Compagnie des Indes. A ce titre, il est soumis au contrôle, pour ne pas dire au commandement d'Elphinstone, qu'il cherche d'abord à tromper et qu'il finit par trahir. Il fait attaquer de nuit le palais de ce Résident; heureusement celui-ci, toujours sur ses gardes, échappe aux assassins, qui, dans leur dépit, brûlent sa demeure.

Aux deux mille huit cents hommes qui composaient le contingent européen Elphinstone prescrit de se tenir prêts à combattre. Il partage leurs périls et préside à leurs mouvements; il soutient avec intrépidité la lutte contre vingt-cinq mille Mahrattes, qui s'imaginaient surprendre cette ombre d'armée britannique et sont mis en fuite par elle dans la bataille de Kirkie[2]. Bientôt des renforts envoyés de Bombay s'emparent des forteresses, et le pays entier

[1] *An account of the Kingdom of Caubul, and its dependencies in Persia, Tartary and India*, 2 vol. in-8°; London, 1re édit. 1815.

[2] Voyez le tableau des principales batailles dans l'ouvrage intitulé *Indian Empire*, par Montgomery Martin, vol. I, p. 461.

est subjugué. Dès l'année 1819, les États du Peschwa sont annexés à cette Présidence, qui jusqu'alors ne surpassait guère en superficie un département français; mais par cette addition elle acquiert l'importance et la grandeur d'un royaume considérable.

A titre de Commissaire général, Elphinstone est chargé d'organiser la conquête. Aussitôt on voit briller son rare esprit de conciliation : il confirme sans hésiter les titres acceptables que toute famille importante peut faire valoir pour conserver le privilége de ses dotations territoriales; il accueille les puissants avec égards, les faibles avec humanité; il fait servir le bienfait d'une administration juste et modérée à balancer les souvenirs si chers de l'indépendance et les regrets que pouvait laisser un gouvernement arbitraire et despotique, il est vrai, mais national.

En retirant aux administrateurs brahmanes un pouvoir politique dont ils avaient tant abusé sous le régime des Peschwas, il leur prépare des moyens d'instruction qui leur rendront par le savoir la considération qu'ils trouvaient dans l'autorité politique; en leur faveur, il fonde *un collége gratuit d'études sanscrites* et garantit à leurs efforts des récompenses honorables. D'un autre côté, le peuple, défendu vis-à-vis des castes privilégiées et tyranniques, délivré des oppressions théocratiques et militaires, goûte les fruits d'une autorité bienveillante, qui prend pour règle la droiture et l'équité. Par la réunion de tels moyens, une paix profonde s'établit au sein de la nouvelle conquête; aussi, même au temps de la grande rébellion du nord-ouest, cette paix n'a pas été troublée.

Dès 1820, l'organisateur incomparable qui vient d'obtenir de si beaux succès est nommé gouverneur de la Présidence de Bombay. Le voilà pour huit ans souverain presque absolu d'un grand État, qui lui doit sa création, son organisation et les plus sûrs fondements de sa prospérité. Dans ce poste éminent, il parvient à se faire aimer des colons anglais, malgré leur orgueil et leurs exigences; en même temps, il relève l'honneur des Indiens à leurs propres yeux, par sa protection constante, par des égards pleins de charme et par une affabilité qui prend plaisir à s'exprimer dans leur langue en épousant leurs intérêts les plus intimes. C'est ainsi qu'il gagne les cœurs des vaincus, malgré les préjugés, les rancunes et les regrets des populations récemment subjuguées.

Il en est là de sa carrière grandissante, lorsqu'en 1825 le célèbre Réginald Héber vient lui demander l'hospitalité; non-seulement le prélat la reçoit telle qu'un prince de l'Église anglicane a droit de l'attendre d'un gouverneur de Présidence, mais la réalité surpasse encore son attente.

Pour tirer parti de sa longue inspection épiscopale, le judicieux voyageur comparait à la fois, parmi l'élite de cent trente millions d'hommes, trois civilisations, trois cultes et trois races en présence; il recherchait partout les intelligences d'élite et sondait les caractères avec autant de soin que les esprits. Après avoir parcouru neuf cents lieues depuis Calcutta jusqu'aux monts Himâlayas et depuis les Himâlayas jusqu'au golfe Arabique, il arrivait à Bombay. Dans cette immense revue, il n'avait trouvé personne qui lui parût approcher du gouverneur Elphinstone pour l'étendue des connaissances, les talents de l'homme d'État, les succès de l'administrateur et les enchantements de l'homme privé. Dans une lettre charmante, il a fait connaître les jugements motivés qu'il porte à ce sujet, et c'est le plus beau, le plus touchant éloge.

Elphinstone, de son côté, n'était pas moins ravi de recevoir dans son palais un prélat révéré pour ses vertus, renommé pour son éloquence à la fois brillante et persuasive, admiré pour la profondeur d'une instruction et la pureté d'un goût qui reflétait, dans sa primeur, dans son dernier éclat et dans son élégance, la littérature d'une mère patrie d'où lord Héber sortait à peine, et que le gouverneur de Bombay n'avait pas visitée depuis plus d'un quart de siècle. Enfin, pour dernier charme, l'illustre voyageur était un poëte lyrique qui, d'un côté, tenait à l'école d'Horace par la vivacité de l'imagination et par le génie du bon sens, de l'autre à l'école naïve et touchante des premiers poëtes chrétiens.

Tour à tour Héber avait chanté les vérités et les délices de sa foi, les plus doux sentiments du foyer domestique et les patriotiques souvenirs de sa terre natale. Dès les premiers jours de son voyage, en naviguant sur le Gange, il avait célébré la majesté de ce beau fleuve, l'enchantement de ses rivages et les splendeurs tropicales de cet Hindoustan qu'il était, autant qu'Elphinstone, digne d'aimer et d'admirer.

Au-dessus de mon témoignage, qui n'a guère ici d'autorité, je me contenterai de rappeler au lecteur que le Quintilien français, l'illustre M. Villemain, a jugé les odes de Réginald Héber dignes non-seulement d'être citées, mais égalées par une traduction, poétique elle-même, dans ses *Études sur Pindare :* études que Longin, s'il eût vécu de nos jours, aurait enviées pour son Traité du Sublime.

Rappelons, au sujet de Mountstuart Elphinstone, les titres qui commandaient l'admiration de lord Héber. Loin d'avoir, comme tant d'autres serviteurs de la Compagnie mercantile, désappris l'Occident sans apprendre l'Orient, il avait trouvé le moyen de connaître chaque jour davantage les deux hémisphères, en s'étudiant à les comparer. Depuis sa sortie prématurée des écoles métropolitaines, il s'était fait une seconde éducation, dont la culture incessante datait déjà de vingt-huit ans. Presque toujours obligé, par ses fonctions, de vivre loin des cités dominatrices où se concentraient ses concitoyens et de résider près des souverains indigènes, il avait pris pour modèle un des plus grands esprits français du siècle de Louis XIV; il se faisait une solitude au milieu de la cour, et la peuplait avec les beaux génies des temps antiques et modernes.

Pour concevoir la consolation et le charme cachés au fond de ces études opiniâtres et solitaires, il faut soi-même avoir consacré de longues années à servir son pays par-delà les mers lointaines; pour embellir cette existence d'exilé, il faut s'être efforcé de ne pas laisser son esprit s'affaisser dans l'apathie et l'ignorance, et l'avoir soutenu par la pensée de revoir un jour la patrie avec l'espoir d'y paraître autrement digne d'elle qu'à l'époque d'un départ prématuré. Telle avait été la perspective d'Elphinstone; disons comment il l'a réalisée.

En profitant de toutes les heures que ne réclamaient pas ses devoirs de diplomate, et qui composaient ses loisirs, voici quel avait été son immense labeur : il avait appris de nouveau la littérature de sa terre natale, depuis le siècle de Shakspeare et de Bacon, pour s'en rendre familiers tous les grands auteurs jusqu'à ceux de nos jours; il avait recommencé, dans leur langue originale, une lecture réfléchie des chefs-d'œuvre de la Grèce et de Rome antique, auxquels il avait ajouté les chefs-d'œuvre de la France et ceux de l'Italie moderne. Par ces travaux, il se composait une érudition non pas seulement étendue, mais profonde; il faisait servir les flambeaux du monde occidental pour éclairer et féconder ses études sur le monde oriental. Le cercle de celles-ci s'étendait depuis le sanscrit des Védas, des Pouranas et de Manou jusqu'à la langue du Koran, dont il avait lu les préceptes gravés en caractères persans sur les monuments de l'Islam admirés par lui dans l'Afghanistan et dans l'Hindoustan. Passant ensuite aux notions utiles à la vie pratique, il s'était tout approprié, depuis les langues modernes de la ville et du camp, l'*hindoustani* et l'*ourdou*, jusqu'au dialecte des laboureurs et des pasteurs mahrattes. Aussi, quand il tenait sa cour, son durbar, il pouvait parler dans leur idiome aux envoyés de tous les États de l'Asie en relations avec Bombay, aux marchands du golfe Persique, aux Afghans, aux Biloutchis, aux Hindous, aux Parsis, aux musulmans; la connaissance qu'il avait de leurs pays et de leurs intérêts les étonnait, et son aménité les séduisait tous.

Dans ses travaux les plus profonds, au lieu de se rendre répulsif par les aspérités sans fruit dont se hérisse un pédantisme infécond, son intelligence plus heureuse était à la fois enrichie et parée des moissons et des fleurs de deux hémisphères. Gardons-nous donc d'être étonnés, lorsqu'il lui fallut résider à Bombay, qu'en prenant part aux entretiens les plus sérieux il se fît admirer des esprits vraiment supérieurs, tandis qu'au milieu d'un monde élégant, superficiel et poli, cachant ses trésors de lumière et ne laissant échapper que des étincelles, il répandait sur la conversation la plus légère des grâces inattendues et d'un charme incomparable.

Elphinstone conduisait son vénérable visiteur dans tous les établissements qu'il avait fondés ou perfectionnés, hospices, écoles, musées, bibliothèques et palais. Passant ensuite des travaux de l'édilité aux créations les plus élevées de l'homme d'État, il lui disait quels actes législatifs il avait édictés, non pas dans un esprit de perfection chimérique, mais, suivant le précepte de Solon, pour faire accepter les lois les moins imparfaites que pussent endurer tant de peuples divers assujettis à vivre ensemble au sein des pays confiés à ses soins. On va juger si son œuvre, accueillie par tous, avait laissé les cœurs reconnaissants, et s'il avait su la rendre acceptable sans éprouver le besoin de s'exiler pour faire vivre son ouvrage.

Lorsqu'après avoir achevé ses huit années de présidence, Elphinstone quitta Bombay pour revenir à Londres, qu'il n'avait pas vue depuis trente-trois ans, son départ fit naître un regret unanime; c'était à qui rappellerait ses actes les plus dignes de mémoire et le charme infini qui lui gagnait tous les cœurs. Une souscription fut ouverte afin de lui donner un témoignage éclatant de la gratitude universelle; aussitôt colons anglais et colons étrangers, chrétiens et Parsis, Hindous et mahométans, tous apportèrent à l'envi leurs riches offrandes. La somme fut si considérable, qu'après avoir largement suffi pour commander *le service*, je dirai presque *le trophée d'orfévrerie* le plus somptueux, il resta sans emploi plusieurs centaines de mille francs. La grande Compagnie des Indes, unissant sa reconnaissance à celle des sujets de la Présidence de Bombay, doubla la somme ainsi réservée, pour la consacrer à la plus noble destination. Les citoyens délibérèrent sur la fondation qui flatterait le plus l'âme élevée d'Elphinstone; on résolut de doter *un collége d'instruction supérieure*, qui porterait à jamais le nom du protecteur si dévoué des lettres et de la jeunesse. Pour plaire à l'ami de tous les peuples de l'Inde, il fut décrété que cette grande école admettrait sans exception, comme sans privilége, les enfants les plus intelligents et les plus laborieux de la Présidence, en évitant toute exclusion de rangs, de races et de croyances.

Un autre témoignage non moins honorable fut donné longtemps après ces premières expressions du sentiment universel. Le moderne hôtel de ville, monument digne de la Grande-Bretagne et de Bombay, avait été commencé dès 1820, dans la première année du gouvernement d'Elphinstone, et n'avait été terminé que huit ans après son départ. Ce monument achevé, les citoyens composant la corporation municipale décidèrent que le plus célèbre sculpteur de l'Angleterre, Chantrey, serait chargé d'exécuter en marbre de Carrare la statue du grand administrateur; elle fut érigée dans la place d'honneur de la salle destinée aux assemblées solennelles de la cité et du gouvernement. On eût dit que les descendants d'une génération heureuse et fière d'avoir été régie par un tel homme voulaient, en contemplant son image, s'inspirer toujours, dans leurs résolutions, de ses vues libérales, élevées et dignes d'un grand empire.

Il semble qu'ici devraient se terminer les lignes par lesquelles nous voulions caractériser les études extraordinaires, les services et les succès d'un des Européens les plus éminents parmi ceux auxquels l'Angleterre a confié l'agrandissement et la prospérité de ses domaines indo-britanniques. Mais, de retour en Occident, Elphinstone, au lieu d'être perdu pour l'Orient, a produit, sur les nations qu'il avait gouvernées avec tant de supériorité, une œuvre historique dont nous devons montrer la portée et le bienfait; nous le devons, parce qu'elle ajoute beaucoup à nos lumières sur la grande contrée qui, même aujourd'hui, reste encore trop peu connue des Européens.

Rentré dans la vie privée, le futur historien, pour garder sa pleine indépendance, prend la résolution de s'interdire et les emplois et les honneurs. Il refuse la presque sinécure de l'agrégation au Conseil privé, à cette institution singulière et puissante d'un sénat consultatif *en disponibilité*, où la couronne inscrit chaque homme éminent dont l'expérience féconde s'est formée en la servant.

Il refuse le grand cordon de l'ordre du Bain, décoration si peu prodiguée dans l'ordre civil; il refuse la pairie, ce dernier terme des plus hautes et plus nobles ambitions. Plus tard, en des moments où la gravité des événements doublera l'importance de l'offre, il refusera d'être gouverneur des colonies du Canada. Il refusera même d'être gouverneur général de l'Inde; la perspective de commander pendant huit ans à cent cinquante millions d'hommes et d'aider à leur bonheur ne suffira pas pour l'arracher aux modestes travaux qu'il s'est imposés dans sa retraite. Il veut partager sans réserve la seconde moitié de sa vie entre le culte des lettres et celui de l'amitié. Sa raison sait chercher, parmi les fruits qu'il ose espérer de son œuvre profonde, une dignité qu'on lui ménageait d'abord dans un repos comblé d'honneurs, puis dans l'exercice des plus hautes fonctions que puisse offrir le gouvernement presque absolu d'une immense conquête.

Afin de réaliser le dessein de mettre à profit pour son pays les vastes études qu'il a faites pendant son service actif chez les peuples de l'Asie, Elphinstone veut écrire sur un plan nouveau l'histoire de l'Inde, en réunissant les deux périodes qu'embrassent les empires hindous et mahométans. Il compose un ouvrage qui condensera, dans un seul volume, quinze siècles avant notre ère et dix-sept siècles et demi, les premiers de l'ère chrétienne.

L'auteur explique d'abord l'état moral et politique des populations à l'époque où Manou, s'appuyant sur les chants primitifs et sur les commentaires des Védas, rédigeait pour les générations des temps antiques ses Institutions civiles et religieuses. Il les analyse en homme d'État; il entreprend de comparer l'ordre social que supposait une semblable législation avec les notions que, mille ans plus tard, les Grecs ont recueillies sur la situation déjà très-changée de l'Inde antique, depuis le siècle d'Alexandre jusqu'aux temps plus érudits de Strabon et de Ptolémée.

Aux deux grandes époques ainsi rapprochées il oppose l'Inde moderne, telle qu'elle apparaît dans les modifications éprouvées par sa religion, ses castes, son gouvernement et son état social. C'est alors qu'il résume ce qu'il a cherché pendant un tiers de siècle et découvert au milieu des Indiens. Dans les différents parallèles que nous venons d'indiquer, il montre à la fois la raison d'un sage et bienveillant observateur, qui ne veut pas cesser d'être l'ami des nations qu'il a gouvernées, et qu'il fait valoir au lieu de les déprécier. Il dépouille son orgueil d'Européen, et même d'Anglais, pour estimer selon tout leur mérite et pour faire aimer les peuples subjugués; peuples qu'il ne veut pas trouver indignes de l'indépendance, même après qu'ils l'ont perdue !

Cette grande étude accomplie, Elphinstone esquisse en traits rapides les conquêtes des Arabes, depuis la Perse jusqu'à la Transoxiane et jusqu'à Peschawer, à la porte de l'Inde. C'est à partir de l'an mille de notre ère que les musulmans pénètrent dans ce beau pays, et qu'à proprement parler commence l'histoire de leurs conquêtes. Pendant cinq siècles, les musulmans d'origine afghane ou persane multiplient à l'envi leurs invasions passagères, en dévastant pour le bonheur de dévaster. Ces incursions inhumaines peuvent être appelées *de grandes et cruelles chasses*, où la personne des vaincus devient la proie du vainqueur. A son retour, il traîne en captivité des populations entières arrachées au pays natal; il les vend à des prix qui tombent au-dessous de la valeur que les bouchers font payer pour les chèvres et les moutons : tant les esclaves surabondent dans les bazars de Caboul, de Candahar et surtout de Ghazni... Le sultan de cette dernière capitale, l'impitoyable

Mahmoud II, accomplit à lui seul douze invasions, douze razzias de bétail humain et douze retours en Afghanistan.

Enfin, les descendants de Tamerlan, ayant dans le cœur des sentiments moins dénaturés et dans l'esprit des vues plus éclairées, pénètrent au centre de l'Inde avec le dessein d'y former un établissement durable, que leur génie rendra prospère. C'est ce que commence imparfaitement Baber, le premier des Grands-Mogols; c'est ce qu'accomplit Akbar, mahométan de médiocre ferveur, mais supérieur à tout préjugé barbare, et surtout aux persécutions religieuses : il veut adoucir les mœurs et les lois des Hindous. Trois siècles avant les chrétiens, il ose interdire le supplice forcé des veuves; il va plus loin, et permet à celles-ci de contracter un second mariage. En même temps, il condamne les alliances dérisoires imposées par l'ambition et le calcul à des fiancés qui sortent à peine de l'enfance : alliances qui préparent souvent aux époux, devenus adultes, des déceptions, des regrets, des répudiations, et jusqu'à des crimes. Aux soldats il défend de s'emparer, suivant l'exemple du passé, des habitants armés ou non armés, pour les vendre comme esclaves. Il admet aux faveurs, aux honneurs, aux emplois, sans inégalité blessante, le peuple conquérant et les peuples conquis; enfin, pour administrer ses États, il introduit l'ordre et l'équité dans les finances, double bienfait qui concilie le bien-être des sujets et la richesse de l'État.

Le dernier des quatre grands règnes qui figurent dans la période moderne est celui d'Aureng-Zeb. Celui-ci dura cinquante ans, presque tous passés dans les camps et sur les champs de bataille : tant il fallait d'efforts pour arrêter la décadence d'un trop vaste empire, qui s'ébranlait de toutes parts et penchait déjà vers sa ruine...

Malgré ses talents, qui n'avaient rien de vulgaire, en

méprisant la tolérance au sujet des religions, en oubliant l'équité dans la distribution des emplois et des récompenses, deux secrets de la fortune et de la gloire d'Akbar, Aureng-Zeb tourne contre lui tous les cœurs des Hindous. Ainsi que nous l'avons indiqué pages 137 et suivantes, les Mahrattes, avec l'œil perçant de l'ambition et de la haine, s'emparent de cette aversion afin d'abattre sa puissance. Ralliés sous la lance d'un libérateur plein d'audace, ils sont instruits non pas à la discipline collective et rangée, qui fait les armées régulières, mais à la discipline personnelle, et surtout à la lutte par la fuite, qui fit la supériorité des anciens Parthes et des Scythes, comme aujourd'hui des Tartares et des Cosaques. Elphinstone présente le vaste tableau d'une lutte qui commence au milieu du XVIIe siècle pour finir, au milieu du XVIIIe, par la chute d'un trône impérial si célèbre en Asie : trône où depuis trois cents ans siégeait la dynastie des Grands-Mogols, héritiers de Gengiskhan et de Tamerlan.

Pour composer cette dernière et plus importante partie de son histoire, nul ne pouvait mieux interpréter, mieux juger et mieux décrire qu'Elphinstone; lui qui pendant trente années avait fréquenté, étudié, combattu et finalement gouverné les Mahrattes; lui qui peignait en spectateur attentif les caractères principaux de leur territoire et qui connaissait, par ses observations personnelles, leurs vices et leurs vertus.

Ces explications font voir avec quel avantage il a composé son histoire de l'Inde, aussi concise, aussi nourrie dans son genre que celle de Thucydide. Mais le moderne historien, chargé de peindre trente siècles au lieu de trente ans, et cent cinquante millions d'hommes au lieu de cent cinquante mille, sait compenser par l'ampleur des vues et la grandeur du sujet ce que son modèle a quelquefois de plus éminent par la profondeur de la pensée.

Après avoir entrepris cette histoire quand il comptait déjà cinquante ans d'âge et l'avoir publiée lorsqu'il était septuagénaire, l'auteur vécut assez pour voir paraître la *quatrième édition* d'une œuvre longtemps méditée, faite pour plaire aux esprits d'élite, aux rares amis d'une raison grave et méditative, bien plutôt qu'à l'innombrable cohue des lecteurs légers et frivoles.

C'est pour nous un sujet de regrets qu'Elphinstone s'arrête en 1761, à la célèbre bataille de Paniput, où les musulmans réunis de l'Inde et de l'Afghanistan défirent les confédérés mahrattes; triomphe passager, auquel succéderont l'abaissement et la ruine des vainqueurs. Il aurait dû poursuivre ses récits trois quarts de siècle plus loin, et parcourir la grande époque où s'est opéré le brisement final des dominations musulmanes et mahrattes, remplacées par la monarchie britannique. Qui mieux que lui pouvait parler de ce conflit suprême entre les générations d'Europe et d'Asie, au milieu desquelles il avait grandi, et des événements auxquels il avait pris une part chaque année plus importante? Peut-être a-t-il supposé qu'en sa qualité d'ancien diplomate au service de la Compagnie des Indes, il aurait été tenu de garder un prudent secret et sur trop d'hommes et sur trop d'événements? Salluste, impudent sublime, Salluste n'a pas eu de semblables timidités, qu'il aurait trouvées puériles : il a dépeint sans réticence et sans réserve les Romains corrompus et corrupteurs qui, dans sa jeunesse, avaient été les initiateurs de son ambition bientôt déçue, et ceux qui plus tard l'ont expulsé du sénat pour l'infamie de ses mœurs. En faisant poser devant lui même les modèles qui, pour lui trop ressembler, jetaient sur sa personne un triste reflet, il a tracé des peintures si profondes et si vraies, depuis Bestia et Calpurnius jusqu'à Marius et Sylla, depuis Catilina, Lentulus et Sempronia jusqu'à Cicéron, César et Caton, que la postérité se croit en présence des personnages qui balancèrent les derniers destins de Rome libre, et qui, malgré leurs vices, leurs faiblesses, leurs passions et leurs erreurs, couronnèrent avec tant d'éclat le dernier grand siècle de la grande République.

La ville de Bombay considérée comme centre de commerce.

Nous avons fait un examen approfondi de cette ville, en étudiant ses populations, en distinguant leurs origines et d'Occident et d'Orient. Nous avons signalé ses progrès intellectuels, empruntés de si loin à tous les centres de lumières et de civilisation; nous avons reconnu qu'il faut la placer au petit nombre de ces cités prédestinées à qui la fortune prépare des chefs d'un mérite extraordinaire, et les fait seconder par d'habiles citoyens qui prennent en main leurs propres destinées pour les pousser plus loin et plus haut qu'on n'a su le faire en aucune des villes dispersées dans le vaste orbite où s'étend son influence.

C'est du commerce développé par cette cité qu'il faut maintenant entretenir le lecteur. Le grand essor de ses échanges a pour origine l'Acte si célèbre de 1833. En vertu de cet Acte, le Parlement d'Angleterre supprime à tout jamais le négoce dispendieux et borné de la Compagnie des Indes orientales, pour laisser, en pleine liberté, cette immense contrée ouverte aux vaisseaux, aux produits, aux échanges de tous les citoyens de l'Empire britannique

A l'Occident, côté qui fait face à l'Europe, l'Inde était séparée de l'ancien monde par des cordillières taillées à pic dans le basalte, sur une étendue de quatre cents lieues; leur muraille naturelle s'opposait, sur le versant de la mer arabique, à l'extension de tout commerce extérieur. Quoiqu'à peu de lieues en dehors de cette barrière, Bombay se trouvait, pour ainsi dire, exilée de la terre promise, où tant de trésors étaient de nature à s'échanger contre ceux des nations les plus industrieuses.

Mais deux années avant l'Acte parlementaire en vertu duquel l'Inde était légalement ouverte à tous les sujets britanniques, disons mieux, était ouverte aux commerçants de toutes les nations, un des plus éminents gouverneurs de Bombay, sir John Malcolm, achevait de tailler une large *route carrossable* à travers la haute barrière basaltique; il avait ainsi devancé l'ouverture législative du centre de l'Inde par l'ouverture physique de cette partie la plus fertile de la péninsule indo-britannique.

Jusqu'alors défavorisée par son isolement, Bombay ne faisait qu'un trafic extérieur qui surpassait de très-peu *la cinquième partie* du négoce auquel l'Inde était bornée.

Après trente ans de liberté donnée au commerce anglais dans l'Hindoustan, celui du port de Bombay a pris un développement si prodigieux, que l'ensemble de ses importations et de ses exportations, pour chaque million qu'il présentait en 1833, présente en 1863 un total de *trente-sept millions*. Même aux États-Unis, les villes les plus célèbres pour leurs progrès n'offrent pas un aussi prompt accroissement dans leurs transactions.

Aujourd'hui Bombay doit être comptée dans les premiers rangs parmi les places peu nombreuses dont les transactions s'étendent à toutes les parties du monde; par le développement de ses affaires et les transports dont elle est le centre, elle est devenue comparable aux ports de mer les plus célèbres et les plus opulents.

Navigation dont le centre est le port de Bombay.

Nous commencerons par donner quelques notions sur le commerce, à courte distance, qui s'opère sur la côte occidentale depuis l'embouchure de l'Indus jusqu'au cap Comorin, cap qui termine au midi la côte occidentale.

I. — NAVIGATION DE CABOTAGE DONT LE CENTRE EST LE PORT DE BOMBAY.

NATIONALITÉS.	NOMBRE des NAVIRES.	TONNAGE TOTAL.	TONNAGE par NAVIRE.
		Tonnes.	Tonnes.
Pavillon britannique	4,034	166,029	41
—— radjcote (Gouzzerat)	682	34,339	50
—— *arabe*	276	29,185	106
—— portugais (Goa, etc.)	530	13,928	26
—— de l'île de Katch (Cutch)	465	11,441	25
—— houbsie	505	5,728	11
TOTAUX	6,492	261,550	40

On est surpris, en examinant ce tableau, de voir combien est peu considérable le tonnage moyen des navires; il appartient à de très-médiocres barques, obligées, il est vrai, par les bas-fonds des côtes et des ports qu'elles fréquentent, d'avoir un faible tirant d'eau.

Jusqu'à ces derniers temps, les Européens s'étaient à peine occupés du soin d'améliorer quelques mouillages sur la côte occidentale de l'Inde; cependant le besoin d'offrir des débouchés maritimes correspondants à des passages nouvellement ouverts dans la chaîne des Ghauts a produit des efforts tout à fait récents et que nous aurons soin de signaler.

Au milieu des petits navires soit indiens, soit indo-portugais, on remarquera les caboteurs arabes. Beaucoup moins petits que tous les autres, bien gréés, bien équipés, propres à traverser la mer de l'Inde occidentale, ils sont montés par une vigoureuse et belle race de marins.

Les barques affectées au cabotage sont manœuvrées par des Hindous, très-inférieurs, appelés *Lascars.*

Idée d'un cabotage à vapeur, que les Anglais devraient créer.

Dans le tableau qui précède, tous les navires sont *à voiles*, et leurs trajets sont aussi lents qu'incertains. Il est étonnant que la puissante nation maritime qui dans tout l'Orient offre de si grands exemples n'ait pas organisé sur les côtes de l'Inde *un cabotage à vapeur* comparable à celui qu'elle a développé sur les côtes de la Chine, cabotage par lequel sont aujourd'hui complétement remplacés les navigateurs du Céleste Empire. On ne devrait pas être arrêté par le peu de profondeur des eaux, qui fait obstacle en avant de presque tous les ports, sur les côtes des deux Canaras et du Malabar : il suffirait d'approfondir les entrées par le dragage et d'employer des navires plats à vapeur, qui, bien dirigés, rendraient d'excellents services.

Dans le tableau qui va suivre et qui concerne les navigations de long cours, parmi les bâtiments munis de la force nouvelle, j'ai compris les Vapeurs qui desservent la correspondance de Bombay à Ceylan et de Ceylan à Suez. C'est le service intermédiaire qu'il faut développer sur la côte occidentale de l'Inde.

Passons maintenant à la grande navigation de Bombay, pour l'année la plus récente dont les états de situation soient parvenus en Europe.

II. — NAVIGATION DE LONG COURS DU PORT DE BOMBAY : 1862-1863.

NATIONALITÉ DES PAVILLONS.	MOTEURS.	NOMBRE des NAVIRES.	TONNAGE TOTAL.	TONNAGE par NAVIRE.
		Navires.	Tonnes.	Tonnes.
Britannique	La vapeur	105	80,559	767
	Le vent	392	323,631	825
Américain (États-Unis)	*Idem*	18	14,891	827
Français	*Idem*	11	4,761	433
Arabe	*Idem*	13	3,701	285
Suédois et danois	*Idem*	8	3,647	456
Villes hanséatiques	*Idem*	3	2,057	686
Hollandais (îles de la Sonde)	*Idem*	3	918	306
Portugais (Goa, etc.)	*Idem*	8	661	83
Turcs d'Asie ou d'Afrique	*Idem*	1	227	227
TOTAL	Vapeurs	105	80,559	767
	Voiles	457	354,494	776
TOTAL GÉNÉRAL		562	435,053	774

Si le lecteur veut arrêter ses regards sur le tableau qui précède, il sera frappé de ce grand résultat : pour un ensemble de navires mesurant 435,053 tonneaux métriques, le seul empire britannique en compte 404,190, et toutes les autres nations en comptent seulement 30,863 : c'est à peine *un treizième* de l'ensemble.

Observations importantes sur la capacité des grands navires qui font le commerce de Bombay.

Nous voulons attirer en particulier l'attention sur la

capacité des navires employés par les diverses marines marchandes qui fréquentent le port de Bombay.

A deux tonneaux près, le jaugeage moyen de 825 tonneaux pour le navire de l'Empire britannique est le même que celui des États-Unis; chez l'une et l'autre puissance, les navigateurs apprécient au même degré l'économie et tous les avantages que procurent les grands bâtiments. Avec ces derniers chaque marin suffit au transport de 20 à 25 tonneaux, tandis que sur des bâtiments de moins en moins considérables le transport s'abaisse à 15, à 12, et même à 10 tonneaux pour chaque homme d'équipage.

Remarquons bien que les villes hanséatiques, avec leur longue expérience de la mer, emploient des navires marchands dont le tonnage moyen approche de 700 tonneaux; elles ont deviné la suprême condition du succès. Un progrès infaillible récompensera leur intelligence.

Regrets exprimés au sujet de la navigation française à Bombay.

C'est avec un profond regret que nous voyons le commerce français n'employer, dans son intercourse avec Bombay, que des navires d'un tonnage moyen de 433 tonneaux au lieu de 800 à 850. En présence d'un pareil fait, nos armateurs n'ont-ils pas tort de se plaindre; et comment osent-ils objecter qu'il leur est impossible de soutenir la concurrence contre les deux grandes nations qui sont réputées les premières, et de l'ancien et du nouveau monde, pour le bas prix de leurs transports maritimes?

Les chambres de commerce à Marseille, à Bordeaux, au Havre, à Nantes, comptent parmi les plus éminentes et les plus expérimentées de l'Empire français. Dans ces quatre ports, les constructeurs de navires ont un talent qui laisse peu de chose à désirer, et certes les armateurs ne manquent ni d'énergie ni d'intelligence. Pourquoi donc tant d'hommes capables ne tournent-ils pas les yeux vers les belles entreprises que leur offrent à l'envi les ports de Bombay, de Calcutta et de Madras? En vérité, nous devrions rougir de l'insignifiante navigation dont nous conservons la trace dans l'Inde, comme une ombre qui disparaît, nous! qui pourrions échanger une si riche partie de nos produits contre ceux d'une si grande et si fertile contrée! Puissent nos observations attirer sur ce point l'attention des citoyens les plus éclairés de nos villes maritimes, et porter des fruits salutaires!

Valeurs réelles des importations et des exportations du commerce de Bombay.

Afin que nos lecteurs puissent prendre une idée de l'importance relative de Bombay, nous allons comparer les valeurs réunies de ses importations et de ses exportations avec celles des deux ports français les plus considérables :

En 1862-63,		En 1862-63,	
Marseille...	1,825,003,765f	Bombay....	1,478,947,857f
Le Havre...	1,256,011,739		

Dans ce rapprochement, on le voit, Bombay l'emporte sur le Havre et ne le cède qu'à Marseille.

Ainsi fixés sur la grandeur des intérêts que Bombay vivifie, conservons pour les évaluations commerciales la marche suivie déjà pour la navigation. Examinons la portion qui revient, d'une part, au seul Empire britannique, de l'autre, à l'ensemble de tous les peuples étrangers;

le résultat ne sera pas moins digne de fixer l'attention du lecteur.

Valeurs échangées entre Bombay et..........	l'Empire britannique.	1,266,275,270f
	l'univers étranger...	212,671,887
	Total...............	1,478,947,157

La signification de ces chiffres devient plus frappante lorsqu'on la compare avec la grandeur des populations :

Valeur des échanges du port de Bombay, par million d'hommes.

1° De l'Empire britannique..... 5,755,808 francs;
2° De l'univers étranger........ 180,230

Ainsi, pour le même nombre de personnes, Bombay fait avec l'Empire britannique des échanges dont la valeur est *trente-deux fois* plus considérable qu'avec le reste de l'univers.

L'Angleterre fait retentir les deux hémisphères du libéralisme de ses lois commerciales et de l'égalité *qu'elle a fini* par établir entre ses produits et les produits étrangers. Après avoir maintenu pendant plus de deux cents ans un monopole général et systématique, il est évident qu'à l'égard de l'Hindoustan elle se montre généreuse à peu de frais : on voit, en effet, que ses lois perfectionnées, et, si nous osons risquer le mot, *libéralisées*, ne l'empêchent pas de s'assurer la supériorité sur l'étranger, quant aux échanges, dans le rapport de *un à six* pour l'Inde entière et de *un à trente-deux* pour le merveilleux port de Bombay !

C'est cette excessive inégalité, c'est cet avantage écrasant que nous avons partout fait remarquer en faveur du commerce de l'Empire britannique, dans ses possessions extérieures, les deux Canadas, les Antilles et l'Australie;

c'est cette supériorité qui constitue le fondement de la puissance britannique ; c'est elle qui produit la sécurité de cet empire, alors même qu'un grand nombre de nations, si leur complet accord pouvait être longtemps possible, se coaliseraient contre l'industrie, les échanges et la navigation de la seule Angleterre.

Une pareille coalition devint le rêve et l'espoir d'un grand génie militaire et politique ; il en poursuivit le succès, les armes à la main, de 1803 à 1814 : il dut à cette erreur la triple perte de son trône, de sa liberté et de sa vie, sur un rocher homicide. Vengeance mercantile, indigne d'un grand peuple civilisé !

EXAMEN DU COMMERCE DE BOMBAY À L'ÉPOQUE LA PLUS RÉCENTE ET DE SON PLUS GRAND DÉVELOPPEMENT.

Dans nos considérations sur le commerce de Bombay, ne nous bornons pas à quelques aperçus abstraits et généraux.

Un des membres les plus éminents du Conseil suprême des Indes, à Londres, l'honorable M. Ross Mangles, a bien voulu me transmettre les comptes officiels du commerce des Présidences de Bombay, de Madras et de Calcutta pour l'exercice écoulé du 1er mai 1862 au 1er mai 1863. C'est de ce précieux document que je vais me servir, en faisant l'examen séparé des importations et des exportations.

I. — *Importations.*

Les états officiels de Bombay donnent la valeur spéciale de cent vingt et un objets de nature différente. Leur réunion comprend la totalité des importations, sauf le chiffre sommaire et tout à fait insignifiant de 681,100 fr.

Ce dernier chiffre représente tous les petits genres d'importation dont la valeur est au-dessous de 12,500 francs pour chaque espèce de produits.

Nous nous garderons bien de fatiguer le lecteur par l'énumération des cent vingt et un articles principaux; il nous suffira de lui présenter deux groupes de *douze produits*, rangés suivant l'importance décroissante de leur valeur.

VALEUR DES PRINCIPALES IMPORTATIONS, POUR L'EXERCICE 1862-1863.

1er GROUPE.	VALEURS.	2e GROUPE.	VALEURS.
	Francs.		Francs.
1. Argent.............	248,980,012	13. Soieries............	5,357 870
2. Or.................	100,564,485	14. Machines...........	5,216,817
3. Cotons en laine.......	84,842,255	15. Métaux ouvrés........	5,184,520
4. Cotons filés et tissus....	82,378,438	16. Approvision[ts] de guerre.	5,153,075
5. Métaux communs, bruts.	35,298,185	17. Café...............	5,026,580
6. Sucre raffiné et candi..	20,624,115	18. Épices..............	4,702,658
7. Matériaux, ch[ins] de fer.	14,690,447	19. Guinées (gunnies)....	4,486,400
8. Fruits..............	11,127,790	20. Provisions navales.....	4,128,275
9. Soies grèges..........	10,769,053	21. Pierres précieuses.....	3,558,510
10. Grains et graines......	8,024,055	22. Houille.............	3,461,612
11. Drèche préparée......	7,226,835	23. Ivoire...............	3,584,785
12. Spiritueux...........	6,820,570	24. Thé................	3,377,480
TOTAL..........	631,346,240	TOTAL...........	53,238,582
L'ensemble des vingt-quatre articles est de....................			684,584,822

Le résumé qui suit fera parfaitement comprendre l'importance de la classification que nous venons de présenter.

RÉSUMÉ DES QUATRE CLASSES D'IMPORTATIONS.

CLASSES.	VALEURS TOTALES.	VALEUR MOYENNE des trois classes.
	Francs.	Francs.
1. Les douze principaux articles.............	631,346,240	52,612,187
2. Les douze articles suivants...............	53,238,582	4,436,548
3. Les quatre-vingt-dix-huit articles supérieurs à 12,500 francs.....................	40,401,820	412,263
4. Petits articles qui ne sont pas même énumérés.	681,100	Moins de 12,500
TOTAL................	725,667,742	

Nous avons déjà fait connaître le grand rôle que jouent les métaux précieux dans les importations de l'Inde; ils sont les premiers des douze principaux articles.

Après les métaux précieux, les *cotons en laine* sont le produit le plus important. Depuis la guerre civile des États-Unis, Bombay s'abstient d'en exporter à la Chine et dans d'autres régions de l'Asie; au contraire, elle leur en demande, ainsi qu'aux ports étrangers des côtes de l'Inde. Tout est destiné à la métropole.

Viennent ensuite, sous le n° 4, les cotons ouvrés, soit fils, soit tissus, envoyés par l'Angleterre; ils font en tous lieux la plus redoutable concurrence aux antiques et célèbres produits de l'Asie orientale.

Immédiatement après se placent les métaux bruts, l'or et l'argent exceptés; la plupart sont aussi d'origine britannique. On doit y joindre tous les métaux ouvrés; puis les matériaux, presque en entier métalliques, destinés aux chemins de fer, les machines à vapeur ou autres, ainsi qu'une partie des approvisionnements de guerre et de marine. Cet ensemble de produits métallurgiques surpasse en valeur soixante millions de francs.

Un produit considérable, le sucre raffiné, sort en presque totalité des manufactures britanniques. Il en faut dire autant de la drèche, envoyée sous forme liquide; la bière très-saine qu'elle sert à fabriquer dans l'Inde est consommée par les troupes et par les colons européens.

Importations qui peuvent être considérées comme des objets de luxe. — Dans les vingt-quatre articles énumérés qui composent, nous l'avons dit, les sept huitièmes des importations, on doit être frappé de la faible part qu'obtiennent les objets de luxe, surtout lorsqu'on en déduit les objets *réexportés*.

Les soies, les soieries, les pierres précieuses et l'ivoire, seuls objets que l'opulence et pour quelque peu la simple aisance puissent faire servir à leur usage, n'offrent qu'une valeur totale très-peu supérieure à 18 millions de francs, après en avoir retiré les réexportations. Il faut y joindre 7,500,000 francs en objets de moindre valeur : joailleries, porcelaines, voitures, meubles, châles, parfums, etc.

Si maintenant, sur les 25 millions d'objets que le luxe peut réclamer, on déduisait tous les objets somptueux consommés par les Européens au service de l'Administration, du commerce, de la marine et de l'armée, on serait surpris de la faible part qui reste à l'usage des indigènes. Pour eux, les importations se bornent presque uniquement à des objets de pure utilité, qui, par leurs bas prix, conviennent aux classes les moins aisées.

Quant aux métaux précieux, au lieu d'ajouter beaucoup au luxe des indigènes, ils ont été pendant longtemps enfouis par le peuple dans les entrailles de la terre. Il y a cent ans, les radjahs étendaient leurs avides mains sur les moindres épargnes de leurs sujets : voilà comment ils accumulaient eux-mêmes des trésors cachés, tels que celui du vizir de Mourchedabad, dont Clive *le déprédateur* faisait devant les Commissaires du Parlement une peinture si frappante et si passionnée.

II. — *Exportations.*

Nous suivrons pour les exportations la même marche abrégée que pour les importations; au lieu de nous perdre dans un détail fastidieux de cent articles divers, nous nous bornerons pareillement à deux groupes contenant chacun les douze articles les plus considérables.

PRINCIPALES EXPORTATIONS DE BOMBAY.

1re CLASSE.	VALEURS.	2e CLASSE.	VALEURS.
	Francs.		Francs.
1. Cotons en laine	370,887,000	13. Épices	2,354,355
2. Opium	196,436,112	14. Munitions navales	2,314,492
3. Argent	51,983,425	15. Métaux ouvrés	2,227,515
4. Cotons ouvrés	37,806,670	16. Café	2,135,925
5. Laines ovines	20,403,507	17. Teintures	2,037,765
6. Or	10,300,412	18. Pierres précieuses	1,505,817
7. Semences diverses	8,992,945	19. Soies ouvrées	1,442,715
8. Métaux communs	6,955,467	20. Ivoire	1,439,085
9. Châles	6,043,705	21. Soies brutes	1,359,902
10. Sucre et candi	3,787,627	22. Fruits	1,335,445
11. Grains et graines	3,377,560	23. Drogues	1,231,137
12. Sel	2 481,112	24. Thé	1,149,940
TOTAL	719,455,542	TOTAL	20,534,093

Ici, comme pour les importations, nous ferons ressortir la valeur très-inégale des diverses classes de produits au moyen d'un parallèle à la fois court et frappant.

RÉSUMÉ GÉNÉRAL DES EXPORTATIONS.

CLASSES DES PRODUITS.	VALEURS TOTALES.	PAR ARTICLE.	VALEUR MOYENNE des articles.
	Francs.		Francs.
1 à 12. Première classe..........	719,455,542	1 à 12.	59,954,628
13 à 24. Deuxième classe.........	20,534,093	13 à 24.	1,711,174
25 à 100. Troisième classe.........	13,262,755	25 à 100.	176,836
Petits objets non énumérés.........	227,720		
TOTAL.............	753,480,110		

Le principal objet des exportations de première classe, et celui qui place aujourd'hui Bombay fort au-dessus de Madras et de Calcutta, c'est le coton brut que réclament les manufactures de toutes les nations industrieuses.

Dans la seule année 1862-1863, ces cotons vendus à l'univers par le port de Bombay ont surpassé 370 millions de francs. Très-probablement, pour l'année 1863-64, cette exportation dépasse 400 millions; en 1864-65, elle vaudra plus encore.

Ensuite s'offre à nous le détestable commerce de l'opium, pour un prix supérieur à 196 millions et demi!

Comme balance monétaire, Bombay, dans l'année que nous avons prise pour exemple, fait sortir 622 millions; mais elle en reçoit 350. Il lui reste donc en valeur métallique, tout balancé, le quart d'un milliard de francs pour une année, et cette somme doit s'accroître dans les années subséquentes : un pareil trésor ne peut pas être tout enterré.

Une partie de ce métal est répandue dans la campagne, afin de payer la récolte du filament dont le prix est devenu de plus en plus exorbitant entre les années 1861 et 1865. Il en est résulté des excès incroyables d'intempérance chez les cultivateurs et de parure chez leurs femmes. Pour fêter des gains qui passaient toute prévision, l'Inde a vu des ryots porter en procession des sacs de roupies attachés à des hampes de bambou, comme des aigles aux drapeaux. Sous les gouvernements dévorateurs dont nous parlions il n'y a qu'un moment, les cultivateurs auraient rendu stérile leur richesse en la cachant, de peur que la tyrannie ne la leur extorquât. Au reste, leur folie n'est point générale. Les mieux avisés s'efforcent à l'envi d'améliorer des cultures devenues si profitables, de reporter sur le sol les bénéfices obtenus pour les augmenter encore par les irrigations, par les engrais, par le travail perfectionné. C'est dans cette voie qu'il faut encourager les cultivateurs. Quant à leurs dissipations les plus extravagantes, elles disparaîtront comme une ivresse passagère et feront place aux dépenses raisonnées d'une aisance nouvelle et durable.

Il faut en dire autant des dissipations extrêmes et du renchérissement de toutes choses, qui depuis trois ans jettent le trouble au milieu du commerce de Bombay ; le coton a produit sur cette ville les mêmes effets perturbateurs que la découverte de l'or en Californie, en Australie, sur le peuple de ces deux contrées.

Objets de fabrique des Indiens, exportés chez toutes les nations par le port de Bombay.

Qui le croirait ? L'industrie des Indiens, si célèbre dans

les temps antiques, dans le moyen âge et dans les meilleurs temps de la Renaissance, ne présente plus aujourd'hui sur les exportations de Bombay, supérieures à 753 millions, qu'une valeur qui ne s'élève pas même à 18 millions et demi! chiffre exact, 18,483,350 francs.

Si de ce total on ôtait pour la valeur des châles de cachemire 6,033,427 francs, il ne resterait pas 12 millions et demi.

Les fils et les tissus de cotons indigènes, si admirés de l'antiquité, sont représentés par l'humble chiffre de 1,785,852 francs; c'est tout l'achat des peuples modernes.

Les soieries de l'Inde, célèbres autrefois, ne figurent plus, dans les exportations, que pour 376,352 francs.

Si les Indiens, étudiant les exemples et les leçons donnés par les Européens, voulaient perfectionner leur industrie, s'ils mettaient à profit le bas prix de leur main-d'œuvre, leur délicatesse de travail et la merveilleuse dextérité qui caractérise leur classe ouvrière, ils s'assureraient une part infiniment moins misérable dans leurs modernes échanges avec les produits de l'étranger.

Rapports de la France avec l'Hindoustan, sur la côte occidentale.

Autrefois la France possédait une factorerie qui dirigeait ses affaires avec la côte occidentale de l'Inde; mais depuis longtemps cet établissement a disparu. Nous n'avons plus aujourd'hui qu'un simple vice-consul à Bombay, et ce vice-consul, très-respectable, est un commerçant anglais.

Donnons l'idée du faible négoce de la France avec Bombay, pour le dernier exercice dont les comptes officiels aient été dressés et publiés dans cette ville.

ENVOIS DIRECTS DE FRANCE À BOMBAY : 1862-1863.

OBJETS ENVOYÉS.	VALEUR.	OBJETS ENVOYÉS.	VALEUR.
	Francs.		Francs.
1. Eaux-de-vie et liqueurs.	4,012,250	Report..........	5,079,347
2. Vins...............	477,230	8. Conserves de vivres....	33,216
3. Teintures (couleurs)...	167,915	9. Instruments de musique.	32,713
4. Livres et papier.......	171,132	10. Obj. pr. peint. à l'huile.	25,624 ½
5. Joaillerie............	116,860	11. Verres et cristaux......	20,957 ½
6. Métaux divers........	74,573	Objets divers.........	163,454 ½
7. Bouchons de liége.....	59,387	Total des marchandises.	5,355,312 ½
A reporter.......	5,079,347	Argent monnayé......	8,680,955 ½
Total des envois de France............			14,036,268

Ainsi, pour compenser l'exiguïté des marchandises destinées à Bombay, la France est obligée d'y joindre une beaucoup plus forte valeur en *argent*, métal monnayé que préfèrent les Indiens. Dans les vingt et une catégories de marchandises qu'énumère l'état officiel, nous ne voyons pas figurer nos soieries, nos mousselines, nos batistes, ni les plus charmants articles de l'industrie parisienne; ces objets, cependant, pourraient tenter les dames européennes établies dans l'Inde et séduire, par esprit d'imitation, un certain nombre de dames indigènes. Tout au plus pouvons-nous supposer que quelques-uns de ces produits, passant d'abord par l'Angleterre, sont déguisés comme articles élégants de cette puissance adressés à Bombay. Les efforts de la France doivent tendre à faire sous son nom l'envoi direct de ses propres marchandises.

Marchandises de l'Inde transportées de Bombay dans les ports de France.

Coton en laine.........	16,822,357 francs.
Graines ou semences....	128,410
Châles de cachemire....	1,500
Objets divers..........	6,385
TOTAL......	16,958,652

On ne devait voir qu'avec plaisir des navires français rapporter de l'Inde le coton en laine, lorsqu'ils ne pouvaient plus aller aux États-Unis du Sud afin d'y chercher cette matière première. Mais ce n'est pas seulement pour 16 ou 17 millions de francs, c'est pour 100 et 150 millions que nous devrions demander à Bombay ce précieux filament, soit afin de le consommer dans nos manufactures, soit afin de le revendre au continent européen.

Remarquons notre achat dérisoire de cachemires, pour la misérable somme de *quinze cents francs*, sur le marché principal qui les revend à l'univers, tandis que nous tirons d'Angleterre (année 1862) pour onze millions de châles, en presque totalité rapportés de l'Inde!... Lorsqu'un produit de cette nature coûte au minimum deux à trois cents francs le kilogramme, c'est-à-dire 200 à 300 mille francs le tonneau, qu'importent quelques francs de plus ou de moins sur le transport d'un tonneau? Cela saute aux yeux.

Faisons nous-mêmes sur les lieux tous les bénéfices d'achat, de commission, etc. Présentons-nous; qu'on voie nos banquiers, nos marchands, nos facteurs, notre pavillon national, notre consul, et, s'il se peut, qu'il soit Français. Cessons de faire par procureur un commerce anonyme; c'est le plus dispendieux, le plus stérile et le moins acceptable de tous les moyens.

Afin de compléter nos cargaisons, nous ajoutons aux marchandises de l'Inde que nous venons d'indiquer pour un peu moins d'un million d'objets étrangers, dont voici l'énumération :

Valeur des marchandises étrangères à l'Inde tirées de Bombay pour la France.

Café	605,085f	Report	761,755f
Pierres précieuses	100,000	Fruits méridionaux	11,730
Épices	56,670	Objets divers	28,305
A reporter	761,755	TOTAL	801,790

De l'infériorité des transports français. Insistons sur une observation que nous avons déjà présentée. Il faut doubler la capacité de nos navires; cela n'exigera pas même de tiercer chaque équipage, et nous permettra de soutenir la concurrence avec les navires anglais pour l'économie des frais de transport. C'est à Bordeaux, au Havre, à Nantes, qu'il faut répéter, et que je veux répéter à satiété, ces vérités élémentaires, pour que nous en fassions usage.

Entreprises à former pour donner au commerce de Bombay et de l'Inde entière une impulsion puissante.

Combien il serait à désirer qu'il se formât une société commerciale ayant ses membres à Paris, au Havre, à Bordeaux, à Marseille, et qui fût représentée par une maison française à Bombay! Cette maison tiendrait étalés dans son propre bazar, avec l'art si remarquable de nos magasins de Paris, et les objets de notre industrie la plus ingénieuse et nos produits naturels si propres à plaire aux étrangers de toutes les nations, aux Indiens de toutes les provinces, qui se réunissent en si grand nombre sur l'opulent marché de Bombay! Je suggère cette idée à l'association plus générale qui cherche à se constituer dans Paris et que stimule l'entreprenant, l'infatigable M. Potonié.

Commerce avec l'Amérique du Nord : panique et ruine.

Je me suis plaint que, dans un port dont les importations et les exportations figurent en somme pour près d'un milliard et demi, la France ne prît à ce riche commerce qu'une part de 31 $\frac{3}{10}$ millions. Que devrais-je donc dire au sujet des États-Unis, dont le misérable trafic avec Bombay s'est réduit en 1862-63,

Pour les importations, à.....	426,955	francs.
Pour les exportations, à.....	4,567,787 $\frac{1}{2}$	
Pour les réexportations, à...	141,520	
TOTAL..........	5,136,262 $\frac{1}{2}$	

Un seul article a de l'importance : il consiste en 2,879,365 francs de coton en laine que les fédéraux des États-Unis ont été réduits à prendre dans l'Inde pour alimenter un peu leurs manufactures aux abois; ils préféraient se priver d'un commerce général qui, sur ce seul article, s'élevait au chiffre de 800 millions par an.

Les vrais amis de toutes les populations fédérales des États-Unis n'auraient dû perdre aucune occasion de leur montrer jusqu'à l'évidence les pertes immenses qu'ils faisaient, par un faux système, éprouver à leur industrie, à leur commerce, à leur navigation, dans la guerre antisociale qu'ils poursuivaient avec tant d'acharnement et dans un esprit si destructeur. Ils se faisaient un plaisir de ruiner leurs anciens amis les confédérés; et c'est eux-mêmes dont ils compromettaient avant tout la fortune! Cette marine du Sud pour laquelle ils professaient un si grand mépris, ses corsaires, quoiqu'en très-petit nombre, leur faisaient éprouver des pertes infinies. Les étrangers effrayés ne voulaient plus rien confier aux navires fédéraux; New-York et Boston confiaient de plus en plus leurs transports aux navires des autres nations. Chose étrange! des deux parties belligérantes, c'était la plus puissante sur la mer qui voyait décroître par degrés vraiment déplorables sa navigation jadis si vaste et si productive.

Quand j'écrivais ces lignes, le monde était loin de prévoir la chute si brusque des États confédérés. Dès l'instant où cette perte apparut comme inévitable, une peur insensée s'empara du commerce britannique. La terreur grandit en passant d'Europe en Asie; elle produisit des désastres qui frappèrent surtout Bombay. Les capitalistes de ce port s'imaginèrent qu'en peu de mois d'immenses quantités du plus riche produit des États vaincus allaient inonder l'univers et ramener les prix si bas de 1859 et 1860. La crise qui suivit cette fausse appréciation frappa surtout les spéculateurs téméraires; ils succombèrent. Nous hésitons à le redire, tant le fait paraît incroyable, on évalue le total de leurs pertes à 25 millions sterling (625 millions de francs) pour le seul port dont nous examinons les transactions commerciales. La panique empêchait de voir que cette baisse excessive, regardée comme imminente et permanente, les fédéraux, par leur esprit de vengeance, en rendaient le retour impossible. La vérité sur ce point n'a pas tardé de se faire jour en Angleterre, et le renchérissement, qui l'aurait pu croire? a pris la place de la baisse. Quelques semaines après, les spéculateurs de Bombay n'auront pas manqué d'être désabusés, mais trop tard pour les téméraires et pour les mauvais calculateurs.

Sur la voie la plus avantageuse pour commercer entre Bombay et les nations européennes.

Il faut maintenant aborder une question dont le Gouvernement britannique a désiré que sa colonie de Bombay fût le juge, mais qu'elle a résolue dans un sens contraire à celui que *le premier ministre* désirait voir triompher : c'est la question de savoir quelle est la route préférable pour l'intercourse de l'Inde avec l'Angleterre et les ports de l'Europe continentale? Parmi les trois voies mises en parallèle, le golfe Persique, l'isthme de Suez et le cap de Bonne-Espérance, *c'est pour l'isthme de Suez que la Chambre de commerce de Bombay s'est formellement prononcée.*

L'expérience aujourd'hui démontre jusqu'à l'évidence combien cette Chambre jugeait avec sagesse et prévoyance une question qui pour elle est capitale. Cette démonstration, nous l'avons rendue palpable au moyen des faits exposés dans un mémoire écrit dès les premiers jours de l'année 1864. Nous allons le citer textuellement :

Mémoire sur l'importance comparée des communications entre l'Inde et l'Occident par trois routes maritimes : 1° le golfe Persique ; 2° le golfe Arabique et Suez ; 3° le cap de Bonne-Espérance, d'après les mouvements les plus récents de la navigation et du commerce, présenté par le baron Charles Dupin à l'Académie des sciences, le 7 mars 1864.

Il y a déjà sept ans, en 1857, une commission, composée de MM. Cordier, Élie de Beaumont, Dufrénoy, l'amiral du Petit-Thouars et le baron Charles Dupin, rapporteur, fut choisie pour examiner et juger les Mémoires relatifs aux études du canal maritime de Suez, soumis à l'Académie par le directeur de cette importante entreprise.

L'examen approfondi de la Commission ne porta pas uniquement sur la nature des terrains à traverser, sur les filtrations possibles et sur ce qu'on pouvait redouter des ensablements occasionnés par les vents qui viennent du désert; sur la nature et l'étendue des travaux que nécessiterait l'exécution; sur le port et l'entrée à créer dans la Méditerranée, à perfectionner dans la mer Rouge; sur les possibilités et l'avenir de la navigation. La Commission prit en grave considération les avantages respectifs du canal maritime entrepris par les Français et d'un chemin de fer dont la préférence était vivement préconisée par quelques personnes puissantes, chez la nation britannique, la plus intéressée dans le choix de ces voies si différentes.

Nous reproduisons ici sommairement les motifs de la Commission en faveur de la navigation maritime à travers l'isthme de Suez, comme étant la seule qui puisse mériter d'être préférée sur la voie du cap de Bonne-Espérance. Nous ferons voir ensuite, par les faits les plus récents, à quel point l'expérience vérifie maintenant la théorie présentée par la Commission de l'Institut de France en 1857.

Les raisonnements et les conclusions relatifs au chemin de fer Syrien, qu'on voulait alors étendre jusqu'au golfe Persique, faisaient voir que cette voie serait encore plus défavorable pour établir une communication directe entre l'Inde et l'Europe. Tout le monde a fini par adopter sur ce point le jugement du premier rapport approuvé par l'Académie.

Examen des concurrences entre les diverses voies artificielles pour communiquer entre l'Europe et l'Asie orientale.

Chemin de fer égyptien.

« En Égypte même, le canal maritime trouvera pour première concurrence le chemin de fer déjà presque terminé (1857) d'Alexandrie au Caire, et que l'on continue avec activité jusqu'à Suez.

« Sur ce chemin, les transports des voyageurs et des produits précieux pourront, dans les cas extraordinaires, avoir une très-grande vitesse, par exemple 60 kilomètres par heure; tandis que les navires qui suivront le canal maritime, s'ils transportent des produits communs, ne parcourront guère que 8 à 10 kilomètres par heure.

« A la rigueur, avec une extrême vitesse, les marchandises pourront être transportées en 6 heures par le chemin de fer d'Alexandrie à Suez, et le parcours des marchandises communes sur le canal maritime pourra demander 20 heures; supposons 30, et, si l'on veut, 35 pour la plus petite vitesse. Voilà le plus grand retard.

«Cependant, pour être économique, le transport des marchandises, en adoptant le chemin de fer, exigera qu'on sacrifie un temps qui surpassera de beaucoup ce nombre d'heures.

«Il est une autre considération bien plus grave que la différence de quelques heures sur un parcours total de 20,000 kilomètres entre l'Inde et l'Angleterre ou la France.

«L'avantage caractéristique d'un canal maritime, c'est qu'entre l'expéditeur et la personne à laquelle est adressée la cargaison un seul et même navire prend la marchandise au départ et la délivre à l'arrivée, sans arrêts, sans débarquements intermédiaires.

«Mais avec un chemin de fer entre deux mers, tel que celui de l'Égypte, il est loin d'en être ainsi. Supposons, par exemple, qu'un navire de mille tonneaux chargé dans un port d'Europe entre dans le port d'Alexandrie. Il faudra d'abord qu'on débarque avec ordre, avec soin, *un million de kilogrammes de marchandises;* ensuite, qu'on les charge sur une longue ligne de trucks ou plates-formes : leur grand nombre dépendra de l'encombrement, c'est-à-dire du volume des objets transportés.

«En arrivant à Suez, il faudra reprendre le million de kilogrammes et le charger, suivant l'occurrence, sur un ou plusieurs navires supposés présents et prêts à partir.

«On peut concevoir tout ce qu'il faudra de temps pour accomplir cette multiplicité d'opérations; mais il y a bien d'autres inconvénients que le temps consommé. Si les objets à transporter sont fragiles, s'ils craignent d'être mouillés, tachés, déchirés, on multiplie le péril d'endommager les produits par ces débarquements et ces embarquements successifs. Nous l'éprouvons pour les meubles que nous faisons voyager sur des chemins de fer, et même pour des objets délicats chargés et déchargés sous nos yeux.

«En 1851, lorsqu'il a fallu transporter à Londres des statues, des bas-reliefs, et les beaux produits de la manufacture de Sèvres, malgré beaucoup de surveillance, la seule complication d'un chargement à Paris sur le chemin de fer du Nord et d'un embarquement intermédiaire à Dunkerque, cette complication a suffi pour produire des accidents déplorables et pour briser les objets d'art les plus précieux.

«Il est un autre inconvénient, et capital. Quand les marchandises sont transportées sans changer de mains, le capitaine du navire répond personnellement de la conservation et du bon état des objets. Mais quand ces objets n'arrivent que par une deuxième, une troisième main, après deux voyages de mer que sépare un transport opéré sur un chemin de fer, on ne sait plus à qui s'en prendre pour réclamer contre le mauvais état des marchandises transportées. Lorsque trois personnes sont responsables d'un même dommage, sans qu'on le puisse attribuer à l'une d'elles plutôt qu'aux deux autres, en réalité personne n'est plus responsable; le commerce, alors, ne trouve plus ni sécurité ni garantie.

« Aux yeux des expéditeurs, de tels inconvénients suffiront pour faire préférer incomparablement un canal maritime à traverser par le navire unique, sans débarquements, sans embarquements intermédiaires. Dans ce système, on trouvera qu'au total le transport de la mer Rouge à la Méditerranée, même pour les envois de marchandises communes, exigera beaucoup moins de temps que le chemin de fer le mieux organisé. Par conséquent, on préférera le canal pour la responsabilité réelle, pour la conservation des objets, pour l'économie du transport et pour la célérité définitive.

« Nous avons raisonné dans l'hypothèse d'un roulage ordinaire ou d'une accélération moyenne. L'avantage est bien plus grand pour un canal maritime aussitôt qu'il s'agit de transports très-accélérés. Aujourd'hui ce sont les navires paquebots à grande vitesse qui font ce genre de transports; ils parcourent par heure environ 18 kilomètres; ils franchiront le canal en huit heures.

« Avec le chemin de fer intermédiaire, il faudra deux paquebots au lieu d'un pour chaque voyage. On parcourra la distance de la mer Rouge à la Méditerranée en sept heures, en six heures si l'on veut, au lieu de huit heures. Mais ces deux heures qu'on aura gagnées, il faudra les compenser par un débarquement et par un embarquement aux extrémités de la voie ferrée; ajoutons que les voyageurs préféreront sans exception la voie du canal, qui les laissera dans les mêmes logements à bord, sans déranger leurs effets par aucun transbordement. A l'égard des masses d'or et d'argent, au lieu de les débarquer et de les rembarquer, puis de les exposer à travers l'Égypte pour gagner deux heures, on préférera les laisser dans la soute et sous la clef du capitaine d'un seul et même navire.

« Le chemin de fer entre Alexandrie, le Caire et Suez ne servira donc au passage de mer en mer, ni pour les transports à petite vitesse des marchandises communes, ni pour les transports accélérés des trésors et des produits précieux envoyés d'une mer à l'autre, ni pour la traversée des voyageurs. La voie ferrée sera simplement une voie locale de l'Égypte pour la circulation intérieure et pour les envois particuliers de la vallée du Nil aux deux mers qui l'avoisinent. »

Le premier rapport fait à l'Académie prouve le désavantage, incomparablement plus grand, d'un chemin de fer que les Anglais espéraient exécuter en traversant la Syrie et la Mésopotamie pour gagner le golfe Persique et de là Bombay. Ils croyaient pouvoir combiner ce chemin avec un canal latéral à l'Euphrate; mais une telle idée n'a pu soutenir un examen approfondi ni des calculs sérieux. Nous pourrons revenir sur ce sujet lorsque nous traiterons de l'empire Ottoman.

De pareilles conceptions, que repoussait Bombay pour opérer ses transports en Europe, nous n'avons plus à les considérer. C'est le tableau du commerce même de ce grand port, auquel nous avons joint celui de Madras, qui va nous occuper. Nous reprenons ici notre Mémoire présenté le 7 mars 1864 à l'Institut impérial de France.

Résultats les plus récents présentés par la navigation des Indes orientales.

En Angleterre, on a reçu les tableaux officiels de la navigation et du commerce des deux Présidences de Madras et de Bombay pour l'année qui commence le 1er mai 1862 et qui finit le 30 avril 1863; on a bien voulu nous en donner communication, et ces documents nous suffisent.

Ils renferment distinctement, pour Bombay et pour Madras, les mouvements d'entrée et de sortie opérés par les trois grandes voies qui se présentent lorsqu'on veut communiquer entre l'Inde et l'Occident.

Première voie commerciale, par le golfe Persique et l'Euphrate.

Valeur des produits de toute nature transportés suivant cette voie, en prenant pour point de départ ou d'arrivée :

Madras.......	1,205,323 francs.
Bombay.......	28,843,527
TOTAL....	30,048,850

C'est *la centième partie* du commerce actuel de l'Orient avec l'Occident! Certainement, si le commerce des provinces qui formaient autrefois l'empire du Roi des Rois n'avait pas de beaucoup surpassé cette modeste somme, il n'aurait jamais figuré parmi les principales sources d'opulence pour les grandes cités qui faisaient l'admiration de l'antique Asie.

Mais ce qu'il y a de plus remarquable, c'est que les objets d'un luxe extrême ont presque tous disparu d'un commerce qui, pendant un grand nombre de siècles, leur avait dû sa splendeur et son importance. Le croira-t-on? Parmi les tributs de l'Inde qu'on pourrait appeler *précieux*, et qui sont dirigés vers le golfe Persique, je n'ai trouvé que des tissus de cachemire pour 567,075 francs et des soieries pour 60,000 francs. Le moindre magasin de nouveautés, dans Londres et dans Paris, rougirait de ne pas vendre en moins d'un an pour une plus forte somme de produits qui conviennent à nos classes, je ne dirai pas très-opulentes, mais à celles qui possèdent seulement une fortune modérée. A côté de pareils produits, ce qui prend la place des anciens trésors de l'industrie demandés aux bords du Gange et de l'Indus, c'est du fer commun, de l'acier et du cuivre anglais; ce sont des mousselines, des percales et des calicots envoyés de Manchester et de Glasgow. Qui le croirait? *Aujourd'hui, c'est par l'Inde que la Grande-Bretagne, en subissant un détour immense à travers l'Atlantique et l'Océan oriental, fait pénétrer ses marchandises à bas prix, pour les vendre aux peuples appauvris qui bordent le golfe Persique, l'Euphrate et le Tigre.*

Seconde voie commerciale entre l'Inde et l'Occident, par la mer Rouge et le chemin de fer de l'Égypte.

Il faut mettre à part les produits qui s'échangent avec le golfe Arabique et la mer Rouge, excepté le port de Suez.

Cette ligne, beaucoup plus pauvre que la précédente, fait un très-mince commerce, qui ne dépasse pas en 1862-1863 :

Pour	Madras.......	1,704,448 francs.
	Bombay.......	6,279,863
	TOTAL......	7,984,311

Nous ne trouvons plus ici que le quart du commerce, déjà si modeste, fait avec le golfe Persique.

Les objets de luxe disparaissent en presque totalité; le cuivre, l'acier, le fer et les calicots de l'Angleterre prennent la place de ces objets précieux que l'Inde exporte encore moins au midi qu'au nord de l'Arabie.

Reste le commerce qui dessert en particulier Suez et la Méditerranée, sur lequel il faut fixer toute notre attention. Pour l'Égypte, pour les peuples riverains de la Méditerranée et pour l'Angleterre, la valeur totale des importations et des exportations se réduit à ces deux faibles sommes :

Comptes du port	de Madras.........	30,292 francs[1].
	de Bombay.........	3,270,770
	TOTAL.......	3,301,062

Si de ce total on retire la part que peuvent réclamer l'Égypte, la France, l'Italie et toutes les nations qui bordent la Méditerranée, l'Académie doit concevoir le peu qui restera pour l'Angleterre. Afin de laisser la part principale à cette puissance, concédons-lui les neuf dixièmes du total; alors nous dirons qu'elle fait par Suez, aller et retour, un commerce qui peut s'élever jusqu'à 3 millions de nos francs. Retenons bien cette somme.

[1] Peut-être faut-il joindre à ce chiffre un supplément peu considérable pour quelques produits laissés à Pointe-de-Galle (île de Ceylan), et qui passent ensuite à Madras.

Telle est donc le misérable commerce obtenu par l'Angleterre avec l'occident et le midi de l'Inde, en se bornant au chemin de fer d'Alexandrie à Suez, *pour tenir lieu d'un canal maritime.*

Troisième voie commerciale, par le cap de Bonne-Espérance.

Reste la troisième voie, celle que les partisans d'un passé de quatre siècles voudraient conserver à tout prix. Par cette voie la plus longue, et dont le parcours n'est pas moindre de 5,000 lieues ou 20,000 kilomètres lorsqu'on va d'Angleterre aux côtes de Coromandel ou de Malabar, voici quelle est la somme des importations pour l'année 1862-1863 :

Madras.......	119,712,897 francs.
Bombay......	563,217,893
TOTAL......	682,930,790

C'est-à-dire *deux cent vingt-sept fois* autant par le cap de Bonne-Espérance que par l'isthme de Suez, lorsque cet isthme n'est franchi qu'en suivant la voie d'un chemin de fer.

Par conséquent, malgré le secours qu'offre cette voie à vapeur, aussi longtemps qu'on n'aura pas terminé le profond et large canal qui permettra qu'un même navire passe d'Orient en Occident avec un raccourcissement supérieur à 2,000 lieues sur le parcours, *deux cent vingt-six tonneaux contre un* continueront d'être transportés par la voie la plus longue, la plus lente et la plus dangereuse.

Voilà pourquoi les nations vraiment éclairées de l'ancien et du nouveau monde sont unanimes dans leurs vœux pour le prompt achèvement d'une canalisation maritime, celle que la Commission de l'Académie caractérisait ainsi dès l'année 1857 : « La conception et « les moyens d'exécution du canal maritime de Suez sont les dignes « apprêts d'*une entreprise utile à l'ensemble du genre humain.* » Et la Commission ajoutait : « Par ces simples mots nous croyons expri- « mer, dans sa plus grande étendue, le jugement le plus favorable « de toute l'Académie. »

L'Institut peut voir, par les résultats qu'offre une très-récente expérience, à quel point les démonstrations et les prévisions présentées par la Commission de 1857 sont aujourd'hui confirmées.

Nous avons perdu deux des Membres les plus éminents parmi ceux qui composaient cette Commission, MM. Cordier et Dufrénoy, inspecteurs généraux des mines, et les infirmités de l'amiral du Petit-Thouars, si glorieusement conquises dans les combats et sur les mers, nous privent du concours de son expérience et de ses lumières[1]. Mais les vérités que nos illustres confrères ont contribué à établir, et que les faits les plus récents confirment avec tant d'éclat, sont pour eux un honneur durable et digne de l'Académie.

La grande question des avantages que trouvent Bombay et l'Inde entière à l'exécution du canal maritime ainsi placée au-dessus des doutes et des sophismes, reprenons notre examen descriptif de la Présidence de Bombay, pour considérer bientôt ses moyens de transport par terre.

Ile de Salsette : Thannah.

L'île de Salsette a huit lieues de longueur sur une largeur moyenne de quatre lieues. Au midi, pour la réunir à l'île de Bombay, on a construit la chaussée de Sion. C'est par cette chaussée que s'effectuent les transports du roulage ordinaire entre le chef-lieu de la Présidence et le continent de l'Inde.

Lorsque l'on côtoie l'île de Salsette et que l'on suit la rive orientale qui borde la grande baie intérieure, en remontant vers le nord, on trouve un endroit remarquable qui n'est guère qu'à deux cents mètres de la terre ferme, et qui termine, à proprement parler, l'immense havre de Bombay. Voilà le second point obligé des communications entre cette ville et le continent de l'Inde. Au voisinage de ce même point s'élève Thannah, la capitale de Salsette et le chef-lieu d'un collectorat.

Aujourd'hui le grand tronc des chemins de fer dont l'influence doit être si grande sur la fortune de Bombay franchit sur un viaduc cet étroit bras de mer que nous venons d'indiquer.

[1] Peu de temps après la lecture de ce rapport l'Académie et la France perdaient ce savant et vaillant homme de mer.

Dans les âges antiques, les gouvernements hindous avaient développé sur l'île de Salsette une prospérité qu'attestent encore les vestiges d'importants travaux d'irrigation et les ruines de temples nombreux consacrés au culte brahmanique. De ces temples, les uns sont bâtis en plein air, les autres sont creusés au sein des montagnes et sculptés en plein roc avec un travail infini.

Après la fondation de l'empire de Delhi, les sultans d'Ahmedabad, vassaux du Grand-Mogol, s'emparèrent de Salsette, où le fanatisme musulman ravagea les pagodes sans les remplacer par des mosquées dignes d'attirer les regards. Plus tard, l'île fut acquise par les Portugais, qui la conservèrent jusqu'en 1750; à cette dernière époque, les Mahrattes la conquirent et la possédèrent pendant un quart de siècle. Enfin, les Anglais s'en sont emparés, et personne aujourd'hui n'est assez puissant pour leur en disputer la possession.

La partie septentrionale est couverte de forêts, qui sont exploitées par des bûcherons dont les familles peu nombreuses sont d'une race presque sauvage; la partie méridionale offre pour l'agriculture des ressources qui ne sont pas à dédaigner, surtout à proximité d'une ville aussi populeuse que le chef-lieu d'une Présidence.

Travaux hydrauliques de Salsette, à Vihar. Les habitants de Bombay ayant accru leur nombre par-delà toute prévision, les eaux de source et les eaux pluviales de leur île devinrent de plus en plus insuffisantes pour leurs consommations; afin de subvenir à ce besoin de premier ordre, on tourna les yeux vers l'île de Salsette, à la fois d'un vaste territoire et d'une population très-peu considérable.

Dans cette dernière île, à sept lieues seulement de la grande capitale, entre deux collines assez rapprochées, coule un ruisseau qui reçoit les eaux du territoire central et qui descend droit vers le sud. Un barrage construit de l'une à l'autre colline a permis de former un vaste réservoir où l'on peut réunir jusqu'à *deux millions de mètres cubes* d'eau fournis par une mousson. Tel est le magnifique approvisionnement qu'on s'est proposé d'amener à Bombay par un aqueduc qui traverse la mer entre les deux îles.

Thannah compte environ 12,000 habitants, dont les Portugais, avec des moyens plus ou moins coercitifs, ont fait des chrétiens.

En prenant ce lieu pour centre de ses derniers travaux, notre compatriote Victor Jacquemont a trouvé le terme imprévu de sa laborieuse et périlleuse entreprise. Elle fait trop d'honneur à la France, elle se rattache à trop de souvenirs qui peignent les mœurs des Européens dans l'Inde moderne, pour ne pas l'honorer ici d'un dernier hommage, avec un juste sentiment de fierté patriotique et de légitimes regrets.

Les derniers travaux dans le voisinage de Thannah et la fin du savant naturaliste Victor Jacquemont.

Le 16 septembre 1832, Victor Jacquemont quittait les plateaux élevés du pays mahratte et franchissait la chaîne des Ghauts; il descendait dans le Concan septentrional, animé par le désir de regagner bientôt la France. Cependant il s'arrête à Thannah, qui va devenir le centre d'une exploration dans la contrée circonvoisine. Il veut faire une savante application des découvertes géologiques de son ami, jeune encore et déjà célèbre, M. Élie de Beaumont, « qui regarderait comme un élément de plus grande valeur que tout autre genre d'observations la découverte de couches tertiaires, alluviales, au pied de la chaîne des Ghauts et sur leurs croupes. » Pour ce motif, Jacquemont désirait constater les particularités de leur stratification.

Emporté par son ardeur, il parcourt infatigablement des forêts et des vallées que d'abord il qualifie de très-malsaines, et que bientôt il appellera *pestiférées*. Dans sa dernière excursion, il s'expose pendant douze heures à l'ardeur extrême du soleil; il revient sans forces à Thannah; il y reste alité pendant quinze jours, au mois d'octobre, après avoir employé les remèdes les plus énergiques, sans pouvoir conjurer l'action d'une maladie déjà mortelle. L'espoir lui sourit que le grand air de l'Océan, respiré dans le port de Bombay, va lui rendre la santé; mais en ce lieu si désiré, après trente-huit jours de souffrances infinies, malgré les soins éclairés et dévoués que lui prodigue le docteur anglais Mac. Sennan, il expire le 7 décembre 1832, âgé seulement de trente et un ans, et victime à la fois de son dévouement pour la science et pour l'amitié.

Avec une constance inébranlable, il avait vécu près d'une année dans la patrie des Radjpoutes et des Mahrattes; auparavant, il avait bravé tour à tour le climat des plus hautes montagnes de la terre, les Himâlayas, dont le nom même est celui des neiges éternelles, et les chaleurs des déserts brûlants dont la seule approche avait fait reculer l'intrépidité des vétérans d'Alexandre. Sa force d'âme avait tout bravé, et son tempérament avait tout supporté; mais il était venu défier la mort dans les vallons marécageux du Concan, dont les miasmes méphitiques ne peuvent être dominés par aucune puissance de la volonté.

Ses belles collections de minéraux, de végétaux et d'animaux, amassées avec tant de labeur et de discernement, ont enrichi les collections du Muséum d'histoire naturelle de Paris, aux dépens duquel il avait accompli son voyage. Les éloges décernés à ses travaux par les illustres professeurs de cette institution nationale ont devancé le jugement de l'Europe savante et de la postérité.

Le gouverneur de Bombay, les officiers des administrations publiques, les colons européens et les marins des navires des deux mondes mouillés dans la rade, tous se sont réunis pour honorer les funérailles du voyageur, dont les travaux sont utiles à toutes les nations. La France est heureuse et fière de donner aux États étrangers de si brillants et si courageux explorateurs.

L'œuvre de Jacquemont, pieusement recueillie et mise en ordre, a paru de 1841 à 1844, publiée par MM. Firmin Didot. Ce vaste ouvrage comprend 4 volumes grand in-4°, avec 394 planches et 3 cartes-atlas.

Les personnes peu versées dans l'histoire moderne de l'Orient auront sans doute quelque peine à comprendre les difficultés qu'eut à vaincre le naturaliste français pour être admis à voyager dans l'Inde britannique de 1829 à 1832.

Il avait fallu les recommandations empressées des savants les plus illustres de la France et de l'Angleterre, en faveur d'un jeune homme qui n'offrait encore aucun titre à la renommée, pour triompher des défiances et des méfiances de la Compagnie des Indes britanniques. La circonspecte fondatrice d'un grand empire, qu'elle régissait de si loin, audacieuse quelquefois et plus souvent méticuleuse, avait peut-être appréhendé que, sous le prétexte des études les plus pacifiques, l'œil pénétrant d'un étranger, au lieu de se borner à recueillir des minéraux et des végétaux dans les Himâlayas presque inabordables, n'étudiât plutôt les côtes, les plaines et les fleuves, afin d'en découvrir les parties accessibles et d'en signaler les points vulnérables. Elle aurait eu raison, cette fois, de ne pas croire impossible la réunion que supposent des facultés d'investigation si différentes, et le plus souvent inconciliables. Mais ce que jamais elle n'aurait pu supposer, c'est que le plus humblement doté des voyageurs, à peine débarqué dans la Cité des Palais, à peine en contact avec les Crésus dont la richesse était encore surpassée par la puissance et les honneurs, ce jeune inconnu briserait du premier coup le mur de glace qui sert de rempart à la superbe britannique; c'est qu'en conquérant l'intimité de semblables hôtes par son savoir si varié, son esprit entraînant, son caractère ouvert, sa franchise et sa complète indépendance, il se trouverait enchaîné par l'amitié de ses hôtes et fasciné par leur bon accueil; c'est que, sans y penser, il deviendrait, au fond de l'Asie, plus anglais que les Anglais mêmes: n'aurait plus, disons-le, de regards que pour le spectacle de leur grandeur, n'accorderait son admiration qu'à leur façon d'administrer la justice, en pesant d'un poids égal sur tous les rangs des vaincus, et ne verrait chez les indigènes que des êtres dégradés, indignes de sa sympathie, légitimant par leur servilité leur servitude et méritant son immense dédain. Aussi, bien loin de vouloir étudier à titre de secret, et pour le révéler aux ennemis, comment les dominateurs pourraient être renversés, il a porté sur l'invincibilité militaire et morale de l'Angleterre en Orient des jugements plus favorables, plus passionnés et cependant *plus sûrs* qu'aucun observateur, même anglo-saxon, en ait jamais prononcés. Ces jugements, au bout d'un quart de siècle, ont été confirmés par l'insuccès final de la grande rébellion, qui trompa pendant deux années la courte vue des deux mondes.

L'équité m'impose le devoir de mêler une seule ombre à ce tableau. La coutume des Français n'est pas de juger avec trop peu de pitié des populations faibles, abaissées, asservies. Jacquemont a fait pis : il a versé la dérision sur leur ami, sur lord Héber, quand ce charmant et bienveillant génie a montré, lui, du sang des dominateurs, sa sympathie généreuse et son indulgence pour le caractère des vaincus. Si vingt siècles plus tôt Jacquemont, à l'autre extrémité de l'Asie, s'était abrité sous la tente romaine, et qu'il eût partagé les somptueux repas des Sylla, des Lucullus ou des Pompée, évidemment il aurait donné son admiration aux Romains et son mépris au genre humain subjugué; la fortune aussi, sous les premiers Césars, aurait paru ratifier ce jugement. Néanmoins, après un petit nombre de générations, la vertu de Rome conquérante s'était affaissée sous la bassesse universelle, en pliant sous les lois asservissantes qu'on appelait *le Droit romain*. Ce droit, donné par faveur à tous les peuples vaincus, avait élevé les conquis jusqu'à l'abaissement des maîtres; égalité de légistes, qui n'attendait plus que les libres barbares pour être à son tour anéantie.

Souhaitons pour l'Angleterre et pour l'Inde une marche séculaire qui rapproche les deux contrées par la voie tout opposée de la vertu, de la grandeur et d'une égale liberté. Revenons à notre topographie.

Chemins dirigés de Bombay vers l'Inde à travers l'île de Salsette.

Deux routes principales longent les deux côtés de l'île. L'une côtoie la mer et finit à Ghora-Bandar, vers la rivière de ce nom, qui débouche en face de Bassein; l'autre côtoie la baie intérieure et va bientôt nous occuper.

Lorsque Bombay fut devenue la capitale d'une Présidence presque aussi vaste que la France, le premier besoin du gouvernement et du commerce fut d'ouvrir de grandes communications entre cette ville et les hautes provinces.

Directement en face de Bombay, l'œil du spectateur est frappé par la vue d'une muraille naturelle qui s'élève à près de mille mètres de hauteur et qui se termine par un long plateau, comparable à la *Table-land* du cap de Bonne-Espérance; ce plateau se prolonge du nord au midi, à perte de vue, comme un obstacle infranchissable.

Avant l'ouverture des routes propres au roulage construites par les Anglais, croira-t-on que les récoltes de laine et de coton que les agriculteurs à l'orient des montagnes voulaient envoyer à Bombay ne pouvaient être transportées que sur le dos des bêtes de somme et par des chemins de chèvres?

Kallian. Après avoir suivi la route qui passe de Bombay dans l'île de Salsette, et que déjà nous avons indiquée, puis après avoir franchi le viaduc au midi de Thannah, pour atteindre la terre ferme, on s'avance à travers le bas pays jusqu'à Kallian; c'est une ville très-antique et dont l'importance passée se révèle par les ruines considérables qu'on aperçoit de toutes parts. Chose remarquable, au VIe siècle, elle possédait un clergé chrétien dirigé par un évêque, un nestorien; le fanatisme musulman détruisit cet établissement religieux.

En 1648, un lieutenant du Mahratte Sivadjie conquit le pays de Kallian. Lorsque les Anglais s'établirent à Bombay, c'était sur le marché de la cité dont nous parlons qu'ils allaient chercher les produits nécessaires à leur subsistance; enhardis par leurs succès, les Mahrattes osèrent, dans le siècle suivant, leur interdire cette ressource indispensable. Aussitôt la Compagnie des Indes résolut de conquérir et la ville marchande et toute la plaine du Concan, qui de là s'étend jusqu'à la chaîne des Ghauts; la conquête fut accomplie en 1780.

Sous le point de vue des communications, ce qui rend Kallian de si grande importance, c'est qu'elle est située au confluent de la rivière principale, qui partage ses eaux pour aller à la mer en descendant, par le sud, vers la baie de Bombay, et par le nord, en contournant l'île de Salsette.

Près de cette ville coule une autre rivière ou torrent qui, par une longue vallée, descend du point culminant par où l'on peut franchir la chaîne des Ghauts et pénétrer dans le haut pays des Mahrattes. Cette rivière suit une voie sinueuse qui n'a pas moins de vingt-huit lieues; et, pourtant, le sommet où l'on arrive n'est éloigné de Bombay que de dix-huit lieues, mesurées à vol d'oiseau.

Les communications de Bombay avec les pays de l'Inde, à l'orient de la grande chaîne occidentale dite chaîne des Ghauts.

Chaque année, le directeur métropolitain des chemins de fer de l'Inde, M. Julan Danvers, adresse au secrétaire d'État qui régit cette contrée un rapport raisonné sur les emprunts contractés et les dépenses accomplies en exécutant ces chemins dans les trois Présidences de Calcutta, de Madras et de Bombay. Aussitôt après, ce rapport, transmis à la Chambre des communes, est imprimé parmi les papiers parlementaires. Je me suis fait un devoir de consulter les documents annuels de cette nature; ils m'ont présenté des résultats authentiques et beaucoup de faits précieux. J'ai tâché d'en tirer parti.

C'est dans l'appendice du dernier de ces comptes officiels que j'ai trouvé l'historique des travaux poursuivis afin d'ouvrir d'abord aux routes ordinaires, ensuite aux chemins de fer, la grande chaîne des Ghauts.

Premiers travaux entrepris pour l'exécution des routes empierrées.

Dès le commencement du siècle, le général sir Arthur Wellesley, qui devint duc de Wellington, combattait, avec les Mahrattes de Pounah, contre ceux du pays de Malwa. Ayant apprécié l'importance d'une voie militaire entre les hautes plaines et Bombay, centre de la Présidence occidentale, il avait désiré rendre praticable aux transports d'une artillerie fortement attelée le défilé, le Ghaut de Bhore; il avait d'abord ouvert une route ordinaire depuis le sommet de ce défilé jusqu'à Pounah, en la soutenant par de fortes chaussées en pierre de taille, afin de franchir les ravins qui se trouvaient sur cette direction. Les indigènes appellent encore ce qui reste de ces constructions *les travaux du Sahib Wellesley*.

Sir John Malcolm, un des meilleurs compagnons d'armes de l'illustre sahib européen, étant devenu gouverneur de Bombay, voulut reprendre l'œuvre commencée par son ancien général. Il parvint à faire construire une route praticable, même aux voitures de luxe, à travers la chaîne des Ghauts. En novembre 1830, il écrivait à la Compagnie des Indes : « Le 10 de ce mois, j'ai solennellement ouvert le *Ghaut de Bhore*, et je l'ai franchi le premier *dans une voiture suspendue*. Il m'est impossible de vous donner une idée de cette superbe construction, qui, nous pouvons le dire, brise la muraille élevée par la nature entre les deux contrées du Concan et du Deccan. Elle va faciliter le commerce; elle sera d'un avantage infini pour le mouvement des troupes et des voyageurs civils; elle diminuera le prix des objets qui proviennent d'Europe et d'autres contrées, en faveur du peuple qui vit dans le haut pays. Le revenu public s'accroîtra par une conséquence nécessaire; soyez-en certains, si jamais dans cette partie de l'Hindoustan nous avons la guerre, la dépense première exigée par la route qui traverse les Ghauts sera bientôt compensée par l'économie que fera l'État sur le transport des vivres et du matériel militaire. »

Un progrès en appelle d'autres; c'est en traversant le nouveau passage ou Ghaut de Bhore qu'a circulé la première des malles-postes, montées sur des roues et des ressorts, que les Anglais ont employées dans l'Inde.

Exécution du chemin de fer qui franchit la chaîne des Ghauts par le défilé de Bhore.

Il a fallu surmonter des obstacles d'un ordre nouveau lorsqu'on s'est proposé de traverser ce défilé sans excéder les faibles pentes qu'on ne saurait outre-passer sur un chemin de fer, et qui sont si fort au-dessous des pentes aisément franchissables sur une route ordinaire.

Enfin, toutes les difficultés vaincues et les travaux terminés, le 20 avril 1863, le gouverneur de Bombay, un second Elphinstone, procède à l'ouverture du chemin de fer qui va traverser la grande chaîne occidentale (*Western Ghauts*) par *le même défilé* que sir John Malcolm avait franchi en construisant une route macadamisée.

Avant d'aller plus loin, nous voulons attirer l'attention du lecteur sur un résultat qui mérite ses plus sérieuses réflexions.

Progrès remarquable du commerce de Bombay depuis l'ouverture de la chaîne des Ghauts par une voie carrossable et sa traversée par un chemin de fer.

Nous éprouvons un vif intérêt à rapprocher des deux époques où les deux espèces de communications sont ouvertes pour Bombay les valeurs si merveilleusement accrues du commerce de cette ville.

PARALLÈLE DU COMMERCE DE BOMBAY
LORS DE L'OUVERTURE DE LA CHAÎNE DES GHAUTS, EN 1830 ET 1863.

MOUVEMENT COMMERCIAL.	1re ÉPOQUE. — OUVERTURE par une route empierrée. — 1830.	2e ÉPOQUE. — OUVERTURE par un chemin de fer. — 1863.
	Francs.	Francs.
Importations	29,259,513	725,467,743
Exportations	81,051,818	753,480,110
Totaux	110,311,331	1,478,947,853

A coup sûr, en 1830, les esprits les plus pénétrants n'auraient pas osé prédire qu'un tiers de siècle après l'époque où l'on procurait au commerce un facile et constant passage à travers la chaîne des Ghauts, ce commerce allait devenir *treize fois plus opulent.*

Qui saurait aujourd'hui nous dire quels progrès nouveaux Bombay peut atteindre, à partir de 1863, lorsque le réseau général des chemins de fer sera complété dans l'Inde, lorsque la culture du coton aura reçu tous ses développements, enfin lorsque l'ouverture du canal de Suez aura diminué *de deux mille lieues* l'espace à parcourir entre l'Europe et l'Hindoustan?....

Hâtons-nous maintenant d'expliquer les faits relatifs à l'ouverture du chemin de fer à travers les Cordillières occidentales de l'Inde.

Des difficultés à surmonter, y compris celles du temps. Dans l'année même où la Présidence de Bombay, pour compléter sa première communication avec le haut pays de l'Hindoustan, achevait une simple route empierrée, les

Anglais voyaient opérer sur leurs chemins de fer un prodige qu'on osait à peine attendre de la vapeur : elle transportait et voyageurs et marchandises avec une vitesse merveilleuse dès le début; vitesse qui devait doubler et plus que doubler en moins d'un tiers de siècle.

Il fallut quatorze années avant qu'on osât concevoir la possibilité d'introduire dans les Indes britanniques un moyen de communication si puissant, mais qui commandait d'énormes sacrifices. Dix-neuf autres années durent s'écouler entre cette pensée et la solution de son problème le plus difficile : traverser la chaîne des Ghauts.

A quiconque serait tenté d'accuser ces lenteurs, et les taxerait de faiblesse ou du moins d'incurie, il suffira de rappeler combien de temps s'est écoulé depuis l'invention des locomotives jusqu'à leur conquête des Alpes? Les Français et les Piémontais n'auront fini que dans huit ans la percée du mont Cenis. On va voir quels obstacles effrayants étaient à vaincre dans l'Inde.

L'entreprise a nécessité quatre années d'études préparatoires et d'améliorations successives apportées dans les projets; il en a fallu sept autres, avec un travail continu, pour creuser les souterrains à travers le roc et pour accomplir tous les ouvrages d'art.

Dans le principe, afin de communiquer entre Bombay et l'intérieur de l'Inde, on croyait pouvoir se borner à franchir la grande chaîne de montagnes en n'ouvrant qu'un seul défilé. Au débouché de ce passage unique, on eût divisé la voie : la branche du sud-est aurait passé par la capitale des Mahrattes, en se dirigeant de là sur Madras; la branche du nord-est aurait conduit vers Nagpore, afin d'être en ce point réunie à la ligne qui doit joindre le Gange, à Mirzapour, et descendre à Calcutta.

Un examen plus approfondi des besoins du commerce

a fait préférer, pour franchir la chaîne des Ghauts, de passer par deux défilés, les seuls qui soient d'un très-grand avantage pour traverser une barrière naturelle ayant quatre cents lieues d'étendue. Le défilé du nord s'appelle le *Ghaut de Thul* et celui du midi le *Ghaut de Bhore*. C'est ce dernier dont nous voulons parler et dont les calculs étaient achevés en 1852.

Lors de la première étude, en considérant le caractère abrupte du passage et la hauteur qu'il fallait atteindre, on n'avait pas cru pouvoir opérer une ascension si considérable, dans un parcours très-resserré, sans établir au sommet de la montée *un système de machines fixes* avec *un plan incliné;* on adoptait une pente de cinq pour cent, sur un trajet de 2,142 mètres. Mais ensuite l'exemple des succès obtenus en Europe, surtout pour le passage des Alpes, au Sœmmering en Autriche, donna des idées plus hardies aux ingénieurs de l'Inde; ils cherchèrent et trouvèrent un nouveau tracé qui, moyennant un sacrifice modéré sur la longueur du parcours, rendit possible l'emploi des locomotives ordinaires pour monter en traînant les plus forts convois de voyageurs et de marchandises.

Données numériques qui font connaître l'importance du chemin pour franchir le Ghaut de Bhore. La longueur de la voie montante, depuis la base jusqu'au sommet, est de 25 1/2 kilomètres. Le point où commence la montée se trouve de 59m 1/2 au-dessus du niveau de la mer; et la montée rapide est de 558 mètres. La pente n'est point partout la même; suivant les exigences du terrain, elle varie entre le 49e et le 37e du parcours, c'est-à-dire entre 204 et 270 dix-millièmes.

Il a fallu creuser dans le roc 3,272 mètres de souterrains, en perçant des rochers basaltiques, et construire 2,989 mètres en chaussées ou murailles de soutenement. Ajoutons qu'en quelques endroits la hauteur des soutenements maçonnés n'est pas moindre de 18 mètres, et que le total des déblais, soit de terres, soit de rochers, s'élève *à deux millions et demi de mètres cubes*. Nous citons ces chiffres pour donner une idée de la grandeur des travaux accomplis.

Remarquable énergie des Européens chargés d'exécuter le chemin de fer à travers les Ghauts.

L'ingénieur auquel on doit les projets et la majeure partie de l'exécution, M. Berkley, est mort victime de ses immenses fatigues et des rigueurs du climat. Il a compté sous ses ordres jusqu'à quarante-deux mille ouvriers de toutes professions. Au milieu d'un si grand labeur, une invasion du choléra exerça ses ravages parmi cette armée de travailleurs; mais *le danger ne put ni faire suspendre ni ralentir la direction du principal ingénieur,* et sa vie seule succomba.

L'entrepreneur des travaux, M. Tredwell, a pareillement payé le fatal tribut au climat ainsi qu'à l'excès des fatigues. Aussitôt après sa mort, sa veuve, animée d'un courage au-dessus de son sexe, s'est chargée de continuer l'exécution de ce vaste ouvrage et de suffire à l'alimentation, à la solde des quarante-deux mille travailleurs.

Enfin, le colonel Crawford, l'ingénieur consultant et l'inspecteur du Gouvernement, a subi le même sort que l'ingénieur en chef et l'entrepreneur général.

Ce m'est un devoir de rapporter ces tristes et glorieux détails; ils font voir quel dévouement et quelle énergie étaient nécessaires pour exécuter de si pénibles entreprises, accomplies sur un versant de la chaîne des Ghauts, sous le soleil de la zone torride, avec une armée d'ouvriers civils indigènes qu'il fallait surveiller, instruire et diriger *jusque dans les moindres détails.* C'est à pareil prix que la race britannique a conquis l'Inde et que, malgré sa faiblesse numérique, elle en conserve l'empire.

Terminons en disant que l'ingénieur en chef et l'inspecteur ont trouvé de dignes remplaçants pour conduire l'œuvre à son dernier terme.

La nation mahratte affranchie autour de Pounah :
Le conquérant Sivadjie.

Aussitôt qu'on a franchi le défilé de Bhore, on se trouve sur le chemin de fer qui dépasse déjà Pounah et qui va vivifier un territoire qu'on doit regarder comme le berceau de la puissance mahratte. Reportons-nous à l'origine de cette puissance.

Il y a deux siècles, sa capitale n'était que le chef-lieu d'un simple jaghire qui dépendait du sultan de Bijapour, lui-même vassal du Grand Mogol. Depuis deux générations, une famille hindoue tenait de ce prince, à titre de fief militaire, un grand territoire dont le centre était Pounah.

L'adolescent Sivadjie, troisième héritier de cette famille, possédait au plus haut degré les qualités et les défauts des peuplades mahrattes; il en était ainsi deux fois l'idole.

Il avait pour mentor un brahmane éminent, et sa mère était profondément livrée à la superstition pour les dieux indigènes. Tout nourrissait dans ce jeune cœur la haine des musulmans, spoliateurs des temples hindous et depuis longtemps envahisseurs de sa patrie; ce sentiment fut la source de sa fortune et le principal ressort de sa politique.

Sivadjie nous rappelle la jeunesse de Jugurtha et ses premiers moyens de popularité. Comme le prince numide, robuste, audacieux, infatigable, il s'essayait dès l'adolescence à la chasse des animaux les plus féroces, en suivant ou pour mieux dire en devançant les cavaliers les plus intrépides. Bientôt il les conduisit à des entreprises qui demandaient un autre genre de vaillance, pour s'emparer des châteaux forts érigés au sommet des montagnes; châteaux si nombreux dans le pays des Mahrattes, et que négligeait beaucoup trop le sultan qui régnait sur cette contrée.

Afin de réussir dans ses projets, dit un historien de ce

peuple[1], il empruntait tour à tour la patience, la ruse et l'impétuosité de l'animal carnivore terreur du pays; pareil au tigre, il se tenait aux aguets, invisible, immobile, jusqu'au moment où d'un seul bond il pouvait fondre sur sa proie. De tels succès, obtenus en des régions privées de routes, où les communications étaient fort rares, où des châtelains isolés entraient souvent en collision pour des querelles obscures, expliquent, d'une part, la difficulté qu'on éprouve à présenter le récit des premiers exploits de Sivadjie, qui semblent perdus dans les ténèbres; de l'autre part, la rapidité et l'éclat de ses conquêtes lorsque, l'attention du pouvoir musulman finissant par être éveillée, le conquérant ne pouvait plus grandir inaperçu.

Alors, le sultan de Bijapour, afin de châtier un sujet si coupable à ses yeux, fait marcher une forte armée. Le général qui la commande, quoique musulman, choisit un brahmane lettré, c'est-à-dire qui savait lire, pour porter à Sivadjie l'ordre de mettre bas les armes.

L'artificieux rebelle affecte de promettre en plein jour à cet envoyé la plus complète obéissance envers le sultan; mais, dans le silence et l'obscurité de la nuit, il vient trouver mystérieusement son coreligionnaire. Il se présente à lui comme le libérateur des Hindous, comme un vengeur armé contre les ennemis de leur commune croyance, contre les destructeurs de leurs temples et les oppresseurs de leur nation; c'est le prêtre de Brahma qu'il adjure, au nom des dieux de l'Hindoustan! A cette ardente prière, accompagnée de riches présents, il ajoute la pro-

[1] Le capitaine Grant Duff, l'éloquent auteur de l'*Histoire des Mahrattes;* cet officier avait été longtemps adjoint à Mountstuart Elphinstone auprès du Peschwa des Mahrattes; ce fut alors qu'il recueillit les matériaux de son histoire. La pensée de ce travail lui fut probablement suggérée par le Résident même, qui se préparait à des études d'une tout autre étendue.

messe d'une existence honorée et lucrative dans un municipe mahratte; le brahmane en sera le chef, *le patel héréditaire :* distinction enviée par-dessus toutes les autres!... Gagné par de si puissants moyens, l'envoyé fait serment de seconder Sivadjie et de trahir l'ennemi de leur race. Pour atteindre ce but, il attire le trop confiant général dans une conférence où le rebelle, assure l'envoyé, offre de faire sa complète soumission. De son côté, Sivadjie se prépare à la trahison qu'il a préméditée, comme s'il allait accomplir la plus sainte mission. Il invoque Mahadeo, le dieu si cher aux Mahrattes, et surtout Bhawanie, sa patronne, la terrible déesse de la destruction. Il les supplie d'exaucer son entreprise; puis il demande et reçoit à genoux la bénédiction de sa mère, qui, par son fanatisme, était digne d'avoir porté dans ses flancs un pareil fils. Entre les doigts de sa main gauche il cache un instrument à quatre lames aiguës et courtes, appelé *le wagneck*, *la griffe de tigre*, et dans sa manche droite il glisse un poignard. En arrivant au rendez-vous, à l'instant où les deux chefs vont s'embrasser, Sivadjie enfonce sa griffe de tigre dans le ventre de son adversaire, brave un coup de cimeterre asséné sur son turban, et l'instant d'après plonge son poignard dans le cœur du général musulman. Au milieu du trouble qu'excite cet assassinat, les Mahrattes cachés dans le voisinage sortent de leurs embuscades; de tous côtés, ils surprennent les corps d'une armée que déconcerte la mort de son chef et les mettent en déroute.

On conçoit à présent pour quels motifs, après sa victoire, Sivadjie se compose un Conseil de gouvernement dont tous les membres sont des *brahmanes;* il les établit dans Pounah, ville où son pouvoir a pris naissance.

Grandi par un exploit qu'admire le peuple, et plus que jamais adoré de ses compagnons d'armes, il poursuit à grands pas sa carrière de conquérant et réunit sous sa loi la plupart des tribus mahrattes, implantées sur un territoire plus grand qu'un tiers de la France.

Tel est le centre national d'où rayonnent de tous côtés ses excursions; il ne respecte pas même les sujets immédiats du monarque tout-puissant qui dominait alors dans l'Inde. L'empereur Aureng-Zeb, irrité de se voir bravé de la sorte, déploie ses forces pour exercer contre Sivadjie la plus signalée des vengeances. Malgré son audace, le héros mahratte désespère alors d'échapper à la défaite : il cède; et, cette fois, sa reddition paraît sans arrière-pensée.

Non-seulement il offre de se soumettre, mais il rend sans combat vingt forteresses qu'il pourrait longtemps disputer et qui sont les clefs de ses États. Il fait plus : il part sans escorte, sans armes; il vient se présenter à la cour du moderne roi des rois, qu'on pouvait alors, à juste titre, appeler le Grand Mogol.

Aureng-Zeb, enivré de sa toute-puissance, lorsqu'il tient en ses mains un ennemi si brave et qui se rend à discrétion, ne sait ni l'immoler sans pitié, ni le combler de faveurs et de distinctions pour en faire un grand de son empire et se l'attacher à jamais. C'était pourtant l'un ou l'autre parti qu'il fallait adopter avec un pareil adversaire. Admis à l'audience solennelle de l'orgueilleux empereur, Sivadjie se voit dédaigneusement relégué dans la foule des officiers du dernier rang. Intrépide et bouillant comme Achille, le fier Mahratte ne peut pas retenir ses larmes[1]; et quand sa fureur surmonte enfin sa douleur, hors de lui-même, il tombe sans connaissance.

[1] Toutefois aux grands cœurs donnez quelques faiblesses :
Achille déplairait moins bouillant et moins prompt;
J'aime à lui voir verser des pleurs pour un affront.
(BOILEAU, *Art poétique*, ch. III, v. 104 à 106.)

A peine a-t-il repris ses sens, l'affront lui rend son audace; aidé par sa compagne accoutumée, la ruse, il va commencer un nouveau combat à mort. Il se déguise en fakir et feint un saint pèlerinage au temple de Jaggernauth. Pour ne pas éveiller le moindre soupçon, le faux pèlerin fait lentement à pied plus de deux cents lieues et parvient jusqu'au centre de l'Hindoustan; puis, aussitôt qu'il va toucher sa terre natale, il précipite sa marche et se jette au milieu des siens. Le peuple tout entier, émerveillé de son retour, se soulève en sa faveur. Plus que jamais il en est roi; il bat monnaie dans Pounah, sa primitive capitale. Alors il prend le titre de Maharadjah, de grand radjah.

Tous ses anciens cavaliers montent à cheval et reprennent la lance pour la porter sous sa bannière. La plupart des forts qu'il avait si facilement abandonnés se rendent sans résistance; et ceux qui résistent sont enlevés, après des prodiges de valeur, par ses anciens compagnons d'armes. Nous en offrirons un exemple à jamais mémorable.

C'est, maintenant, une guerre sans merci que Sivadjie va transporter dans toutes les provinces musulmanes. Pour la seconde fois, il saccage Surate, si tentante par sa richesse inépuisable; Surate, le port sacré d'où les sujets mahométans d'Aureng-Zeb partent chaque année afin d'accomplir leur pèlerinage à la Mecque. Il soumet à ses lois le Gouzzerat, puis la province de Malwa, qui pendant plus d'un siècle sera plusieurs fois quittée et reprise. Non content de pareils succès, tournant vers le midi ses armes, il fait éprouver de si grands désastres aux princes de Bijapour et de Golconde, qu'il les réduit à lui payer le tribut insolent du *Chout :* tribut qu'après lui les Mahrattes étendront par degrés à l'Inde entière, en promettant aux États soumis à ce vasselage qu'ils seront, moyennant ce prix honteux, exempts d'invasion et de pillage.

. . . .

La lutte de Sivadjie contre l'empereur musulman, après avoir duré vingt années, finit en 1682. A cette époque, le conquérant, emporté par une fièvre violente, comptait à peine cinquante ans, et laissait à ses héritiers un royaume aussi vaste que la Grande-Bretagne. Il avait dans l'esprit et dans l'imagination des ressources inépuisables; tour à tour il excellait à simuler comme à dissimuler, afin d'accomplir ses desseins toujours nouveaux. Dans les combats, sa vaillance était héroïque; son énergie ne l'abandonna qu'une fois, et pour peu de temps, au milieu des périls étrangers aux batailles. Mais il était fourbe et sanguinaire; il faisait fi de toute bonne foi, excepté seulement avec ses soldats.

Son fils Sambadjie lui succède sans conteste; il règne dix ans et se croit assez redoutable pour oublier les affaires au sein des plaisirs. Aureng-Zeb, désespérant de le vaincre par la force, l'attire dans un guet-apens et fait mourir sous ses yeux ce rejeton de son ennemi le plus abhorré.

Un autre héritier de Sivadjie, plus digne de son ancêtre, renouvelle la lutte; il la poursuit avec un avantage sans cesse croissant contre l'empereur de Delhi, qui s'était déshonoré par cette odieuse trahison.

Ce fut à la fin du troisième règne que les présidents du Conseil d'État des brahmanes, sous le titre de Peschwas, acquirent une suprême influence. Comme nous l'avons expliqué précédemment, ils finirent par s'emparer du pouvoir royal et reléguèrent la postérité de Sivadjie dans le fort de Satara, tandis que ces nouveaux maires du palais usurpaient le trône de Pounah.

Description de Pounah.

On pourra maintenant comprendre la physionomie d'une ville où tout rappelle encore le caractère politique et religieux de la puissance mahratte.

La capitale d'un État si souvent en guerre avec ses voisins resta toujours sans remparts. Il fallait qu'elle pût être prise par l'ennemi sans entraîner la perte du gouvernement, et sans que les envahisseurs trouvassent préparé le moyen de faire une résistance insurmontable. Un tel système était nécessaire chez une nation qui n'avait pas d'armée permanente, et qui, pour assurer son triomphe définitif, comptait beaucoup moins sur sa défense intérieure que sur le ravage et la désolation des pays ennemis.

Dans les beaux temps de la puissance mahratte, on assure que Pounah contenait 160,000 habitants, nombre aujourd'hui réduit de moitié. D'après une idée bizarre et peut-être mystique, elle était divisée en sept quartiers qui correspondaient au nombre des planètes, comme à celui des jours de la semaine. Construite avec aussi peu de symétrie et de régularité que la plupart des villes de l'Inde, même à présent elle ne présente qu'un labyrinthe inextricable de rues, la plupart étroites et tortueuses. Chacune d'elles porte le nom d'une divinité brahmanique, et leur grand nombre est loin d'avoir épuisé la plus prodigue de toutes les mythologies. Dans les quartiers principaux, la façade des maisons est couverte de peintures à fresque en général assez grossières; elles représentent les scènes les plus populaires empruntées à la légende des dieux hindous.

Il ne faut point qu'on espère trouver dans Pounah quelque grande construction civile ou religieuse, ni les vastes temples, ni les somptueux palais qui perpétuent la mémoire d'une autonomie puissante. Un demi-siècle ne s'est pas encore écoulé depuis que les Mahrattes ont perdu l'indépendance. Néanmoins, dans leur capitale, on cherche en vain quelque monument propre à rappeler un gouvernement national et les hauts faits d'un peuple qui, poussant si loin ses conquêtes, en rapporta tant de dépouilles.

Les habitations qui distinguaient les principaux chefs mahrattes sont maintenant en ruine. Dans l'Inde, partout où l'Angleterre arbore son drapeau, l'aristocratie ne peut plus vivre, et finit bientôt par disparaître.

Au milieu du quartier marchand, près du bazar, on voit encore un vieux et sombre château fort remarquable pour ses épaisses murailles, qui sont flanquées de quatre énormes tours; c'est là que résidaient les Peschwas et qu'ils tenaient leur Conseil de brahmanes.

Dans une rue qui touche à ce palais, on faisait périr sous les pieds des éléphants, dressés à l'office de bourreau, les grands personnages que voulait sacrifier la vengeance ou la justice du despote. Assis sur le balcon qui surmontait la porte d'entrée de sa forteresse, le Peschwa prenait parfois l'infâme plaisir d'assister à ce spectacle.

Pour ne pas rester toujours enfermé dans sa triste citadelle, le chef de l'État avait fait construire, au voisinage de sa capitale, une villa délicieuse; elle s'étendait au bord d'un lac parsemé de petites îles et réunissait aux plus frais ombrages d'élégants parterres de fleurs. Ce beau séjour s'appelait *le Jardin Diamant, le Hira-Bagh.*

A proximité de la royale villa s'élève le mont Parvati, ainsi nommé parce qu'à son sommet domine un temple où l'on adore la déesse Parvati, protectrice des Mahrattes.

L'ancienne fête brahmanique de Pounah. Au pied du mont que nous venons de désigner se trouvait un très-vaste champ, où l'on célébrait chaque année la fête nationale qui portait un double caractère : la superstition hindoue et la déprédation préméditée sans remords.

Au retour de l'automne, au milieu d'octobre, lorsqu'arrivait la fin de la mousson et de ses pluies, on ouvrait une enceinte immense entourée de tous côtés par de hautes murailles. Dans cet enclos, au jour désigné pour la fête, on faisait entrer une multitude incroyable de brahmanes accourus de toutes les parties de l'Inde centrale et méridionale, en jouant le rôle de mendiants, de fakirs, comme Sivadjie quand il se sauva de Delhi. Chacun d'eux recevait une largesse du Gouvernement hindou; mais, afin d'éviter la fraude, on les marquait tous d'un même signe sur leurs vêtements. Ensuite, on les faisait sortir en leur distribuant une somme qui variait de 7 fr. 50 cent. à 12 francs 50 cent. par personne. Quelque faible que fût le présent offert à chaque individu, la dépense totale s'est élevée parfois jusqu'à 1,500,000 francs; ce qui supposait au moins cent cinquante mille brahmanes réunis et gratifiés.

Quand les Anglais sont devenus les maîtres du pays, ils ont voulu rendre moins dispendieuse et plus utile une générosité qui, pour eux, n'avait plus sa raison d'être. Au lieu de donner sans exception à tous les représentants de la caste sacrée, ils ne gratifient plus que les brahmanes qui se montrent un peu lettrés. Cette condition, jusqu'alors inouïe, diminue singulièrement le nombre des récompenses. Le sacrifice qu'elles exigent aujourd'hui ne s'élève plus guère qu'à 80,000 ou 90,000 francs; encore, pour atteindre ces chiffres modestes, le dirons-nous, il faut que les derniers brahmanes, admis à titre d'érudits ou de savants, soient encore bien voisins de l'ignorance.

Éducation publique, religieuse et civile. Les dominateurs européens ont senti qu'il fallait faire quelque chose de plus pour se concilier le sentiment religieux d'un peuple qui fut si longtemps gouverné par un pouvoir théocratique. Lorsque Mountstuart Elphinstone, en premier lieu Résident à la cour du Peschwa, devint Commissaire suprême du pays mahratte, et bientôt après administra la Présidence de Bombay, il établit dans Pounah le Collége dont l'enseignement a pour objet de conserver *la langue pure, le sanscrit* des brahmanes; en même temps, il s'occupa de créer l'instruction primaire en faveur d'un peuple qui jusqu'alors avait croupi dans l'ignorance. Plus tard, il a fondé dans la même cité pour les classes moyennes et supérieures un autre collége, mi-parti d'enseignement indigène et britannique. En 1860, cette école, qui se rattache à l'université de Bombay, ne comptait pas moins de cent cinquante élèves, espoir de la future civilisation.

Dans ces derniers temps, afin de satisfaire aux besoins des travaux publics, on a doté Pounah d'une institution spéciale pour la formation des *ingénieurs civils.*

La fête guerrière et politique. Passons maintenant au côté politique et guerrier de la fête des Mahrattes; elle était célébrée au moment précieux où la saison pluviale expire dans l'Inde, où, les chevaux pouvant cheminer sur un sol raffermi, il devient possible d'entreprendre et de poursuivre à de vastes distances les invasions militaires. Les grands chefs des Mahrattes accouraient alors, conduisant avec eux des escadrons d'innombrables vassaux. Rangée suivant l'ordre de préséance, cette cavalerie défilait devant le Peschwa, tandis que le prince, en grand appareil de souverain, se tenait sur le vaste balcon qui dominait le portail de son château. La revue terminée, les chefs se concertaient pour mettre à profit la saison si désirée où les pluies, cessant d'effondrer les sentiers naturels, seules routes alors existantes, permettaient les excursions piratesques dans les contrées qu'il convenait seulement de ravager, ou de conquérir en les ravageant. Telle était la fête d'automne, ayant pour vœu, pour espérance le pillage; tandis qu'au printemps l'agriculture, qui chérit la paix et vit du respect de la propriété, invoquait la fécondité de la nature et ses présents payés par des sueurs légitimes.

L'orgueil et les préjugés d'un gouvernement de brahmanes.

Nous avons déjà dit que le Peschwa et ses Conseillers étaient tous brahmanes. Il ne suffisait pas à ces gouvernants d'être élevés par leur naissance au-dessus des castes profanes; ils se divisaient en huit classes, qui se prétendaient plus ou moins saintes et qui se méprisaient de degrés en degrés. Le dernier Peschwa qui gouverna les Mahrattes, nommé dans un moment de troubles politiques, appartenait à la moins élevée de ces subdivisions, et les brahmanes des rangs les plus élevés auraient regardé comme une souillure de partager leurs repas avec ce chef de l'État. On cite un fait dont l'humiliation eut l'Hindoustan tout entier pour témoin. Dans le site révéré des sources du Godavery, situées au nord de Pounah, le Peschwa venait chaque année adorer, au nom du peuple mahratte, la divinité qui préside à ce grand fleuve. Le représentant de la nation, malgré le respect qu'inspire toujours un trône, n'obtint pas la permission de descendre le Ghaut, l'escalier d'honneur réservé pour la première classe des brahmanes; il n'eut pas l'honneur de se plonger au milieu d'eux dans les eaux sacrées.

Badji-Rao, qui, même au comble de sa prospérité, subissait cet affront, et que les Anglais, après avoir pris ses États, avaient consolé par une large dotation, ce Peschwa laissa pour succéder à sa fortune un fils adoptif, le trop célèbre Nana-Sahib, qui devait un jour rappeler Mithridate par la cruauté, mais non point par le génie. Ce futur héritier, dès son jeune âge, s'était approprié la langue, l'élégance et les mœurs dissolues de la jeunesse dorée des dominateurs européens. Rien chez lui ne rappelait plus un prince indigène, et pourtant il ne put trouver grâce aux yeux de l'avare Compagnie; elle refusa de lui conserver la liste civile paternelle, faible reliquat d'un royaume qui, d'après la loi des Hindous, était transmissible en vertu de l'adoption. Quand éclata la grande rébellion de 1857, on sait quelle odieuse et terrible vengeance Nana tira de ce refus, qu'il qualifiait d'infâme spoliation.

Les Parsis à Pounah. Depuis la conquête de Pounah par les Anglais, des Parsis sont venus y déployer leur industrie. A l'orient de la ville, sir Jamschidji Jijibhoy, le plus célèbre d'entre eux, a fait bâtir une somptueuse villa entourée d'un vaste jardin, auprès duquel il a construit un temple pour le dieu de sa nation. Il a consacré 250,000 francs à la création d'un collége pour l'enseignement supérieur du peuple mahratte. On doit encore à sa munificence une grande chaussée, ayant pour objet d'exhausser les eaux qui se réunissent au-dessous de Pounah; elles sont de là dérivées avec un avantage infini jusqu'au cantonnement militaire de Kirkie.

Ce vaste cantonnement sert de station principale à l'armée de Bombay; la salubrité de ce beau séjour et son site élevé, qui rend la chaleur moins accablante, en ont justifié le choix, commandé d'ailleurs par l'importance de la capitale mahratte.

Pounah, centre législatif. La salubrité n'est pas moindre à Pounah : elle a décidé le gouverneur de la Présidence à transférer son Conseil législatif en cette ville pendant la chaude saison, si malsaine à Bombay; de là, par le télégraphe, il dirige les affaires. Toutes les dispositions qui viennent d'être énumérées présagent un magnifique avenir à la cité dont nous faisons ici l'étude.

Monts isolés et fortifiés dans la plaine de Pounah : Singh-Garh.

Comme l'exemple le plus remarquable des monts isolés

qui sont nombreux dans le plat pays dont cette ville est le centre, nous pouvons citer la position de Singh-Garh; elle est devenue célèbre, à juste titre, par un des plus étonnants faits d'armes qui puissent caractériser l'audace et la bravoure des Mahrattes.

A quatre lieues au midi de Pounah s'élève une montagne considérable, que la nature a pris soin d'escarper. L'art s'est efforcé d'ajouter à cet escarpement par des murailles flanquées de tours qui couronnent les sommités les plus abruptes. La place, fortifiée avec un tel soin, n'a pas moins de trois quarts de lieue de circonférence.

En 1670, ce vaste et redoutable nid d'aigles était défendu par une garnison de vaillants Radjpoutes, qui le gardaient au nom de l'empereur Aureng-Zeb. Pour s'en emparer, l'entreprenant Sivadjie fit choix de Tanadjie-Malusré, son ami le plus fidèle et son premier lieutenant, intrépide entre tous. Afin d'enlever par surprise une forteresse qui semblait défier toute attaque de vive force, Tanadjie profite d'une nuit très-obscure. Il tient massée dans des gorges profondes une moitié de ses soldats; il cache l'autre au pied de la partie la moins surveillée et la plus escarpée du mont Singh-Garh. Un des assaillants gravit de rochers en rochers jusqu'au sommet de l'escarpement naturel; il fixe en ce point une échelle de corde dont il laisse tomber le bout libre jusqu'à terre. Aussitôt des soldats choisis s'en servent pour se hisser jusqu'au pied de l'enceinte. Déjà trois cents hommes ont gravi cette hauteur dans le plus complet silence, lorsqu'un bruit accidentel donne l'éveil aux défenseurs; ceux-ci font effort pour repousser les trois cents guerriers groupés au bas du rempart qu'ils tentent d'escalader. Dans cet assaut est tué le vaillant Tanadjie; mais son frère, qui commandait la réserve, profitant du trouble occasionné par le combat, a pénétré dans la place par les sentiers accoutumés qui mènent à la partie des fortifications que les défenseurs ont délaissée pour courir tous à l'endroit assailli. Il prend à revers les assiégés, en faisant entendre le terrible cri de guerre des Mahrattes, *har, har! Mahadeo, Mahadeo!* Tout cède à de tels efforts; et la garnison radjpoute, presque sans réserve, est exterminée.

En apprenant ce merveilleux exploit, le fondateur du nouvel empire ne put pas être consolé, car il n'avait conquis une place renommée comme imprenable qu'au prix des jours de son plus intrépide général. « L'antre est à nous, s'écria-t-il; mais, en le forçant, le lion a perdu la vie. » Alors il nomma la forteresse qu'il venait d'acquérir *la forteresse du Lion*, SINGH-GARH : nom si noblement mérité par l'héroïsme du guerrier dont la mort avait payé sa possession.

Un fait de guerre semblable à celui qu'on vient de citer est célébré comme incomparable par les historiens d'Alexandre, sans mieux mériter d'être admiré. Mais Alexandre, comme tous les conquérants extraordinaires, fascinant les yeux de la postérité, semble grandir de toute sa gloire chacun des faits d'armes dont l'ensemble compose sa renommée.

Lorsque les Anglais ont attaqué les forteresses du pays mahratte, ils n'ont pas eu besoin d'un courage aussi rare ni d'aussi puissants efforts que ceux dont nous venons d'offrir le récit. Ils se sont contentés de bombarder à distance le sommet des monts fortifiés, d'en brûler les édifices et d'en exterminer les défenseurs à force de projectiles. Ensuite, ils ont démantelé la plupart des places qu'ils ont forcées de se rendre; dans leurs mains, elles devenaient sans utilité sous un régime où les ennemis extérieurs allaient bientôt manquer après des conquêtes qui finissaient par tout envahir. Cependant leur prudence a respecté les fortifications de Singh-Garh; dans un cas de rébellion, cette place aurait un grand avantage. En effet, défendue par des Européens, cette formidable position ne pourrait pas être forcée par les indigènes.

Description d'un bourg mahratte.

Il ne suffit pas que nous ayons fait connaître la capitale de l'ancien gouvernement des Peschwas; il faut porter nos regards sur le peuple des campagnes et sur leurs habitations groupées par petites villes et par villages.

Rien n'était plus curieux que l'aspect d'un bourg mahratte tel qu'il existait, en général, quand les Anglais ont achevé leur conquête; en voici la description, que nous pouvons présenter d'après un scrupuleux observateur.

L'ensemble des habitations est entouré d'un modeste rempart d'argile, fait en pisé que le soleil a durci. L'enceinte est de forme à peu près circulaire, avec un relief qui n'excède pas trois à quatre mètres de hauteur; on y pénètre par deux portes misérables, dont l'encadrement est un grossier châssis en bois. L'intérieur présente le triste aspect de l'indigence et de la saleté; rien qui soit régulier, rien qui soit confortable. Les rues, les ruelles, sont tracées au hasard, sans aucun dessein de faciliter la circulation. Les maisons, avec la terrasse qui les surmonte, sont construites en terre; et le peuple, encore plus pauvre que ses demeures, loge avec son bétail sous des abris en paille adossés au rustique pisé des murs.

Un bourg de moyenne grandeur compte quelque peu plus de cent maisons, auxquelles il faut ajouter la maison municipale, deux ou trois petits temples hindous, et parfois les ruines d'un oratoire musulman.

Il est curieux de connaître la valeur qu'avaient les habitations, il y a près d'un demi-siècle, quand les Anglais devinrent maîtres du pays.

Une maison des moins mauvaises, couverte de sa terrasse, destinée pour une famille de cultivateurs qui nourrissaient six à huit bêtes à cornes, cette maison, mesurant 15 mètres de long sur 10 mètres de large, ne valait que 750 francs. Telle était la somptuosité *d'un petit bourgeois.*

Pour les plus pauvres habitants, la maison avait seulement 3 mètres 1/2 de long sur 1 mètre 1/2 de large; on conçoit, vu sa petitesse, *qu'il fallait coucher dehors.* Elle était estimée de 60 à 75 francs.

Certainement, à côté des prix d'une incroyable modicité que nous venons d'indiquer pour les habitations, on trouvera considérable cette autre évaluation : 50 francs pour le mobilier complet du maître de maison, et surtout 47 francs pour la totalité de sa garde-robe et de ses armes.

J'ai besoin d'ajouter que les dimensions et les valeurs ici rapportées sont consignées dans les Transactions de la Société asiatique de Bombay, par le savant qui les a constatées sur les lieux.

Les infortunés *parias*, qui n'appartiennent pas même à la dernière des castes hindoues, sont relégués en dehors du bourg; ils se réfugient dans des masures isolées, encore plus misérables que celles de la dernière classe dont nous avons fait connaître la désolante médiocrité.

Au milieu de la pauvreté générale du bourg, deux ou trois maisons *aristocratiques* présentaient le luxe d'un étage au-dessus du rez-de-chaussée. Elles appartenaient à des familles qui, précédemment, avaient été dotées d'un revenu de l'État imputé sur les propriétés publiques. Chaque maître de ce genre d'habitations possédait un cheval, avec lequel il devait toujours être prêt à servir le

Gouvernement. Les cavaliers ainsi dotés étaient comparables à ceux des premiers temps de Rome et de sa banlieue, lesquels servaient la république avec un cheval de l'État, qui leur donnait le titre de chevaliers. On admet que chaque maison, parmi celles qui formaient la classe supérieure, valait environ 2,500 francs, c'est-à-dire trois fois autant que la maison d'un habitant de classe moyenne.

L'institution dont nous signalons ici la trace peut servir à nous faire comprendre ces grandes expéditions tentées par une cavalerie qui, pendant si longtemps, porta l'effroi dans toutes les parties de l'Inde. Au premier signal de leurs chefs, les cavaliers en armes sortaient de tous les villages mahrattes. Ils allaient au loin répandre la terreur; puis, la campagne terminée, ils rapportaient dans leur pays natal les dépouilles enlevées aux peuples rançonnés. Avec de telles ressources, ils se faisaient bâtir des demeures quarante fois moins pauvres que celles des moindres cultivateurs attachés à la glèbe.

Au milieu du village, le temple du dieu populaire, Mahadeo, a seulement 5 mètres de longueur sur 3 de largeur; c'est à peine la grandeur du plus chétif oratoire. Mais, sous la zone torride, les temples ne peuvent pas, comme dans les pays du Nord, tenir enfermés les adorateurs de la divinité. La chaleur au milieu d'eux serait insupportable; elle propagerait toute espèce d'épidémie et produirait un dommage universel.

Les pieux édifices dont nous indiquons les proportions exiguës, et quelques autres plus petits encore, servent d'hôtellerie pour recevoir les rares voyageurs. C'est le seul asile qu'on leur ait trouvé; parce que les bourgs ne possèdent aucune auberge, et n'ont pas même de tavernes où les étrangers puissent trouver un abri.

De l'établissement territorial dans le pays des Mahrattes.

Dans la grande Enquête sur la colonisation de l'Inde[1], j'ai distingué la description de l'établissement territorial tel qu'il existe aujourd'hui dans le pays des Mahrattes. Elle est présentée par le major Georges Wingate, qui durant quinze ans a résidé dans cette contrée. Pendant la moitié de l'année, il passait la nuit sous la tente et le jour au milieu des cultivateurs; il a donc pu connaître à fond leur situation et leur caractère. Il travaillait au cadastre afin d'établir, d'après la nature et l'étendue des propriétés, la répartition de l'impôt territorial. Les renseignements qu'il présente sont pleins d'intérêt.

Dans la Présidence de Bombay, l'établissement territorial est ainsi constitué pour chaque village : les terres sont divisées, entre les familles de cultivateurs, par lots appropriés à la culture. Ces lots, limités avec des bornes authentiquement posées, sont rendus permanents au moyen de l'impôt qui les constate. Chaque tenancier est responsable de la redevance ou rente publique attachée à sa portion; par cela même, il n'est en rien responsable des revenus à percevoir sur les autres terres du village. Grâce à l'authenticité d'un tel établissement, le détenteur de chaque lot en devient, s'il ne l'est déjà, le propriétaire incommutable. Il a la complète liberté de l'affermer, de l'engager, de le transférer ou de le vendre; en un mot, il en dispose à son libre arbitre.

Tel est l'établissement appelé *Ryotwari*, système perfectionné qui, maintenant, est la loi générale. Sous l'ancien ordre des choses, qui portait ce même nom, l'impôt était

[1] Question 7596.

trop accablant; il empêchait l'agrandissement et l'amélioration des propriétés foncières.

Le principe excellent d'après lequel tout cultivateur possédait de droit la terre fécondée par son travail remonte à la plus haute antiquité chez les Mahrattes; mais l'ancien système n'admettait pas que la terre, au gré du possesseur, pût changer de maître, ni qu'elle pût être engagée, hypothéquée, etc. C'est une faculté nouvelle donnée aux Indiens, rendus *complétement* propriétaires.

Depuis la conquête par les Anglais, l'assiette de l'impôt est établie *pour trente années* sans altération intermédiaire. Chaque fois que cette assiette sera renouvelée, on confirmera, s'il en est besoin, les titres antérieurs; en même temps, on légalisera les titres acquis et légitimes qui n'existaient pas à l'époque de l'assiette précédente.

Lors d'une révision trentenaire, le taux proportionnel de l'impôt peut être soit élevé, soit abaissé; mais il doit l'être suivant une proportion générale, et non pas avec inégalité sur des lots particuliers, ni par des opérations qui frapperaient isolément tel ou tel individu.

On laisse à chaque possesseur une année pour payer l'impôt d'après la nouvelle fixation. S'il annonce au Gouvernement qu'il abandonne une partie de sa terre, il a le droit d'y renoncer; dès cet instant, il n'en dessert plus la rente publique. S'il éprouve quelque infortune, telle que la mortalité qui frappe une partie de son bétail, s'il perd ses moissons par l'effet des sécheresses ou par toute autre calamité, il a le droit de restreindre sa culture en raison de ses facultés; il peut abandonner la partie la moins bonne de ses champs, et conserver celle qu'il a le plus améliorée ou qu'il croit la plus productive. On considère une pareille faculté comme avantageuse et pour les cultivateurs et même pour le travail de la terre. Il est évident que le Ryot n'abandonne ainsi que les parties de son lot qu'il ne pourrait ni vendre ni louer avec bénéfice, et de manière à lui garantir, en produit net, au moins l'impôt dont il serait responsable sur ces portions de mauvais terrains.

Heureux effets produits dans le district d'Indapour.

En 1849, M. Frere, devenu plus tard Commissaire en chef dans le pays du Sindhe, rend un compte officiel des progrès du district d'*Indapour,* dans la province de Pounah; il parle d'après une sérieuse épreuve sur l'assiette de l'impôt territorial (*Ryotwari settlement*).

Cet administrateur écrit de Satara à son supérieur, M. William Ramsay : « Il y a précisément quatorze années depuis que vous m'avez rappelé du pays d'Indapour. Jamais je n'aurais pu croire que ce court laps de temps eût été si grandement favorable à ce pauvre district du Deccan. Sans doute il continue d'être un des moins favorisés de la nature : c'est un sol dépouillé (*barren*), et très-peu pourvu d'eaux courantes, à qui le climat n'accorde, au milieu des chaleurs, que des pluies incertaines et rarement abondantes ; mais, autant qu'il se pouvait faire, ces désavantages ont été compensés par l'équité de l'Administration. Vous vous rappelez qu'en 1834 plus des deux tiers du territoire étaient en friche; à présent, on ne trouve aucun terrain qui ne soit emblavé, s'il n'est pas expressément réservé pour le pâturage. Les labours étaient alors aussi légers qu'imparfaits; ils égalent aujourd'hui ceux des cultures excellentes pratiquées dans la vallée du fleuve Krischna. Ils sont très-supérieurs à ceux des villages du Satara, sur le bord occidental de la Niora; tandis que ce dernier pays, en 1834 et 1835, était au contraire très-supérieur à l'état des champs d'Indapour. Dans le district de Satara, la présente année est désastreuse à cause de la sécheresse, et beaucoup de hameaux n'ont pas recueilli de moissons; en quelques-uns de leurs champs, la semence au lieu de germer s'est pourrie; en d'autres, les jeunes pousses sont étouffées par les mauvaises herbes. Eh bien! dans le même temps, le peuple d'Indapour a créé des récoltes qui suffisent encore pour le nourrir et payer sa contribution, quoiqu'il ne les ait obtenues, m'a-t-on dit, qu'à force de labeur, avec les plus grands sacrifices de semences. Il a fallu qu'un certain nombre de fermiers emblavassent la même terre *jusqu'à quatre fois* avant que le blé poussât et prospérât. Sans cet énorme travail des cultivateurs, car leur travail a tout fait, sans l'avantage de posséder beaucoup de bétail, d'avoir de fortes épargnes, et d'être animés d'un grand courage, leurs efforts auraient échoué. Ajoutons qu'à présent, même dans les années les plus mauvaises, ils parviennent à payer toutes leurs contributions; ce que ne peut faire, en pareil cas, le cultivateur de Satara.

«Dans le district d'Indapour, il n'est aucune bourgade où je n'aie remarqué les preuves d'une prospérité récente : j'ai vu des maisons *à deux étages* et de fraîche construction; j'ai vu des maisons municipales et des temples hindous nouvellement érigés, des murs défensifs bâtis pour entourer les villages, des portes de ville établies pour achever la clôture urbaine. Trois bourgs que j'avais laissés inhabités et dévastés, il y a quatorze ans, sont redevenus populeux et florissants; des créations modernes de hameaux se font remarquer dans une foule d'endroits.

«Au milieu de cette prospérité champêtre, les avides prêteurs d'argent se plaignaient à moi qu'on ne faisait plus de commerce à la campagne; mais, après examen, j'ai reconnu que c'était *le trafic de l'usure* qui seul était déchu. Les Ryots ont tellement amélioré leurs cultures qu'ils ont acquis une véritable indépendance. Ils n'ont plus besoin d'emprunter; ou, du moins, ils sont en position de n'emprunter *qu'à des termes raisonnables*, en résistant à l'extorsion. Ils ne payent plus aujourd'hui qu'un intérêt compris entre dix et douze pour cent, intérêt modéré dans l'Inde; tandis qu'auparavant l'insatiable usurier exigeait d'eux, suivant l'excès de leur misère, depuis *douze jusqu'à cinquante pour cent.* » Qui ne bénirait pas un changement si fortuné!

« Le nombre des étalages où l'on vend des objets utiles est singulièrement augmenté. Dans le bazar d'Indapour, il a plus que doublé; à Kullus, où le marché public était en ruine, où l'on ne voyait plus debout qu'une boutique, il y en a maintenant vingt-trois! En 1835, on ne trouvait pas dans tout le district *un seul chariot à roues en bois;* les tombereaux n'étaient montés que sur de grossiers *rouleaux en pierre*, pour le transport du fumier; encore étaient-ils fort rares. A présent, en me plaçant à la porte d'Indapour, j'ai compté, comme appartenant au bazar, plus de *cent voitures* à solides roues en bois; et dans chaque hameau j'en ai remarqué plusieurs du même genre.

« La métamorphose vraiment merveilleuse est celle du peuple même. Les habitants du district étaient autrefois les plus misérables et les plus dégradés de tout le Deccan; ils sont devenus prospères, indépendants et vraiment hommes. Ils ont du cœur! et leur reconnaissance éclate au sujet du bien qu'on leur a fait. Lorsqu'ils apprirent que j'allais arriver, ils vinrent en foule au-devant de moi, ravis qu'ils étaient de revoir un des officiers chargés d'opérer le grand allégement sur le revenu public dont l'excès grevait autrefois leurs terres; c'était à qui trouverait le moyen de me témoigner leur plaisir de me revoir.

« Les officiers du district établis ici par vous dans le principe, écrit encore M. Frere à M. Ramsay, s'informèrent beaucoup à votre sujet; ils me conduisirent jusqu'à la maison, chère à leur mémoire, que vous avez habitée quand vous êtes venu dans le pays. J'étais accablé de questions sur M. Goldsmid, l'un des derniers assesseurs du revenu; chacun avait quelque bon souvenir à me rappeler ou des questions touchantes à me faire sur cet administrateur. Il a les meilleures chances d'être érigé par la reconnaissance populaire en divinité de village, à côté du grand Mahadeo.

« J'ai la conviction intime qu'il ne serait pas facile de tramer ici des rébellions. Les faits que je viens de citer m'ont démontré, plus que jamais, que le maintien de notre pouvoir sur le peuple du Deccan tient à la bonne et bienveillante administration du revenu territorial. L'effet n'en est pas restreint aux seuls districts de ce collectorat; on l'éprouve également à Satara. Je suis certain qu'un tel bienfait est le plus efficace, et peut-être le seul qui contre-balance les mécontentements des anciens chefs du pays. Il est évident que les classes supérieures sont chagrines, malveillantes et pleines de soupçons; une étincelle les mettrait en feu, *a spark would set them in a blaze.* Mais, en tous lieux, les classes inférieures ont bon espoir en nos mesures libérales; elles sont persuadées que la réduction des charges qui pèsent sur la terre devra bientôt améliorer leur sort. Sans cesse les Ryots m'interrogeaient à ce sujet et me disaient souvent: « Autrefois nous avons « eu beaucoup de bons chefs; mais la Compagnie est le « seul gouvernement qui de son plein gré, sans qu'on l'y « contraignît, ait réduit ses perceptions aux limites fixées « par les Shastras[1]. » Peut-être le fait le plus saisissant

[1] Les livres sacrés.

qu'offre Indapour, c'est que, excepté dans les deux années d'administration de Goldsmid et de Mansfield, le district n'a plus obtenu d'avantages particuliers. Tant est grand l'effet primitif d'une équitable et bienveillante administration financière! Ajoutons que cette bonne fortune est commune aux autres parties du collectorat de Pounah. »

C'est M. Ramsay, Commissaire supérieur, qui, d'après les représentations aussi sages qu'humaines de M. Goldsmid, avait ordonné la première expérience d'un établissement immuable pour trente années, lequel a produit ces excellents résultats par un allégement bien calculé de l'impôt primordial et par la sécurité nouvelle donnée à la propriété. Les Ryots sont affranchis de toutes les espèces d'oppression qu'ils pouvaient autrefois redouter, soit des fiscaux de village, soit des officiers ayant un rang plus élevé. Dès l'instant qu'ils payent une contribution assez modérée, et toujours connue d'avance, le trésor n'a rien à leur demander. Ils sont en parfaite liberté de cultiver leurs terres ainsi qu'ils l'entendent et d'en disposer à leur gré. Les intérêts de chacun ne sont pas mêlés avec ceux des autres habitants d'un même village; nul ne doit payer pour la négligence et pour l'impéritie d'autrui. En un mot, l'avenir du cultivateur ne dépend plus que de ses efforts, de son intelligence et de sa bonne conduite.

On éprouve un noble plaisir en voyant un peuple spontanément soulagé par l'autorité supérieure, cessant d'être accablé sous le poids des impôts excessifs, et s'avançant d'un pas rapide vers un bien-être progressif, sans jamais oublier une juste reconnaissance.

Collectorat de Satara.

Ce collectorat s'étend à l'occident de la chaîne des

Ghauts, sur un plateau qui s'élève assez au-dessus de la mer pour offrir aux habitants un climat supportable, quoiqu'il appartienne à la zone torride. Le pays est arrosé naturellement de manière à permettre la culture de nombreuses rizières.

Ville et forteresse de Satara.

Situation géographique : latitude, 17° 42'; longitude, 71° 52 à l'est de Paris.

Satara, médiocrement peuplée, compte cependant seize temples hindous, onze qui sont dédiés à Siva et les cinq autres à la terrible Bhawanie; c'est elle que révérait comme sa protectrice le conquérant Sivadjie, dont le nom est resté tout-puissant dans cette ville.

Il avait donné le nom de sa déesse favorite au cimeterre qu'il portait dans les combats. Cette arme, elle-même, est l'objet du culte populaire; les Mahrattes la conservent dans un temple construit exprès pour la recevoir, comme une idole de cette race guerrière [1].

Combien de gouvernants et de gouvernés, en Occident, adorent le Dieu Cimeterre, sans qu'il soit besoin de le placer sur un autel ou dans le fond d'un sanctuaire!

Satara s'élève au milieu d'un riant vallon, entre deux collines qui sont la dernière extension de deux contreforts à l'orient de la chaîne des Ghauts. Le plus méridional a pour origine, à la crête de cette chaîne, l'importante et grande montagne qu'on a nommée *Mahabaleschwar,* d'après un village hindou bâti non loin de son sommet, et d'une antiquité qui se perd dans la nuit des âges.

[1] Il est curieux de savoir que cette arme, si redoutable entre les mains du guerrier mahratte, était sortie des ateliers du célèbre Milanais *Andrea Ferrara.* La lame avait 1 mètre 20 centimètres de longueur; elle était droite, avec une cannelure de chaque côté.

Au sommet de la colline qui commande Satara du côté méridional, des familles de brahmanes forment une espèce de colonie solitaire. Plus bas, prend naissance un aqueduc alimenté par deux vastes réservoirs; il conduit les eaux jusqu'à la capitale.

Au nord de cette ville, la forteresse est bâtie sur un tertre élevé de 240 mètres. Le soubassement des fortifications est taillé presque à pic dans le rocher, et sur cette base naturelle s'élève une muraille ayant 12 mètres de hauteur. La contrée circonvoisine, comme la plaine de Pounah, est parsemée d'autres collines isolées, dont les sommets sont aussi couronnés par des fortifications; mais celles-ci sont moins redoutables que celles de Satara.

En 1651, la forteresse que nous décrivons faisait partie du royaume de Bijapour, quand Sivadjie s'en empara; il finit par y transférer le siége de son pouvoir. Après sa mort et celle de ses deux premiers successeurs, leurs premiers ministres, comparables à nos anciens maires du palais, réduisirent la postérité du héros à ne conserver qu'une ombre de souveraineté. Tandis qu'ils gouvernaient, et qu'ils régnaient à Pounah, les derniers rejetons de la dynastie dégradée conservaient dans Satara le vain droit de conférer les insignes d'un pouvoir échappé de leurs mains; ils décernaient *le khilat*, le manteau d'honneur, à chaque nouveau Peschwa créé par la naissance ou par les armes. C'était la même dérision monarchique et c'était la même impuissance que celles des ci-devant empereurs, tenus prisonniers dans Delhi, mais continuant à conférer de vains titres, à distribuer des manteaux de commandement, comme s'ils eussent conservé l'héritage et l'autorité suprême des Akbar et des Aureng-Zeb.

Le dernier Peschwa, le père adoptif du célèbre Nana-Sahib, avait fini par usurper la principauté de Satara; après sa défaite, et cette ville ayant été reprise par les Anglais en 1818, les vainqueurs rendirent à l'héritier de Sivadjie le trône de ses ancêtres; mais il ne devait pas régner toujours. Malgré sa noble conduite, au bout de vingt et un ans, après une série d'intrigues compliquées où s'étaient glissés les brahmanes, il fut relégué comme un captif à Bénarès, et son frère choisi pour le remplacer. Onze ans après, par un dernier acte arbitraire, la Compagnie annexa ses États à la Présidence de Bombay.

Dans le cinquième volume, nous avons expliqué les causes de l'emprisonnement immérité du vertueux radjah Pertaub-Singh, universellement regretté de ses sujets.

En descendant la vallée de Satara, on traverse un pays enrichi par de belles cultures; on aperçoit à quelque distance la villa qu'habite le Résident britannique accrédité près du radjah et le cantonnement approprié pour les troupes britanniques; on arrive ensuite au confluent du fleuve Krischna et de la rivière Yéna.

Ce confluent est un lieu deux fois saint d'après la superstition des indigènes. Nous y remarquons un escalier sacré qui descend d'un temple voisin et qui se prolonge au-dessous des plus basses eaux, afin que les Hindous puissent toujours, en le descendant, pratiquer leurs ablutions au milieu des ondes mystiquement réunies.

Si, du point où nous sommes parvenus nous remontons en longeant la Krischna, nous arrivons à l'antique ville de Waï (les Anglais écrivent *Wya*); c'est un lieu célèbre pour la magnificence du spectacle qu'offre une large et fertile vallée entre de hautes montagnes. Les bords du fleuve sont ombragés par le figuier religieux et le mangoulier gigantesque. Suivant l'usage, sur les deux rives, des escaliers grandioses conduisent à des temples assez modernes, dont il faut remarquer l'architecture élégante. Le mérite de ces monuments est rehaussé par des sculptures gracieuses; elles représentent les femmes des brahmanes, qui, dans ces lieux, sont renommées pour leur beauté.

Si l'on aime mieux remonter en suivant le vallon de l'Yéna, on parvient à l'une des cataractes les plus remarquables qui soient admirées dans l'Inde, et dont nous parlerons plus tard.

Soit que l'on veuille suivre, au-dessus de Waï, la vallée principale de la Krischna, soit que l'on préfère le val plus pittoresque de l'Yéna, en poursuivant cette marche ascendante, on arrive enfin, par deux côtés différents, au sommet du Mahabaleschwar. Ce mont célèbre mérite, à tous égards, de fixer notre attention.

Mont Mahabaleschwar : établissements sanitaires.

La grande cordillière qui s'élève comme un obstacle si difficile à franchir entre la mer occidentale et le centre de l'Hindoustan présente des positions d'une rare salubrité. On conçoit de quel prix elles doivent être pour les indigènes, et bien plus encore pour les Européens, dont le tempérament, affaibli par le séjour humide et brûlant des plaines, a besoin de se rétablir en des régions moins énervantes.

C'est depuis une époque fort peu reculée que les Européens ont appris à connaître, dans la Présidence de Bombay, une région montagneuse qui, sous ce point de vue, semble réunir plus d'avantages qu'aucun lieu du même genre dont nous ayons jusqu'à présent donné la description. Avant d'expliquer ses qualités précieuses, il ne sera pas sans intérêt, pour la connaissance des mœurs et de l'histoire, que nous rappelions ici quelques souvenirs indigènes.

La situation culminante du vaste plateau de Mahabaleschwar était pour les peuples de l'Hindoustan ce qu'avait été pour les Gaulois, nos premiers pères, le haut plateau de Langres, où les eaux de la Marne et de la Saône prennent à la fois leur source et descendent vers deux mers très-éloignées; les druides d'abord, et plus tard les pontifes romains, avaient consacré ce point suprême au culte des dieux fluviaux. Plus remarquable encore et plus heureux que le site gaulois, le site indien est la source commune d'un nombre supérieur de fleuves et de rivières; il est trois fois plus élevé, plus isolé, plus protégé par des obstacles naturels; enfin, ce site, consacré par les brahmanes à des époques perdues dans la nuit des temps, n'a jamais été profané par les armes des musulmans, pendant leurs mille années d'invasions et de conquêtes. Dès la plus haute antiquité, les Hindous avaient construit en ce lieu des temples que l'incurie des âges suivants avait laissés tomber en ruines. Mais vers les premières années du siècle dernier, lorsque le gouvernement des Mahrattes cherchait à relever en même temps l'empire des Hindous et leur culte millénaire, trois riches habitants de Satara entreprirent tour à tour l'œuvre de restauration sur le Mahabaleschwar. Plus tard encore, il y a quatre-vingts ans, un dernier temple, celui de Kudreswar, fut construit dans le même lieu par Ahalya, la grande reine mahratte, qui s'efforçait de rendre la splendeur à tous les pieux souvenirs de l'Inde brahmanique.

Dans les temples que nous venons de signaler, les Hindous unissaient au culte de Mahadeo, le Dieu suprême, qui de ce point culminant semblait dominer et protéger tout l'Hindoustan, le culte spécial de la déesse Krischna; celle-ci présidait au cours du beau fleuve doté de son nom, qui prend en ces lieux sa source et qui se jette, après un immense parcours, dans le golfe du Bengale. Quatre rivières sortent aussi des gorges profondes et multipliées du Mahabaleschwar; deux d'entre elles coulent vers l'orient et le midi, pour n'en former qu'une seule un peu plus bas que Satara, et, plus bas encore, mêler leurs eaux à celles du fleuve Krischna. Deux autres rivières descendent à l'occident de la chaîne des Ghauts; elles se réunissent en une seule, appelée *la Bankote,* qui débouche dans la mer d'Arabie, près d'un site où les Anglais ont bâti le *fort Victoria.*

C'est seulement après l'époque récente où la Compagnie eut envahi les provinces mahrattes, que ses serviteurs ont découvert les lieux si remarquables dont nous venons de rappeler les anciens souvenirs.

Pendant l'été de l'année 1824, un colonel anglais dont le régiment était de service aux portes de Satara, M. Lodwick, résolut d'explorer la grande chaîne des Ghauts dans sa partie la moins connue. Il se dirigea vers le nord-ouest, pour pénétrer dans des gorges profondes et couvertes de forêts. Cette région n'était guère peuplée que par des animaux sauvages, et surtout par des tigres. Il n'eut pourtant pas à défendre sa vie contre ces tigres; mais un de ceux-ci, plus audacieux que les autres, enleva son chien à ses côtés et l'emporta dans le fond des bois pour le dévorer. En montant toujours, l'investigateur arriva sur un long plateau, *table land,* qui couronne une montagne très-vaste et des plus élevées : c'est le *Mahabaleschwar.* Plus tard, on a reconnu par des mesures précises que ce plateau n'est pas à moins de 1,433 mètres au-dessus du niveau de la mer, c'est-à-dire 112 mètres plus haut que Briançon, la plus élevée des villes françaises dans la région des hautes Alpes.

Une élévation qui dans notre zone tempérée, comme

à Briançon, ferait éprouver à ses habitants de longs et rudes hivers, imparfaitement compensés par un été qui passerait en peu de jours, cette élévation fait du plateau de Mahabaleschwar, au milieu de la zone torride[1], un des séjours dont la température est à la fois la moins inconstante et la plus douce.

A cinq kilomètres de l'humble village auquel appartient le nom que nous venons de citer, et sur le même plateau, les Anglais ont placé le premier établissement sanitaire qui devait profiter d'un climat si délicieux.

Le meilleur moment d'aller chercher la santé dans ce lieu fortuné commence avec le mois d'octobre. A cette époque, l'atmosphère est encore assez chargée d'humidité; mais déjà, pendant toute la journée, l'air est pur et le ciel est serein; lorsque arrive le soir, l'atmosphère est agréablement rafraîchie par des pluies douces et par les brises du vent d'est, qui prédomine alors. A cette époque, la température moyenne, modérée pour l'Inde, est au-dessous de dix-neuf degrés centigrades; et la variation diurne, même en plein air, ne dépasse pas quatre degrés.

Quel soulagement pour le voyageur qui se trouve tout à coup transporté dans un séjour dont la température est de onze degrés moins brûlante que celle des plaines basses dans cette partie de l'Hindoustan!

Ici l'on éprouve, par ses effets les plus heureux, la puissante élasticité de l'atmosphère des montagnes, élasticité qui donne du ressort aux muscles, aux nerfs, aux poumons, et qui remplace, comme par magie, l'énervante pesanteur des régions humides et basses. Il semble que l'homme, en respirant cet air réparateur, prenne possession d'une existence nouvelle.

[1] Temple de Mahabaleschwar: latitude, 17° 59'; longitude, 71° 10' à l'est de Paris.

Dans les lieux élevés de nos montagnes d'Europe, où nous envoyons nos convalescents respirer un air à la fois plus pur, plus vif et plus élastique, les mois des grandes chaleurs sont les seuls vraiment supportables, et les hivers sont très-rigoureux. Combien diffèrent à cet égard l'automne et l'hiver des monts Mahabaleschwar !

Là, dès le mois de novembre, l'air est devenu plus sec; la température, il est vrai, s'est abaissée, mais avec une extrême modération. Le vent d'est a remplacé le vent opposé de la grande et pluvieuse mousson. La plus froide saison de la région fortunée que nous décrivons commence au milieu du mois qui précède décembre, pour se terminer aux premiers jours de février; mais cette saison, nous la pouvons comparer aux plus beaux jours de notre mois de mai, et presque toujours le ciel est sans nuages. A mesure qu'on approche du printemps proprement dit, qui devance en réalité le nôtre de trois mois, des brises de mer, légères et déjà tièdes, venues de l'occident et du midi, font pressentir longtemps à l'avance la grande mousson du sud-ouest; les zéphyrs précurseurs s'élèvent par degrés jusqu'au sommet des hautes montagnes, qui sont les remparts occidentaux de l'Hindoustan.

Pendant la moins chaude saison que j'ai décrite, et qu'il ne faudrait pas, en vérité, nommer l'hiver, la température moyenne mensuelle se maintient entre le 16e et le 17e de nos degrés centigrades : c'est la chaleur de serres assez tempérées où l'Europe conserve et fait fleurir beaucoup de plantes délicates empruntées aux climats méridionaux; et, en plein air, le plus grand froid est encore supérieur de sept degrés à la température de la glace fondante. Lorsque le thermomètre atteint au dehors cet abaissement si modéré, les familles retirées dans l'intérieur des appartements, même privées de feu, jouissent d'une chaleur qui se maintient entre le quatorzième et le dix-neuvième degré centigrade.

Grâce à la légèreté, à l'élasticité d'une atmosphère alpestre, sur un plateau que trois quarts de lieue d'élévation séparent des bas-fonds, des marais et des plaines brûlantes, la *mal'aria,* le mauvais air a disparu. Aucune maladie endémique ne peut y prendre naissance, fût-ce au milieu de la saison des pluies, qui tombent par torrents, et des plus grands feux du soleil; aucune fièvre du pays n'accompagne ou ne suit les fortes chaleurs ni les averses les plus abondantes. Enfin le *choléra,* ce fléau si redoutable qui nous est venu d'Orient, celui dont nous qualifions le caractère mortel en l'appelant *asiatique,* le choléra, dont l'Inde semble être le fatal berceau, n'a jamais approché des sommités du Mahabaleschwar.

Lorsque les Européens découvrirent le séjour qui présentait ces incomparables avantages, le gouverneur de Bombay, Mountstuart Elphinstone, touchait presque au terme de sa grande administration; il n'eut pas le temps de former en ces lieux des établissements *sanataires,* comme disent les Anglais, pour les soldats, les officiers et les employés civils. Une telle mission échut naturellement à son digne successeur, le général sir John Malcolm. Celui-ci fut heureux d'établir le premier cantonnement, qu'on nomma *Malcolm's Penth,* et de construire un hospice pour des compagnons d'armes dont il avait pendant vingt années partagé les périls. Il se promettait de rétablir leur santé qu'avait altérée le brûlant climat des basses plaines; climat plus dangereux à la longue pour la vie des hommes que les chances de combats séparés, en général, par de longs intervalles de paix et de repos.

L'ensemble d'habitations formé par l'hospice militaire et par les villas des particuliers groupées autour d'un modeste et gracieux temple chrétien, cette colonie toujours croissante a reçu de la reconnaissance publique le nom si mérité de *Malcolmville,* nom du guerrier et du sage que tout rappelle ici comme créateur. C'est en rayonnant autour de ce centre, cher à son cœur, que l'homme d'État et l'ami de l'humanité s'est fait un bonheur de consacrer ses plus nobles souvenirs et ses plus chères affections d'amitié, de famille et de patrie.

Pour honorer la mémoire de son prédécesseur et de son ami, il a donné le nom de *Promontoire d'Elphinstone* à la saillie si pittoresque du plateau de Mahabaleschwar, qui, du côté de l'orient, présente la vue la plus majestueuse; ici, le promontoire domine une descente abrupte qui n'a pas moins de 600 mètres de hauteur. La pente est si rapide, qu'un bloc de rocher poussé du sommet par la main des hommes se précipite par bonds répétés, de plus en plus étendus, jusqu'au bas de cette éminence, en brisant les arbres forestiers qu'il rencontre sur son passage et faisant retentir les airs d'un bruit dont les sons, toujours croissants, sont répétés d'échos en échos et transmis à d'énormes distances.

En souvenir de l'Écosse, patrie des deux plus célèbres gouverneurs de Bombay, Malcolm s'est emparé du nom légendaire d'*Arthur's Seat,* le trône d'Arthur; c'est le mont élevé qui contribue, avec celui que couronne une forteresse séculaire, à rendre Édimbourg la plus imposante et la plus pittoresque des cités britanniques. Le nouvel Arthur's Seat désigne au milieu de la chaîne des Ghauts l'un des caps les plus remarquables entre ceux qui dominent la contrée, à quelque distance du promontoire d'Elphinstone.

Lorsqu'on part de Malcolmville et qu'on se dirige du côté de l'est, on gagne bientôt la fraîche et gracieuse *vallée d'Amélie.* Elle porte le nom d'une fille du gouverneur qui commença tout et qui nomma tout en ces lieux. Ces lieux charmants sont arrosés et fécondés par la rivière Yéna, dont le paisible cours est arrêté plus bas par une barrière naturelle de rochers. En cet endroit, les eaux soulevées forment une cataracte dont la dénivellation n'a pas moins de 150 mètres; et, dans la saison de leur plus grande abondance, elles accomplissent sans intermittence leur chute prodigieuse. Cette chute surpasse de quatre mètres la plus haute des pyramides admirées en Égypte; elle égale trois fois l'élévation de la colonne triomphale érigée sur notre place Vendôme.

Les personnes qui voudraient de plus amples détails sur les particularités de la contrée, qu'il nous importait surtout de faire connaître au point de vue de la santé publique, pourront consulter l'excellent Manuel de l'Inde rédigé par M. Édouard Eastwick[1], et, comme nous, pourront s'éclairer en suivant un guide si sûr.

Trois routes principales font communiquer les monts Mahabaleschwar avec les basses régions du Concan et les hautes régions du Deccan. Du côté du sud-est s'ouvre la voie qui suit le gracieux val d'Yéna; c'est elle qu'on parcourt en descendant vers Satara, et que déjà nous avions commencé de remonter à partir de cette ville. Une seconde route, dirigée vers le nord-est, conduit à Pounah, la capitale du pays mahratte. La troisième, qui communique avec le pays bas occidental, descend vers la rivière Bankote, qu'elle côtoie jusqu'au fort Victoria, sur le bord de la mer; à cette route, dans la région inférieure, se rattache la voie septentrionale qui se dirige sur Bombay, suivant un tracé presque parallèle à la côte de l'Océan. Toutes ces voies sont l'œuvre des Anglais.

[1] *Hand-book for India*, part. II; Bombay, road 6th.

DIVISION DU SUD.

COLLECTORATS et DÉPENDANCES.	SUPERFICIE.	POPULATION.	HABITANTS par MILLE HECTARES.	REVENU PUBLIC net par hectare.
	Hectares.	Habitants.		Francs.
Concan méridional[1]..	1,165,451	665,238	571	1,63
Jaghires mahrattes..	977,685	419,025	429	3,56
Solapour..........	2,218,245	685,587	309	1,35
Belgaum..........	1,687,324	1,035,728	614	3,45
Kolhapour.......	892,220	500,000	560	4,22
Sawunt-Wari.....	207,191	120,000	579	1,48
Dharwar..........	981,570	757,849	772	7,37
TOTAUX.....	8,120,686	4,183,427	514	3,16

Collectorat du Concan méridional.

Les notions que nous avons données sur la partie du Concan située au nord de Bombay, et, pour cette raison, désignée sous le nom de Concan septentrional, s'appliquent également à la partie du sud. C'est la même situation très-basse, à l'ouest de la grande chaîne des Ghauts; c'est la même absence de puissants cours d'eau, occasionnée par la trop courte distance de ces montagnes à la mer; c'est la même rareté de bons ports. En avant du littoral, presque partout se sont élevés lentement des amas de sable couverts de végétations, qui forment un bourrelet, un *lido*, et des barres naturelles qui présentent de grands obstacles à l'entrée comme à la sortie des rivières.

La longueur du Concan méridional surpasse un peu

[1] Ce collectorat est aussi désigné sous le nom de Ratnagherry.

quatre-vingts lieues, et sa plus grande largeur est d'environ quatorze lieues. Près de la moitié de cette largeur contient les pentes abruptes, les contre-forts irréguliers et les vallons profondément encaissés qui caractérisent le versant occidental de la chaîne des Ghauts. Ce versant trop resserré présente des sommités ayant de 1,000 à 1,200 mètres de hauteur, auxquelles succèdent presque sans transition des terrains plats, à peine élevés de quelques mètres au-dessus de la mer. Voilà pourquoi le bas pays ne présente pas de vallées longues et larges, qu'engraissent des alluvions accumulées depuis des siècles. En général, la terre est pauvre, et nous en trouvons la preuve dans ce fait digne de remarque : l'État, qui se considère sinon comme le propriétaire absolu, du moins comme le rentier légal de la terre, perçoit en valeur moyenne, dans le Concan méridional, un revenu public de 1 fr. 63 cent. seulement par hectare; tandis que dans les autres collectorats de la division du sud, à l'orient des Ghauts, l'État perçoit plus de 3 francs, c'est-à-dire un revenu double, sans qu'un tel impôt semble oppressif dans cette partie plus féconde.

Ce n'est donc pas au point de vue des produits du territoire qu'il importe de considérer cette contrée; c'est au point de vue du commerce et de la navigation.

Malheureusement, entre Bombay et l'extrémité du Concan qui touche à la colonie portugaise de Goa, nous ne trouvons aucune position favorisée par la nature, et dont l'art puisse tirer un grand parti pour y créer un port de mer susceptible de recevoir des bâtiments au-dessus du rang des médiocres caboteurs.

Nous nous bornerons ici à présenter de très-courtes explications sur les points de la côte qu'il peut être utile de mentionner.

Ports et marchés du Concan méridional.

Port de Panwel. Situé sur les bords d'une rivière qui se jette dans le havre de Bombay, ce port présente un marché dont toute la richesse est due à l'apport des objets de première nécessité que réclame le chef-lieu de la Présidence.

Choul. Ce port avait une importance relative lorsqu'il était possédé par les Portugais, dans les beaux temps de leur puissance. Il se trouve à l'embouchure d'une rivière qui prend sa source dans la chaîne des Ghauts, presque sous la même latitude que Pounah; la rive droite de ce cours d'eau, sur laquelle Choul est bâtie, est directement opposée aux vents régnants du sud-ouest et sert d'abri contre leur violence.

Situation géographique de Choul : latitude, 18° 31'; longitude, 70° 42' à l'est de Paris.

Bankote et fort Victoria. A quinze lieues de Choul, faisons remarquer le mouillage naturel de Bankote; pour sa défense, on a bâti le fort déjà cité de Victoria, sous le règne de la souveraine dont il porte le nom. Ce fort s'élève sur le bord gauche d'une rivière très-accidentée, laquelle remonte, comme nous l'avons indiqué, jusqu'au mont Mahabaleschwar. Ses bras présentent deux directions, que peut suivre le commerce pour communiquer du pays mahratte avec la mer, et par conséquent avec Bombay. On améliore les chemins suivant ces deux directions; mais, quant aux travaux maritimes, le Gouvernement n'a rien entrepris jusqu'à ce jour, ni pour attaquer la barre à l'entrée de la rivière de Bankote, ni pour construire des quais, des embarcadères et des bassins. Ces créations sont réservées pour l'avenir.

Situation géographique du fort Victoria : latitude, 17° 56′; longitude, 70° 52′ à l'est de Paris.

Lors des moussons, on fait descendre par le flottage, sur la Bankote, des bois excellents pour les constructions navales, bois qui croissent à l'ouest du Mahabaleschwar. Parallèlement à la rivière, on a construit une route qui franchit la chaîne des Ghauts dans un endroit appelé Par. Le chemin qu'on suit lorsqu'on vient de Bombay pour monter au passage ou ghaut de Par est d'une pente extrêmement rapide; on le franchit en palanquin. «Le voyageur fera bien de se rappeler, dit à ce sujet M. Eastwick [1], qu'il doit intervertir sa position accoutumée, les pieds en avant; s'il désire être porté pendant l'ascension, il devra placer sa tête du côté de la montée, à moins qu'il ne veuille éprouver un inconvénient semblable à celui d'être suspendu les jambes en haut et le corps en bas pendant plus d'une heure.» Il y a loin d'un pareil chemin de chèvre à l'ouverture d'une route où l'on monterait, commodément assis, en voiture suspendue.

Ratnagherry. La position intermédiaire de cette ville, dont le nom signifie *la montagne de diamant*, presque à la même distance de Goa que de Bombay, l'a fait choisir pour chef-lieu du collectorat du Concan méridional. La ville, bâtie au bord de la mer, est défendue par le fort érigé sur un rocher dont elle a reçu le nom; il s'élève entre deux petits havres qui n'offrent qu'un mouillage très-peu sûr. Autrefois, grâce au secours de la forteresse, possédée par un châtelain chef de pirates, cette position présentait des avantages infinis pour intercepter la paisible navigation qu'on faisait en longeant la côte.

Situation géographique de Ratnagherry : latitude, 17° 2′; longitude, 71° 5′ à l'est de Paris.

[1] Hand-book of India : Bombay.

Pêche de la sardine. Au voisinage de Ratnagherry, le littoral est renommé pour la pêche de ce poisson délicat, dont les masses voyageuses visitent dans les mois de janvier et de février les parages que nous décrivons. Après le poisson choisi qu'on destine en partie pour le commerce, en partie pour nourrir la population locale, les rebuts de la pêche fournissent un puissant engrais, qui féconde les rizières cultivées au voisinage de la mer.

Radjahpour. A quelque distance de Ratnagherry, en s'avançant vers le sud, on doit signaler Radjahpour, nom qui voulait dire, au temps où cette ville fut fondée, *la résidence du radjah.* C'est un marché considérable, alimenté par les routes qui descendent de Kolapour et de Belgaum. Radjahpour est située sur la Suknadi, que remontent des navires de cent tonneaux, par le secours de la marée.

Dans le voisinage, on fabrique une grande quantité d'huiles, soit de sésame, soit de cacao. Ici, l'industrie est à tel point dans l'enfance, que l'extraction est opérée par le moyen d'un énorme pilon de bois qu'on fait mouvoir dans le creux d'un tronc d'arbre par la force d'un bœuf attelé comme dans un manége; ce bœuf et son conducteur n'exprimaient en un jour que dix kilogrammes d'huile de sésame, ou vingt tout au plus d'huile de palme.

Viziadroug. A cinq lieues sud-ouest de Radjahpour, on trouve sur le littoral maritime le port fortifié de Viziadroug, mot qui signifie *le fort de la Victoire.*

En 1756, le colonel Clive et l'amiral Watson partirent de Bombay, conduisant deux vaisseaux et des troupes de débarquement, pour attaquer la forteresse, que défendait un chef de pirates; elle fut enlevée, puis remise par les Anglais entre les mains du Peschwa des Mahrattes. Par une conséquence naturelle, quand les États de ce prince furent annexés à la Présidence de Bombay, Viziadroug fut compris parmi les places remises à cette Présidence. Ce port est, sur la côte du Concan, au très-petit nombre de ceux qu'on peut regarder comme passables; grâce à la protection d'une île, les navires y mouillent à l'abri des vents du sud-ouest. La profondeur de l'eau varie de 9 à 10 mètres à l'entrée lorsque la mer est haute, et de 5 à 6 1/2 lorsqu'elle est basse. La forteresse, très-bien construite, est l'ouvrage des indigènes.

Collectorat de Solapour.

Il est bizarre que les Anglais, au lieu de rattacher ce collectorat à la division de Pounah, qu'il prolonge au midi, en aient fait une annexe de la division du sud, séparée pourtant de celle-ci par la chaîne des Ghauts et par toute la largeur du pays de Satara.

Le chef-lieu, *Solapour,* est une ville fortifiée, conquise en 1818 par un corps de troupes que commandait sir Thomas Munro, homme d'État très-estimé, qui devint deux ans après gouverneur de Madras.

Position géographique de Solapour : latitude, 17° 40'; longitude, 73° 43' à l'est de Paris.

Pour le revenu de la terre, le collectorat de Solapour est encore au-dessous du Concan : l'État n'y perçoit, valeur moyenne, que 1 fr. 35 cent. par hectare. Malgré sa vaste étendue, qui surpasse 2,200,000 hectares, il ne rend à l'État que 3 millions de francs.

Ajoutons que la population s'y trouve extrêmement clair-semée et n'en est que plus misérable.

Collectorat de Belgaum : preuves de civilisation.

Il n'en est pas ainsi du beau collectorat de Belgaum,

où la densité de la population est égale à celle que la France avait atteinte il y a seulement un demi-siècle.

Belgaum, chef-lieu de cette province, est une des villes que les Mahrattes avaient fortifiées avec le plus de soin; ils ne la rendirent, en 1819, qu'après avoir fait la plus intrépide résistance. Elle est bâtie sur un tertre spacieux, au milieu d'une vaste plaine, laquelle est élevée de 750 mètres au-dessus de l'Océan; cette élévation procure un climat plus tempéré que ne l'indique sa position presque au milieu de la zone torride boréale.

Situation géographique : latitude, 15° 52'; longitude, 72°22' à l'est de Paris.

Dans ce collectorat, nous ferons observer avec une satisfaction non déguisée des preuves de vraie civilisation, qui par malheur sont trop rares, même au milieu des parties de l'Inde les plus avancées.

Dans la ville de Belgaum, dès 1848, les habitants avaient ouvert une souscription spontanée pour rectifier, assainir et rendre plus propre la voirie de leur cité. Portant plus haut leurs regards, les gentilshommes hindous de la contrée ont voulu créer, de leurs deniers, *un établissement d'instruction supérieure en faveur de leurs enfants.* La Présidence de Bombay s'est fait un généreux plaisir de leur donner des bâtiments pour un collége qui contient aujourd'hui plus de cinquante élèves; les concours qui conduisent aux honneurs universitaires sont ouverts à ces jeunes gens aussitôt qu'ils ont mérité d'y prendre part.

Sur la rivière Ghat-Parba, faisons remarquer *un pont suspendu en fils de fer qu'un propriétaire indigène a fait construire À SES FRAIS.*

Voilà des exemples précieux; ils ne peuvent manquer, dans un prochain avenir, de porter des fruits salutaires.

Dès 1820, on commençait une bonne route empierrée

pour communiquer du haut pays avec la mer par le *Ram-Ghaut*, passage très-important. Au sortir du défilé de Ram, le chemin conduit à la province de Goa.

Le collectorat de Belgaum présente les mêmes cultures et la même richesse que le pays de Dharwar, qui va bientôt fixer notre attention.

Principauté de Kolhapour.

La province de Kolhapour est une contrée fort montueuse, qui, suivant une pente générale, descend vers le pays de Belgaum.

Par un contraste remarquable, la hauteur des eaux pluviales ne dépasse guère, année moyenne, 76 centimètres dans les plaines, tandis que dans les parties montagneuses elle s'élève jusqu'à la hauteur, qui paraît presque incroyable, de 7 mètres et demi. Une énorme masse de nuages est arrêtée dans sa course périodique par la haute barrière des Ghauts, qui brise leur marche à leur arrivée de l'Océan, lors de la mousson, et qui commence à dépouiller l'air de l'eau dont il est saturé.

Une portion de cette eau descend sur les pentes occidentales; elle retourne à la mer en traversant la partie extrême du Concan méridional et le pays étroit qu'on nomme Sawunt-Wari.

L'autre portion des pluies, qui tombe sur les pentes orientales, descend par des vallées nombreuses disposées en éventail et convergentes vers le grand fleuve Krischna. Cet éventail très-étendu forme la principauté de Kolhapour, laquelle est séparée du pays de Satara par le cours d'une rivière appelée Nera.

Dans cette principauté, quoique le niveau général soit assez élevé au-dessus de la mer, des causes particulières nuisent beaucoup à la santé des habitants; le pays est moins sain que celui de Dharwar et de Belgaum, et trop souvent la population est décimée par le choléra. Les parties supérieures de cette contrée sont couvertes de forêts et de jongles touffus; là, se trouvent en abondance de nombreuses variétés d'animaux sauvages, des bêtes féroces et surtout des tigres.

Le pays maritime que la chaîne des Ghauts sépare du Kolhapour formait une annexe naturelle à cette principauté. En mettant à profit les abris de la côte, le peuple et les princes de la contrée supérieure pouvaient exercer au dehors une action formidable, car ils employaient les ports, non pas à faciliter un commerce paisible et productif, mais à servir de repaire à la piraterie la plus effrénée; les captures amenées, ils faisaient passer par-delà les monts le fruit de leurs rapines. Afin de réprimer un tel brigandage, le gouvernement de Bombay s'est vu plus d'une fois dans l'obligation de déployer les forces de sa marine.

Une armée de Thugs. Une principauté si redoutable aux transactions paisibles de ses voisins était elle-même en proie à d'effrayantes déprédations. Dans cet État, où la surveillance et la répression qu'exerçaient les autorités étaient presque nulles, les étrangleurs, *les Thugs*, avaient poussé l'audace jusqu'à terrifier ouvertement le pays, en opérant par bandes dont l'agglomération passait toute idée. Vers la fin du siècle précédent, il a fallu que le radjah qui régnait à Kolhapour marchât en force contre eux et leur livrât bataille comme à des troupes régulières; dans un seul combat, il en extermina quatre cents. Les malfaiteurs qui survécurent à ce châtiment terrible, remplis d'épouvante, se réfugièrent dans les pays circonvoisins, afin d'y poursuivre avec un peu plus de précautions et moins de périls leur monstrueuse industrie.

Faisons remarquer que les princes de Kolhapour mettaient à profit la proximité de l'Arabie pour en tirer des mercenaires, lesquels se faisaient remarquer à la fois par leur vaillance et par leur indiscipline.

Quoique descendants de Sivadjie le conquérant, ces princes, loin d'agrandir leurs États, n'ont pas même su conserver leur indépendance. Depuis près d'un demi-siècle, ils sont soumis au contrôle impérieux d'un Résident britannique; et, pour faire face aux frais d'un contingent militaire que l'Angleterre tient sur pied chez eux, ils payent un tribut, conformément à l'usage. En alléguant le prétexte accoutumé d'établir un meilleur ordre dans les finances de son allié, la Présidence de Bombay a fini par administrer et gouverner l'État. Le souverain, mis à l'écart, est traité comme un sinécuriste honoré de certains égards et gratifié de quelque argent.

On trouve peu de musulmans dans la province; la grande masse des habitants est mahratte et professe la religion hindoue. Le croira-t-on? il n'y a pas encore un siècle, en 1772, une reine de Kolhapour n'avait terminé son règne infâme qu'après avoir répandu le sang d'un nombre effrayant de victimes humaines! Elle les offrait en sacrifice dans un temple tristement appelé *la Tour Noire*, tour qui s'élevait à quelques pas de son palais de Panhala[1].

Kolhapour est la seule partie du vaste territoire gardé par les forces de la Présidence de Bombay où les troupes indigènes soldées par la Compagnie des Indes aient oublié, dans la plus grave circonstance, leur constante fidélité. Lorsque la rébellion de 1857 éclata sur les bords du Gange et de la Jumna, un grand complot se forma parmi les cipayes qui servaient dans la principauté; mais

[1] Ville située à six lieues de Kolhapour.

l'énergie des officiers et des soldats européens étouffa l'insurrection dès sa naissance.

Le major Graham, dans un rapport officiel, a donné l'énumération des tribus errantes sur les monts du Kolhapour; elles diffèrent du reste de la population par leur ignorance, par leurs coutumes sauvages et par des dialectes étranges. Une des œuvres de la civilisation sera de les rendre à la vie sédentaire et de leur apprendre la langue avec les arts bienfaisants d'un peuple plus avancé.

Principauté de Sawunt-Wari.

La capitale de cette modeste principauté ne compte guère que 9,000 habitants; elle est au centre des communications commerciales établies entre les cités de Kolhapour et de Belgaum et le port de *Vingourla.*

Autrefois Sawunt-Wari faisait partie du domaine des sultans de Bijapour; mais, dès le XVIIe siècle, les habitants de cette province conquirent leur indépendance et devinrent ensuite amis des Anglais. En 1765, le chef militaire qui gouvernait ce pays avait recherché l'alliance du puissant Madhadjie Sindia, dont nous avons signalé l'influence et les exploits; sur la recommandation d'un si grand personnage, l'empereur de Delhi honora l'aventureux parvenu en lui conférant le titre de *radjah Bahadour,* c'est-à-dire de *radjah brave parmi les braves.*

L'histoire de cette petite province offre une série perpétuelle de soulèvements, de pirateries et de révolutions. Aujourd'hui l'autorité britannique s'y trouve assez dominante pour contraindre les habitants à mener une vie moins agitée, plus honnête et par là plus fructueuse.

Terminons en disant que le pays est beaucoup plus peuplé et mieux cultivé que ses guerres perpétuelles ne pourraient le faire présumer.

Goa, centre des possessions portugaises.

La contrée maritime de Sawunt-Wari est contiguë à la principauté beaucoup plus importante de Goa.

Vingt îles de peu d'étendue, mais heureusement groupées, forment un petit archipel abritant un havre précieux pour les navigateurs. Depuis le cap Comorin, le point le plus avancé vers l'équateur, jusqu'aux bouches de l'Indus, sur un littoral qui surpasse six cents lieues, cet archipel et celui de Bombay sont presque les seules positions où des navires d'un certain tonnage puissent trouver un asile assuré contre la violence des vents du sud-ouest, si dangereux pendant la mousson d'été.

Dès les premiers temps où les Portugais arrivèrent dans les mers de l'Inde, leur génie découvrit les avantages de ces deux positions, qu'ils occupèrent. Ils usèrent de la première avec peu de fruit, nous l'avons vu; mais la seconde fut le centre de leurs opérations et de leur puissance dans les mers asiatiques.

Ile de Goa. — Le nom de Goa désigne à la fois la principale des vingt îles que nous avons indiquées, les deux villes capitales, l'ancienne et la nouvelle, et le havre même qui s'étend de l'est à l'ouest en avant de ces villes.

Havre ou Rio de Goa. — Deux rivières, *rios*, après avoir reçu beaucoup d'eaux confluentes, se jettent dans la mer en avant de la principale île de Goa. La rivière du Nord appuie sa droite sur la presqu'île appelée Salsette; celle du Sud appuie sa gauche sur la presqu'île appelée Bardez. Un cap de l'île de Goa s'avance entre les deux embouchures et distingue plutôt qu'il ne sépare les deux grandes sections du *havre* ou *rio de Goa*. Les navires y trouvent, avec un bon mouillage, un sûr abri contre les vents du large. La profondeur d'eau varie entre 6 mètres 1/2 et 9 mètres; c'est beaucoup sur la côte dont nous présentons la description.

Territoire et population.

Les Portugais ne semblent pas avoir eu la pensée de former dans l'Hindoustan de vastes établissements continentaux, comme l'ont fait les Français d'abord, et bientôt après les Anglais. Le territoire qu'ils occupent autour de Goa a toujours été d'une étendue peu considérable; mais ils l'ont conservé comme par miracle, pendant trois siècles, à travers tant de guerres et de révolutions.

Superficie..................	276,081 hectares.
Population vers 1851.........	313,262 habitants.
Population par mille hectares...	1,135

Il n'existe qu'un petit nombre de lieux, et des plus favorisés par la nature, où la terre suffise à la nourriture de plus de onze cents habitants par mille hectares.

Cette population très-agglomérée n'est aujourd'hui favorisée ni par la richesse d'un commerce actif, car le sien est déchu, ni par le tribut de possessions dépendantes, qui sont elles-mêmes en décadence. La paix, la sécurité, la modération, suffisent à l'entretien, à la multiplication des familles, qui sont régies par des lois douces, et que le christianisme contribue à rendre heureuses.

Ancienne et nouvelle ville de Goa. — Lorsque les Portugais abordèrent aux côtes de l'Inde, à Goa, ils trouvèrent les habitants groupés sur la rive méridionale du rio de Goa, dans une ville dont ils firent leur capitale. Cependant, dès cette époque, les naturels du pays commençaient à quitter cette ville pour s'établir à deux lieues en amont, dans une position malheureusement fort peu salubre, qui devint plus tard *le nouveau Goa* ou *Panjim.*

Situation géographique de Panjim, le nouveau Goa : latitude, 15° 39'; longitude, 74° 28' à l'est de Paris.

L'ancienne ville avait été promptement embellie par des monuments. Les Portugais étaient dans toute la ferveur de leur foi religieuse : ils remplirent la cité de couvents, d'oratoires et de temples chrétiens; ils bâtirent une vaste cathédrale. Par degrés, la piété des fidèles décora tous les autels avec magnificence.

Missions dont le centre primitif était à Goa.

Une Compagnie célèbre pour ses missions manifesta dans Goa son génie accoutumé, par la grandeur des églises qu'elle construisit et des écoles qu'elle fonda. Lorsque saint François-Xavier, le plus illustre de ses apôtres, expira sur les côtes de la Chine, victime de son zèle surhumain, sa dépouille mortelle fut rapportée dans la capitale indo-portugaise et déposée dans la cathédrale que nous venons de signaler. Rappelons ici quelques actes de cet homme dont la mémoire est révérée dans les deux mondes.

Moins d'un demi-siècle avait suffi pour que les Portugais de Goa, corrompus par une richesse acquise sans travail et par une puissance exercée sans contrôle, présentassent à l'idolâtrie le plus déplorable spectacle. Dans l'espoir de porter remède à tant de maux, sur la demande faite par le roi de Portugal à Sa Sainteté, des missionnaires jésuites vont être envoyés en Asie, et le fondateur de la Société donne ainsi ses instructions à François-Xavier : « Par des conseils plus élevés que ceux de notre faible jugement, c'est vous, François, qu'on destine à la mission des Indes. Ce voyage au delà des mers, vers des contrées barbares, que nous avions ardemment désiré, et que nous avions si longtemps attendu dans Venise, maintenant il vous est offert, et l'offre vous vient de Rome. Ce n'est plus, comme nous le demandions, une province de la Palestine que Dieu *vous donne;* ce sont les Indes entières, c'est tout un monde avec ses nations. Voilà le sol qu'il vous confie, voilà le champ qu'il ouvre avec confiance à vos travaux. »

Saint François-Xavier était digne d'accomplir une tâche présentée avec cette grandeur. Depuis les premiers apôtres, choisis par Jésus-Christ même, aucun ne s'est montré plus dévoué, plus courageux, plus épris de la pauvreté, des privations et de tous les sacrifices ; aucun, mieux pourvu des dons qui peuvent conduire au succès. Dans sa constance héroïque au milieu de tous les dangers, il se montrait d'une activité, d'un zèle sans bornes, et comptait pour rien les climats à braver, les fatigues à subir : tel était le grand missionnaire. Il avait en lui le don de gagner les âmes; sa physionomie, sa voix, son regard, enchaînaient les volontés, et sa charité lui livrait le cœur des hommes; ils accouraient en foule au-devant de ses enseignements. Avant de croire à ses préceptes, les populations croyaient en lui; c'est de la religion de Xavier qu'elles voulaient être. Écoutons comme il rend compte de ses travaux, en secret et sans nulle affectation, au fondateur de l'infatigable Compagnie : « Souvent la multitude *qui vient à moi* pour recevoir le baptême est si grande, que je ne puis plus lever les bras en administrant ce sacrement; ma voix s'éteint par la répétition incessante du *Credo*, etc. »

Il y a déjà 233 ans depuis l'époque où travaillait cet homme prodigieux, sans autre force que sa volonté, sans autre arme que la clochette avec laquelle il appelait à lui le peuple idolâtre, et les monuments de sa mission sont encore debout, et la postérité de ses néophytes est encore vivante et croyante dans le midi de l'Hindoustan. Près d'un million d'indigènes professent aujourd'hui le catholicisme; plusieurs milliers de missionnaires, rivalisant de zèle et redoublant d'efforts, ont complété sa conquête, mais tous sont restés à des distances infinies des triomphes de leur prédécesseur et de leur modèle inimitable.

Pour s'établir au centre des possessions portugaises, la Compagnie de Jésus a choisi d'abord, avec son discernement accoutumé, une position très-saine dans la presqu'île de Salsette, en face de Goa. Les supérieurs de l'ordre ont ensuite fondé l'immense maison de noviciat où leurs habiles maîtres instruisaient les futurs missionnaires qui devaient, au sortir d'une telle école, propager le christianisme dans toutes les contrées de l'extrême Orient.

Il n'entre pas dans notre sujet de nous prononcer sur les raisons qu'ont eues les rois et surtout les ministres de Portugal en décrétant la suppression de cet ordre, qui n'eut pas toujours assez de prudence pour se maintenir en dehors des affaires politiques au milieu de la cour et dans les provinces européennes. Mais hors d'Europe, mais pour les conquêtes lointaines de l'Espagne et du Portugal, cette Compagnie fut un des instruments de civilisation, d'influence et de gloire les plus puissants que l'un et l'autre royaume ait employés dans les deux Indes.

Il aurait fallu conserver à tout prix ce puissant levier de succès intellectuel et religieux dans toutes les parties du Nouveau Monde et respecter, en Asie comme en Amérique, les auteurs de pareils triomphes.

En 1755, la Compagnie de Jésus ayant été non-seulement supprimée, mais proscrite, en Europe par la cour de Portugal, on voit, en vertu du même acte tyrannique, 127 membres de cet ordre arrêtés et mis en prison dans

Goa. Aussitôt après, les captifs sont entassés sans pitié sur un étroit navire; malgré les protestations d'un capitaine ami de l'humanité, ils y sont plus entassés les uns contre les autres que ne l'étaient les esclaves africains sur des bâtiments négriers, aux plus mauvais jours de la traite. On les traîne en Europe, et 24 innocents meurent suffoqués dans la traversée. Les survivants, au nombre de 103, sont impitoyablement jetés dans les prisons de Lisbonne; enfin, après plusieurs années, finit leur captivité sans motifs; 45 seulement sortent vivants de leurs cachots, et, de ces infortunés apôtres de Goa, la plupart expirent de misère. Voilà le prix des immortels bienfaits répandus par François-Xavier et ses successeurs dans les Indes orientales.

Quand la cour de Rome a rétabli la Compagnie de Jésus, que Clément XIV avait abolie, cette cour a compris tout le service qu'elle pouvait rendre à cette partie du globe en y favorisant le retour des missionnaires dont les bienfaits sont aujourd'hui réhabilités. Mais ce n'est point par le Portugal, c'est par d'autres puissances que ce retour s'est opéré, et tardivement, en 1838. La province de Goa, qui nous occupe en ce moment, n'est pas redevenue le berceau des nouvelles et paisibles conquêtes du catholicisme.

Le Gouvernement portugais devrait aujourd'hui, oubliant les passions, les animosités et les erreurs du XVIIIe siècle, restituer à la Compagnie de Jésus ses beaux établissements de Goa; elle y ferait revivre, pour l'avantage de l'Inde et du reste de l'Asie, les fortes études ecclésiastiques et littéraires: études qui contribueraient dans ces contrées aux progrès de l'esprit humain. Goa, ville aujourd'hui séjour de paix et de modération, pourrait trouver dans l'étude des lettres et des beaux-arts les meilleurs moyens de conquérir la renommée. Combien d'États moins étendus et moins peuplés ont su, par la culture de l'esprit, acquérir une gloire perpétuelle, dont le prix est bien supérieur aux prospérités si passagères de l'ambition et de la cupidité !

Commerce de Goa : sa décadence.

Occupons-nous à présent des intérêts matériels. Dès l'origine, le commerce des Portugais en Asie se trouvait concentré dans les mains du Gouvernement ; c'étaient les facteurs et les vaisseaux de l'État qui faisaient, pour le compte du roi, le même négoce et les mêmes transports que les vaisseaux et les facteurs des Compagnies des Indes ont faits longtemps pour les peuples d'Angleterre, de Hollande et de France. Le commerce, dont le centre était à Lisbonne, a fini par languir et s'appauvrir de pair avec le Gouvernement, sans que pour cela l'initiative des citoyens ait pu remplacer l'inertie d'une royauté dégénérée.

Deux événements, entre tous les autres, ont été funestes à Goa.

Le premier s'est accompli lorsque le fils de Charles V a réuni sur sa tête les deux couronnes d'Espagne et de Portugal. Absorbé par les intérêts prédominants de la monarchie principale, il a dédaigné, il a négligé les possessions des Portugais en Asie. A peine voudra-t-on le croire ! pendant trois années de vice-royauté, un descendant du grand Albuquerque n'a pas une seule fois reçu du Gouvernement espagnol les moindres instructions ni le simple accusé de réception à ses lettres les plus pressantes. C'était pourtant à l'époque où les Hollandais, exaspérés contre Philippe II, le persécuteur de leur patrie, poursuivaient avec la même fureur, par toutes les mers des deux mondes, ses vaisseaux de guerre et ses bâtiments de commerce.

Le second événement fut la guerre acharnée qu'au temps de Napoléon Ier les Anglais et les Français se firent en Portugal et dans toute l'Espagne. Dès 1807, à titre de protectrice, l'Angleterre se précipita sur Goa, qu'elle garda jusqu'à la paix générale, en 1815. Sa conduite, tout égoïste, y fut la même que dans nos Antilles et dans les îles hollandaises de la Sonde; elle y produisit les mêmes effets désastreux. Une excessive misère devint le résultat de cette occupation à main armée; on comptait pour rien l'amour du peuple. L'autorité britannique, se considérant comme un tuteur étranger et passager, n'administrait les habitants d'après aucune vue bienfaisante, ne faisait prospérer aucun commerce, et laissait la colonie s'affaisser dans un état de marasme.

Une existence moins déplorable a commencé pour Goa, Diu et Damaon depuis la restauration du Gouvernement portugais. Sans reprendre beaucoup d'essor, les échanges maritimes se sont un peu ranimés dans les relations avec les ports les plus voisins, et surtout avec Bombay. On en jugera par le tableau suivant dressé pour l'année 1862-63, la plus récente dont nous possédions les comptes officiels au moment où cette feuille est rédigée.

Commerce actuel de Goa, Diu et Damaon avec le port de Bombay.

	Marchandises.	Trésors.	Totaux.
Importations.......	1,209,908f	457,475f	1,667,383f
Exportations.......	1,684,817	10,500	1,695,317
TOTAUX.....	2,894,725	467,975	3,362,700

Il faut joindre à ce tableau le total de la navigation pour les mêmes ports pendant l'année 1862-63.

NAVIGATION ACTUELLE DE GOA, DIU ET DAMAON AVEC BOMBAY.

NATURE DES NAVIRES.	DÉPARTS.		ARRIVÉES.	
	NAVIRES.	TONNEAUX.	NAVIRES.	TONNEAUX.
Vapeurs	3	534	5	703
Voiles carrées	3	450	3	281
Caboteurs indigènes	875	17,428	735	16,767
TOTAL pour Bombay	881	18,412	743	17,751
Pour les autres ports indigènes	1,203	13,352	942	7,275
TOTAL GÉNÉRAL	2,084	31,764	1,685	25,026

Les Portugais doivent désirer vivement que les communications se multiplient et se perfectionnent entre Goa et les contrées circonvoisines. Il faudrait que le chemin de fer dirigé de Madras à la côte du Malabar fût prolongé jusqu'à ce port, au moyen d'un facile embranchement. En même temps, on améliorerait les routes ordinaires qui franchissent les Ghauts pour aller de Kittour, de Belgaum et surtout de Dharwar à Goa; ces communications pourraient être elles-mêmes fort utilement ramifiées dans l'intérieur de l'Hindoustan. Je parle ici pour l'intérêt commun des Portugais, des Anglais et des Indiens.

La distance depuis Goa jusqu'à Dharwar, ce marché cotonnier qui devient aujourd'hui d'une si grande importance, est seulement de 28 lieues, mesurées à vol d'oiseau; ce rapprochement nous conduit naturellement au dernier collectorat du gouvernement de Bombay.

Collectorat de Dharwar.

Ce district comprend la partie la plus méridionale de la Présidence de Bombay; sa superficie approche d'un million d'hectares et sa population est presque de 760,000 habitants : population plus condensée que n'est celle de la France pour une même étendue de territoire.

Lorsque la Grande-Bretagne s'empara de ce pays, en 1818 et 1819, la funeste coïncidence d'une famine et d'une épidémie avait réduit la population à 575,000 habitants; un tiers de siècle plus tard, ce nombre s'élevait à 758,000. En calculant d'après l'hypothèse d'une progression régulière et continue, on trouve qu'il s'est opéré depuis la conquête un accroissement qui s'approche d'*un centième par année :* c'est beaucoup plus que le progrès de plusieurs peuples européens dans le même laps de temps.

Des personnes superficielles peuvent seules attacher peu d'importance à de pareils rapprochements, car ils déposent d'ordinaire pour le bien-être des peuples et pour leur état moral. Toutes les fois que la population s'accroît avec rapidité et régularité, c'est que le bien-être général, loin de diminuer, fait des progrès et que la famille, bien constituée, garde sa force productive.

En étudiant le territoire du Dharwar d'après la méthode assez vague suivie par l'agronome Arthur Young il y aura bientôt un siècle, les Anglais ont présenté la division suivante : ils comptent cinquante-deux parties de terrain noirâtre, ainsi coloré par un mélange d'argile, de débris volcaniques et de détritus animaux ou végétaux; vingt-six parties diversement composées; quatorze parties artificiellement ou naturellement humides, et dix parties d'une qualité supérieure propre au jardinage. L'ensemble de ce territoire, à raison de sa richesse, rapporte par hectare au Gouvernement plus du double des autres pays mahrattes.

Dharwar, le chef-lieu du collectorat, appartenait à Tippou-Sahib. En 1790, le Peschwa de Pounah, secondé, chose étrange! par trois bataillons des troupes de Bombay, s'empara de cette ville. Cependant les soldats du sultan avaient fait une défense héroïque; ils n'avaient rendu la place qu'après deux cent trois jours de siége. Lorsque, trente ans plus tard, les Anglais s'emparèrent de tous les états du Peschwa, la ville et le pays de Dharwar firent naturellement partie de leur conquête.

La cité mahratte, presque démolie durant le siége opiniâtre que nous venons de citer, s'est bientôt relevée de ses ruines; elle est aujourd'hui dans un état prospère.

Situation géographique de Dharwar : latitude, 15° 18′; longitude, 74° 3′ à l'est de Paris.

Les cultures. Parmi les produits méridionaux auxquels convient une vaste partie de la contrée, il en est un qu'on a depuis longtemps signalé : c'est le coton.

Le pays ne produit pas uniquement ce que peut exiger l'industrie des habitants; il suffit à des exportations qui jouissent d'une estime particulière, et qui sont connues en Europe sous le nom spécial de *cotons de Dharwar.*

Houblie, à cinq lieues de cette ville, est en réalité le marché principal pour le commerce de ce genre de filaments. Il n'y a pas encore un siècle, la Compagnie des Indes britanniques y possédait une factorerie, dont l'établissement même révélait une contrée industrieuse, marchande et riche. C'étaient alors les tissus indiens que recherchait l'Angleterre; aujourd'hui, c'est seulement la matière première que cette puissance achète et solde, sur les mêmes marchés, avec ses fabrications.

Culture perfectionnée des cotons dans le Dharwar.

Lorsque la Compagnie fut devenue maîtresse du pays, elle imagina d'y faire des essais spéciaux sur la culture du coton; elle voulait savoir jusqu'à quel point il était possible de l'y développer en la perfectionnant.

La grande enquête sur les moyens de coloniser dans l'Inde m'a fourni des renseignements qui ne manquent pas d'importance et qui sont donnés par M. Georges Wary, surintendant des cultures expérimentales du coton dans le pays sud-mahratte. En voici l'extrait : « D'après le mode anciennement pratiqué dans le Dharwar, le cotonnier est une plante annuelle; on l'ensemence vers la fin de la mousson, lorsque la terre est profondément imprégnée d'humidité. Elle pousse par touffes, qui rarement surpassent un mètre de hauteur. Dans le pays, on considère un produit de cinquante kilogrammes de coton, *tout nettoyé*[1], comme la bonne récolte d'un hectare : c'est bien peu.

« Après qu'on a cueilli les gousses qui renferment les filaments, on arrache les touffes qui les ont produites; l'expérience a prouvé qu'elles mourraient toutes pendant les chaleurs qui succèdent à la récolte, attendu que le défaut absolu d'humidité fait périr leurs racines. On a fini par remarquer qu'avec les irrigations on pourrait conserver vivantes et les racines et les touffes, non-seulement pendant une longue saison, mais pendant plusieurs années.

« J'ai vu sur pied, dit M. G. Wary, une touffe âgée de neuf ans : elle avait jusque-là produit chaque année *trois récoltes* d'un beau coton; par le secours de l'irrigation,

[1] C'est à peu près 100 kilogrammes de coton entourant ses graines, au sortir de la gousse ou capsule.

trois ou du moins deux récoltes peuvent être obtenues, au lieu d'une seule, et 350 à 380 kilogrammes de coton, au lieu de 50. Autre résultat infiniment remarquable : la valeur du coton qu'on obtient par ce moyen est de cent cinquante pour cent supérieure à celle du filament dont la plante, privée des secours de l'art, périt chaque année. Il est facile de se rendre raison d'une pareille différence. Avec la culture imparfaite où le végétal est privé de tout arrosage, les filaments sont *courts et cassants,* deux défauts énormes; au contraire, dit toujours le surintendant des cultures, les échantillons de coton que j'ai vus et qui provenaient de jardins où la plante était constamment pourvue d'humidité, ces échantillons offraient une qualité vraiment belle et leurs fibres étaient longues et soyeuses. Sans aucun doute, conclut-il, si de pareil coton pouvait être produit en quantité suffisante, il remplacerait avec supériorité celui des États-Unis. »

La Compagnie des Indes reconnut bientôt l'importance de substituer dans le Dharwar des graines d'Amérique à la semence indigène.

En considérant l'infériorité de celle-ci, nous pouvons l'attribuer à trois causes : au climat, au terroir, à l'incurie des cultivateurs. Dominés à la fois par la routine et l'apathie, les Ryots sèment sans choix des graines de qualités trop souvent chétives ou détériorées, tandis qu'ils devraient se procurer chaque année les semences tirées des capsules ayant produit les plus beaux cotons. Même avec un pareil soin restent les deux autres causes d'infériorité, que l'art ne peut combattre qu'en partie.

En Europe, nous sommes témoins de semblables phénomènes présentés par d'autres plantes importantes. Quelle que soit l'habileté des cultivateurs en Belgique et dans le nord de la France, s'ils veulent constamment obtenir des lins dont la beauté ne laisse rien à désirer, ils sont obligés de faire venir des graines produites par le nord de la Russie.

Il faudrait pareillement, chaque année ou tous les deux à trois ans, faire venir d'Amérique la graine choisie des plus beaux cotons de cette contrée.

Dans le pays de Dharwar, les semences demandées au Mexique ont procuré les résultats les meilleurs. Quoique leur introduction n'ait été que partielle, elle a suffi pour donner aux filaments cotonniers qui proviennent de ce pays une plus-value constatée, même en Europe, sur les marchés d'Angleterre et de la France [1].

Il était naturel que cette différence attirât l'attention du Gouvernement vers le pays qui révélait au commerce cette nouvelle supériorité; un intérêt toujours croissant a motivé les perfectionnements corrélatifs des voies navigables et des routes avec les cultures du Dharwar.

Port de refuge à créer sur la côte de l'Inde pour servir à l'embarquement des cotons du Dharwar.

Dès l'année 1856, M. Taylor, lieutenant de vaisseau, présente un mémoire à la Présidence de Bombay pour démontrer l'avantage de créer à proximité du Dharwar un port de refuge. C'est le seul qui sera praticable aux plus grands navires marchands sur une côte de quatre cents lieues d'étendue, et le seul qui pourra les abriter contre les vents prédominants les plus impétueux.

La baie qui doit offrir un tel refuge forme à peu près

[1] Sur les mercuriales de notre port du Havre, les cotons du Dharwar sont placés immédiatement après les cotons de l'Amérique du Nord, et leur prix est plus élevé que celui de tous les autres cotons qui proviennent de l'Inde.

un demi-cercle. La corde de cet arc est définie par une ligne tirée du cap de Carwar à l'extrémité de la langue de terre qui touche à l'embouchure de la rivière Kala-Nud-dea; cette corde a cinq kilomètres de longueur, et la flèche qui mesure la profondeur de la baie a trois kilomètres.

Dans les eaux intérieures ainsi limitées, la sonde donne jusqu'à *neuf* mètres. En considérant seulement la partie centrale, dont *le minimum* est de 5 mètres $\frac{4}{10}$ et qui peut recevoir des navires d'au moins quatre cents tonneaux, on obtient encore une superficie supérieure à 300 hectares. Là, peuvent aussi jeter l'ancre les grands navires qui conviennent le mieux au commerce de l'Inde avec les deux mondes. Le fond, sans rochers dangereux, est tenace et parfait pour le mouillage.

On verra tout à l'heure jusqu'à quel degré ce port est protégé par la nature, et comment on a proposé d'y compléter la protection par les ressources de l'art.

Le seul inconvénient de ce beau havre, c'est de présenter une ouverture considérable aux vents du sud-ouest, qui soufflent avec tant d'impétuosité et de constance pendant la grande mousson d'été.

Cependant, lorsque les navires, cédant à la violence de ces vents, peuvent doubler, en venant du midi, le promontoire de Carwar, pour peu qu'ils inclinent vers l'est, ils trouvent une position couverte par ce cap; dès lors ils sont préservés du danger et ne souffrent plus que par la propagation indirecte des lames arrivant du large.

Pour les navires les moins grands, la nature a préparé derrière la haute montagne de Carwar une anse abritée de toutes parts, large de cent mètres et profonde de trois cents mètres. Telle est, suivant la langue britannique, *la Cove de Beitkal*, mot dérivé du français anglo-normand pour désigner un *nid propre à couver* les petits oiseaux et, par métaphore, les petits navires. La grande baie tout entière a pris le nom de *Beitkal*, quoiqu'on lui donne aussi, par abus, le nom de *Sedaschegar*, bourg insignifiant qui s'élève au nord et par-delà la rivière Kala-Nuddea.

Expliquons d'abord la protection naturelle de la rade contre les vents et la mer du large.

A mille mètres en avant du cap septentrional qui sépare la rivière Kala-Nuddea de la baie de Beitkal, on trouve d'abord l'île de Cormaghur; puis à neuf cents mètres au midi de celle-ci, l'île de Deodoghur : toutes deux s'élèvent entre la baie et la pleine mer, comme deux vastes brise-lames. La protection de ces îles est puissante contre les vents qui soufflent soit de l'ouest, soit du nord-ouest.

Mais, nous l'avons déjà dit, aucun obstacle naturel ne s'oppose à l'action perturbatrice des vents du sud-ouest, qui prédominent avec force et constance pendant la mousson d'été.

Depuis l'île la plus méridionale de Deodoghur jusqu'au promontoire de Carwar, la baie présente vers le sud-ouest une entrée large de trois kilomètres et demi.

Pour la rétrécir, M. le lieutenant Taylor a proposé de construire un brise-lame artificiel, qui partirait du cap de Carwar et s'avancerait, du sud au nord, dans une étendue de douze cents mètres. Ce brise-lame couvrirait un espace considérable, parfaitement abrité contre les vents et les lames de la mer qui viennent du sud-ouest. Il procurerait un vrai port de refuge à des navires tirant cinq, six et sept mètres d'eau, tirant qui suffirait à tous les besoins de la grande navigation commerciale.

Qu'on ajoute à ce projet un phare sur les rochers appelés *Oyster Rocks*, puis un embarcadère intérieur pour que les navires chargent et déchargent à quai, sans être obligés d'employer des alléges ou des canots; alors on aura l'idée complète du projet ayant pour but de donner à l'Inde un port de refuge qu'on n'a pas craint, en exagérant énormément, de comparer à ceux de Portland et de Holy-Head sur les côtes d'Angleterre.

Il est aisé de concevoir avec quelle faveur devait être accueillie cette remarquable proposition. L'intérêt particulier prit les devants au sein de la métropole; il adressa ses demandes à la Cour des Directeurs, séante à Londres, lorsque la Compagnie des Indes gouvernait encore. Dès 1857, le Président de cette Cour, l'honorable M. Ross D. Mangles, signalait toute l'importance des projets relatifs soit à la baie de Beitkal, soit à la rivière de Kala-Nuddea. Il écrivait au gouverneur général :

« Nous vous transmettons un projet formé par une association métropolitaine organisée dans nos districts manufacturiers pour aider à l'approvisionnement du coton dans la Grande-Bretagne. Déjà, la plupart des projets recommandés par cette association vous ont été soumis. Ceux qui rendront, soit moins coûteux, soit plus rapide, le transport du coton jusqu'à la côte et son embarquement pour l'exportation, s'ils peuvent être exécutés avec économie, attireront de droit votre concours toutes les fois que vous pourrez exécuter la part afférente aux travaux publics; c'est pourquoi nous vous autorisons à transmettre aux gouvernements de Madras et de Bombay l'approbation que vous croirez devoir accorder à ces travaux. S'ils vous semblent de nature à favoriser les entreprises privées, vous pouvez ordonner les dépenses dont le but final favorisera la production du coton dans l'Inde. »

A cette lettre était jointe la demande faite par l'association générale de Manchester, de créer un havre ou port près de Sedaschegar, à Beitkal, et de construire des routes aboutissant à ce port, *en partant du grand district cotonnier de Dharwar*. Elle proposait aussi des travaux pour améliorer la navigation du fleuve Godavery. La création ou plutôt le perfectionnement du havre se rapportait au projet de M. Taylor, dont nous avons expliqué le plan.

A l'égard des routes, la pensée de leur exécution avait éveillé déjà l'attention des autorités locales sur la nécessité de les entreprendre. La dépêche de l'honorable M. Mangles accéléra l'examen des études préparatoires.

La Présidence de Madras fit choix d'un ingénieur éminent, le colonel A. T. Cotton, pour donner sur l'ensemble une opinion raisonnée, *laquelle fut favorable*. En même temps on justifia le retard apporté dans l'entreprise des travaux par la pénurie des finances, pénurie facile à comprendre au sortir de la grande rébellion de 1857.

Amélioration de la rivière Kala-Nuddea.

Pour améliorer la Kala-Nuddea, on doit avant tout, par des travaux assez peu dispendieux, opérer sur la barre qu'on rencontre à l'entrée de cette rivière ; il faut obtenir, au moyen de la drague, une profondeur d'eau qui soit de trois mètres à marée basse et de quatre mètres et demi à marée haute. Cette barre franchie, les caboteurs pourront remonter la rivière jusqu'à huit lieues et s'approcher des pays grands producteurs de coton.

Avec un chemin de fer de cinq kilomètres seulement, on fera passer dans la baie de Beitkal les cotons en laine descendus par la Kala-Nuddea ou par des routes latérales.

Routes nouvellement construites pour arriver du Dharwar à la mer.

Jusqu'à ces derniers temps, les produits exportables du

pays Sud-Mahratte devaient, pour arriver à la mer, être transportés jusqu'à Bombay, en faisant par le roulage un trajet de cent quarante à cent cinquante lieues; il en résultait d'énormes dépenses, d'extrêmes lenteurs et l'occasion de graves détériorations lors du transport des produits. Mais, avec les nouveaux projets, tout prenait une face nouvelle; on n'avait à parcourir, au plus, que trente-cinq lieues pour descendre du pays le plus producteur et parvenir au havre de Beitkal. Malheureusement, jusqu'à l'année 1858, il n'existait aucune voie praticable par le roulage pour parcourir cette distance abrégée : c'était là le travail de première urgence.

Rien n'est simple dans les affaires de l'Inde. Une partie de la route que j'indique ici devait être construite par la Présidence de Bombay, l'autre par la Présidence de Madras : source première de retards et de complications. Il fallait d'abord obtenir la décision supérieure du gouverneur général; il fallait solliciter ensuite la sanction suprême du secrétaire d'État ministre de l'Inde à Londres : ce ministre, vers la fin de 1858, avait hérité des pouvoirs de la grande Compagnie des Indes.

A peine investi de cette fonction suprême, lord Stanley s'empresse d'écrire : « L'important objet de procurer de nouvelles et plus grandes facilités pour exporter le coton du Dharwar et des provinces limitrophes ne peut pas être estimé trop haut. » On va donc s'occuper du tracé, puis de l'exécution des routes.

A cette époque, une commission chargée d'examiner les propositions relatives au port où ces voies de communication devaient aboutir faisait un rapport très-favorable. « Dans la rade de Beitkal, disait-elle, aucune rivière ne charrie d'alluvions et ne présente de barre à l'entrée pour repousser les grands navires, qui par tous les temps peuvent entrer. Les redoutables *cyclones*, ces ouragans circulaires qui produisent ailleurs d'énormes dommages et qui périodiquement balayent la côte occidentale, pénètrent sans obstacle dans la baie de Bombay, où peu d'heures suffisent pour occasionner de grands désastres; mais les cyclones passent au large, et ne font qu'effleurer le havre de Beitkal, sans y produire aucun sinistre. » Les routes conduisant au port qui faisait naître un si grand intérêt *ne furent pourtant commencées qu'en* 1859.

Compagnie financière établie pour développer la culture des cotons du Dharwar et leur transport à la mer.

Voici maintenant une société nouvelle, en quelque manière sortie de l'Association générale de Manchester pour fournir des cotons à l'Angleterre : c'est une Compagnie au capital limité de 25 millions de francs, présidée par M. Bazley, membre du Parlement. Elle commencera ses travaux dans le pays de Dharwar; elle veut profiter, et des voies empierrées qu'on exécute, et du havre de Beitkal, dans lequel une jetée d'embarquement doit être construite. Par ce moyen, les navires chargeront les cotons, comme nous l'avons déjà dit, sans être obligés de recourir à des transbordements à la fois longs et dispendieux.

La Compagnie de production et de transport se met à l'œuvre avec activité. Elle envoie dans l'intérieur du Dharwar *des machines à manége* pour nettoyer le coton et manœuvrer des presses puissantes; elle en envoie de semblables qu'elle prescrit d'établir dans la baie de Beitkal.

Bientôt cette Compagnie, dont le centre est à Londres, se plaint au Secrétaire d'État ministre de l'Inde qu'on n'ait pas exécuté les travaux qu'elle avait lieu d'espérer, et surtout l'embarcadère de Beitkal. Elle se montre exigeante, arrogante même; mais elle réunit l'énergie à l'activité, seuls moyens de triompher des grands obstacles.

De très-graves événements donnaient alors une impulsion puissante à de pareilles entreprises; on touchait à l'instant critique où la métropole allait éprouver une véritable disette de coton.

En résumé, vers la fin de l'année 1861, lorsque le plus grand besoin se manifestait, la route qui devait traverser la grande chaîne de montagnes à Kygah-Ghaut pour communiquer avec le havre de Beitkal, cette route n'était pas encore achevée. On espérait que la communication serait complète vers la fin de mars 1862; mais on avait perdu le temps favorable au commerce pour exporter par cette voie la récolte si désirée de 1861.

Je ne puis m'empêcher de signaler ici les vues étrangement pessimistes du fonctionnaire qui dirigeait à cette époque la Présidence de Madras. Selon sir William Denison, le Dharwar n'est pas propre à la culture du beau coton d'Amérique, et, dit-il, tous les essais tentés à cet égard l'ont été *sans succès*. Il considère comme une dépense extravagante la construction d'un brise-lame pour assurer la tranquillité des eaux dans le havre de Beitkal; il donne des ordres afin de limiter strictement les travaux à la confection d'un quai sous le cap de Carwar, pour faciliter le commerce de ce port, *ou plutôt*, selon lui, *pour condescendre* À L'HYPOTHÈSE *d'un commerce qu'on admettait* GRATUITEMENT *comme avenir de ce port*, etc. etc.

Le secrétaire d'État de l'Inde a fait taire ces misérables conflits en retirant à la Présidence de Madras, si soudainement et si prodigieusement défavorable, pour en gratifier celle de Bombay, *la partie nord du Canara*, partie qui comprend le port de Beitkal et la rivière Kala-Nuddea. C'est ce qu'il aurait fallu faire trois années plus tôt.

Nord-Canara (nouvelle annexe de Bombay).

Cette province est d'un grand intérêt par sa position commerciale; elle possède cinq ports : Koumpta, Kondapour, Sedaschegar, Tuddry, Beitkal, et huit mouillages secondaires.

TERRITOIRE ET POPULATION.

Superficie.................	1,113,700 hectares.
Population totale..........	490,089 habitants.
Habitants pour mille hectares.	350

Le Nord-Canara, au-dessous des Ghauts, présente un excellent territoire; il est très-couvert de jongles, dont la vigoureuse végétation suffit pour démontrer la bonté du sol. Cette contrée, jusqu'ici fiévreuse, est faiblement peuplée; son séjour est surtout redoutable aux habitations les plus rapprochées de la mer.

On s'est beaucoup occupé d'ouvrir dans le Nord-Canara, comme dans le pays de Dharwar, des routes praticables aux voitures, afin d'offrir jusqu'à la mer des débouchés pour les productions de l'intérieur.

Capitale maritime du Nord-Canara : ce sera la ville nouvelle que le Gouvernement veut créer *à Konay*, entre la Cove de Beitkal et la rivière Kala-Nuddea.

En 1863, à Beitkal, la Compagnie de Manchester établit une grande presse pour servir à l'emballage du coton; elle construisit une jetée-embarcadère dont le gouvernement de Madras aurait certainement dû se charger.

Le très-honorable sir C. Wood écrivait le 13 janvier 1863 au gouverneur de Bombay : « Le Gouvernement de Sa Majesté s'est trouvé fort heureux d'apprendre que depuis l'instant où l'on a transféré à votre Présidence le district du Nord-Canara, tous les efforts ont été faits pour améliorer le port de Beitkal et compléter ses communications avec les districts de Dharwar. L'objet de ce travail était de diminuer les frais pour transporter en Angleterre les cotons de ce pays, et de procurer plus d'avantages soit aux manufacturiers métropolitains, soit aux cultivateurs de coton dans la seule partie de l'Inde où l'expérience ait jusqu'à ce jour démontré que les espèces exotiques peuvent être avantageusement cultivées. J'espère que ce commerce va prendre l'essor dans la baie de Beitkal. »

FIN DE LA VIIe PARTIE.

TABLE DES MATIÈRES.

Pages.

TOPOGRAPHIE ET FORCE PRODUCTIVE DU HAUT INDUS.

Pages.

Pages.

LA NATION MAHRATTE AFFRANCHIE AUTOUR DE POUNAH.

www.ingramcontent.com/pod-product-compliance
Ingram Content Group UK Ltd.
Pitfield, Milton Keynes, MK11 3LW, UK
UKHW031043260726
13965UKWH00006B/147

9 782013 400541